中等职业教育计算机示范专业规划教材

计算机组装与维修

主　编　张兴明

参　编　冯　军　赵建忠　曹　融

　　　　王　勇　郑强胜　孙林美

主　审　柏　恒

机械工业出版社

本书采用项目教学的方式组织内容，以通俗易懂的语言向读者展现了计算机组装与维修实际项目的全过程。具有较强的实用性与可操作性。全书主要内容包括认识计算机组件、组装计算机硬件、BIOS 基本设置、硬盘与硬盘分区、安装操作系统、驱动程序安装与常用外设、安装常用应用软件、使计算机最优化、硬件选购与性能测试、批量安装与系统复原、维护与维修基本方法，以及主要设备常见故障及处理等。

为方便教学，本书提供教学用电子教案，需要者可在 www.cmpedu.com 注册、登录后免费下载，或联系编辑（010-88379934）索取。

本书可用作中等职业学校计算机及应用专业教材，也可作为相关行业岗位培训用书或相关工程技术人员的参考用书。

图书在版编目（CIP）数据

计算机组装与维修/张兴明主编. —北京：机械工业出版社，2008.1（2016.1 重印）
中等职业教育计算机示范专业规划教材
ISBN 978-7-111-23358-9

Ⅰ. 计… Ⅱ. 张… Ⅲ. ①电子计算机—组装—专业学校—教材②电子计算机—维修—专业学校—教材 Ⅳ. TP30

中国版本图书馆 CIP 数据核字（2008）第 011280 号

机械工业出版社（北京市百万庄大街 22 号　邮政编码 100037）
策划编辑：孔熹峻　　责任编辑：蔡　岩　　责任校对：李　婷
封面设计：鞠　杨　　责任印制：乔　宇
北京中兴印刷有限公司印刷
2016 年 1 月第 1 版第 8 次印刷
184mm×260mm · 14.25 印张 · 339 千字
16 001—17 500 册
标准书号：ISBN 978-7-111-23358-9
定价：32.00 元

凡购本书，如有缺页、倒页、脱页，由本社发行部调换

电话服务　　　　　　　　　　网络服务
社服务中心：(010)88361066　教 材 网：http://www.cmpedu.com
销 售 一 部：(010)68326294　机工官网：http://www.cmpbook.com
销 售 二 部：(010)88379649　机工官博：http://weibo.com/cmp1952
读者购书热线：(010)88379203　封面无防伪标均为盗版

中等职业教育计算机示范专业
规划教材编审委员会

丛 书 序

《教育部关于公布全国中等职业教育首批示范专业（点）和加强示范专业建设的通知（教职成[2002]14 号）》发布以来，示范专业成为中等职业教育教学领域改革、提高教育教学质量和办学效益的试验和示范基地。各国家级、省市级示范专业学校努力推进职业教育观念、专业建设机制的创新，增强职业教育适应经济结构调整、技术进步和劳动力市场变化的能力，全面实施素质教育，坚持为生产、服务第一线培养高素质劳动者和实用人才，在教学改革、教材建设方面取得了突出的成果。吴启迪副部长在全国职业教育半工半读试点工作会议上的讲话中更是指出"一定要强调高水平示范性学校的改革引领作用"。

在国家政策的引导和人才市场需求的双重作用下，中等职业教育招生规模逐年扩大，生源特点持续变化，专业设置和岗位培养目标不断调整，对中等职业学校的专业建设、课程建设、教材建设提出了很高的要求。

计算机类专业（网络技术应用、电脑美术设计与制作、初级程序设计等专业方向）是中等职业教育中招生规模最为庞大、开设学校最为普遍的专业之一，因而，亟需一批走在教学改革前列的国家示范专业学校，将最新的教学改革成果普及，引领、带动其他学校的进步，以达到教育部建设示范专业学校的目的。

机械工业出版社根据教育部建设示范专业学校的精神，为促进示范专业学校先进教学改革成果的推广，以服务广大中职学校，特组织教育部计算机示范专业学校（北京市信息管理学校等 7 所）、国家重点学校（10 余所）组织编写了本套丛书——中等职业教育计算机示范专业规划教材。

丛书特点如下：

1. 教材以先进的教学指导方案、课程标准为核心依据组织编写，丛书涵盖专业核心课程、专门化方向课程。
2. 编写模式采用"工作过程引领"、"项目驱动"等方式，增加图表比重。
3. 教材内容符合现今生源层次和就业岗位要求，以增加学生兴趣为第一要务，充分体现示范学校教学改革成果。
4. 教材均配有电子版教师参考书，或电子课件、配套光盘、习题参考答案、试题库、实训指导等，辅助教学，使教师容易上手教、学生容易上手学。
5. 篇幅适中，定价合理，充分考虑中职学生的经济承受能力。
6. 保证学生顺利跨越学校到职场的鸿沟。

经过参加编写的各位老师和机械工业出版社的共同努力，这套全新的中等职业教育计算机示范专业规划教材已经顺利完成编写，并将陆续出版。我们期待着这套凝聚了众多教育界同仁心血的教材能在教学过程中逐步完善，成为职业教育精品教材，充分发挥其示范性、先进性，为培养出适应市场的合格人才作出贡献！

北京市信息管理学校 校长
中国计算机学会职业教育专业委员会 主任 韩立凡

前　言

本书具有较强的实用性与可操作性，教材以任务驱动教学方法编写，采用项目的形式进行组织，以通俗易懂的语言向读者展现计算机组装与维修实际项目的全过程。本书大部分章节采用了项目教学的方式组织内容，所选择的项目均来源于计算机装机市场及维修市场的工作实际，具有实用价值。项目介绍由浅入深、循序渐进，将计算机硬件、软件知识及维修方法融于实战之中，符合学生的认知规律和技能训练的特点，可以充分调动学生的学习积极性与创造性。本书基本上模拟计算机组装与维修市场实际操作流程，由简单到复杂递进式地组织教学，依次分为：认识计算机组件、组装计算机硬件、BIOS 基本设置、硬盘与硬盘分区、安装操作系统、驱动程序的安装与常用外设、安装常用应用软件、使计算机最优化、硬件选购与性能测试、批量安装与系统复原、维护与维修基本方法，以及主要设备常见故障及处理等，既动手又动脑；将理论与实践有机地结合在一起，充分发挥学生学习的主体作用。

全书共分 12 章，总学时为 72 学时，教学形式由课堂讲授、项目实施与学生实训 3 部分组成，原则上讲授与实训的学时按 1:1 安排，各校可根据实际情况对总学时数进行适当调整。

序　号	章 节 名 称	理论学时	实训学时	机　动	小　计
第 1 章	认识计算机组件	3	3		6
第 2 章	组装计算机硬件	4	6		10
第 3 章	BIOS 基本设置	4	3		7
第 4 章	硬盘与硬盘分区	4	4		8
第 5 章	安装操作系统	2	4	2	8
第 6 章	驱动程序的安装与常用外设	2	2		4
第 7 章	安装常用应用软件	2	2		4
第 8 章	使计算机最优化	2	2		4
第 9 章	硬件选购与性能测试	2	3		5
第 10 章	批量安装与系统复原	2	4		6
第 11 章	维护与维修基本方法	2	2		4
第 12 章	主要设备常见故障及处理	4		2	6
总　计		33	35	4	72

本书由浙江省嘉兴市建筑工业学校张兴明主编，参与编写的还有浙江科技工程学校曹融、浙江省嘉兴市高级技工学校王勇、浙江省嘉兴市建筑工业学校冯军、赵建忠、郑强胜、孙林美。其中，王勇编写第 1 章，赵建忠编写第 2、11 章，郑强胜编写第 3、8 章，曹融编写第 4 章，冯军编写第 5、7 章，孙林美编写第 6、9 章，张兴明编写第 10、12 章。本书由浙江省嘉兴市教育研究院职教计算机教研员、高级教师柏恒老师悉心审阅，在此表示衷心的感谢。

由于编者水平有限，时间仓促，不妥之处在所难免，恳请读者与专家批评指正。

编　者

目　录

第1章 认识计算机组件

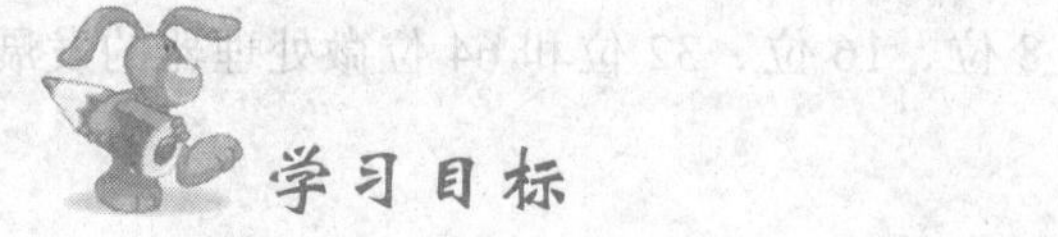

1）了解计算机的发展过程、特点及应用领域。

2）掌握计算机硬件系统、软件系统的基本组成。

3）认识计算机的组件，基本了解各组件的功能。

4）理解计算机电源的作用、分类及性能指标。

5）理解键盘与鼠标的基本原理，掌握其分类及选购要点。

1.1 计算机概述

1.1.1 计算机的产生和发展

1946 年 2 月 14 日，世界上第一台电子数字计算机 ENIAC（埃尼阿克）在美国宾夕法尼亚大学诞生。ENIAC 采用电子管作为基本元件，真正能自动运行。它使用了 18000 只电子管，占地 170m^2，重达 30t，耗电 140kW，价格 40 多万美元，是一个昂贵又耗电的“庞然大物”。尽管 ENIAC 还有不少弱点，但它的问世具有划时代的意义。在短短的半个世纪中，计算机在研究、生产和应用方面都得到了突飞猛进的发展。以使用的基本逻辑元件为标志，计算机的发展划分为四个阶段：

第一代：电子管计算机（1946～1957 年），采用电子管作为主要元件，运算速度仅为几千次/秒。第一代电子计算机体积庞大、耗电量高、造价十分昂贵，主要用于军事领域的科学计算。

第二代：晶体管计算机（1958～1964 年），以晶体管作为主要元件，运算速度为几十万次/秒。与第一代电子计算机相比，晶体管计算机体积缩小、省电、可靠性大幅度提高，制造成本降低，引入了汇编语言，可用于工业控制等方面。

第三代：中小规模集成电路计算机（1965～1970 年），采用集成电路作为主要元件，运算速度为几十万～几百万次/秒。计算机体积进一步缩小、可靠性大大提高，应用领域逐步扩大。

第四代：大规模、超大规模集成电路计算机，从1971年开始，主要元件采用大规模、超大规模集成电路，计算机的体积更小，计算速度为几百万～几十万亿次/秒。计算机的发展进入了以计算机网络为特征的时代。

1981年10月，日本首先向世界宣告开始研制第五代计算机——人工智能计算机。第五代计算机又称新一代计算机，把信息采集、存储、处理、通信同人工智能结合在一起，能进行数值计算或处理一般的信息，主要面向知识处理，具有形式化推理、联想、学习和解释的能力，能够帮助人们进行判断、决策、开拓未知领域和获得新的知识。未来的计算机正朝着多媒体化、网络化、智能化、微型化的方向发展。

随着微处理器的出现，微型计算机得到广泛应用。微型计算机的发展以微处理器为表征，其换代通常以微处理器的字长和系统组成的功能来划分。从20世纪70年代第一台微型计算机诞生以来，微型计算机经历了4位、8位、16位、32位和64位微处理器的发展历程。

1.1.2 计算机的主要特点

1. 计算速度快

计算机能以极快的速度进行运算和逻辑判断，现在高性能计算机每秒能进行10亿次以上的加减运算。由于计算机运算速度快，使得许多过去无法处理的问题都能得到及时解决。例如天气预报问题，要迅速分析大量的气象数据资料，才能作出及时的预报。若手工计算需十天半月才能发出，事过境迁，消息陈旧，失去了预报的意义。现在用计算机只需十几分钟就可完成一个地区内连续数天的天气预报。

2. 计算精度高

计算机具有以往计算工具无法比拟的计算精度，一般可达十几位，甚至几十位、几百位有效数字的精度。这样的计算精度能满足解决一般实际问题的需要。例如圆周率的计算，18世纪英国的数学家商克斯花了15年时间只计算到小数点后707位，而计算机在很短的时间内就把圆周率算到小数点后200多万位，这样的计算精度是其他工具很难达到的。

3. 具有强大的信息存储能力

计算机的存储系统具有存储和“记忆”大量信息的能力，能存储输入的程序和数据，保留计算结果。现代的计算机存储容量极大，一台计算机能轻而易举地将一个中等规模的图书馆的全部图书资料信息存储起来，而且不会“忘记”。

4. 具有逻辑判断和推理能力

计算机不仅可以进行算术运算，而且还可以借助于逻辑运算进行逻辑判断，并根据判断的结果自动地确定下一步该做什么，从而使计算机能解决各种不同的问题，具有很强的通用性。

5. 具有自动运行能力

计算机能够自动连续执行事先编制的程序，能根据不同信息的具体情况作出判断，自

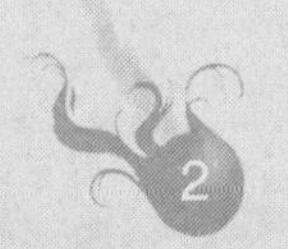

动执行相应的处理。计算机的内部操作都是按照事先编制的程序进行的，不需人工干预。这是计算机与计算器本质上的区别。

1.1.3　计算机的应用领域

1．科学计算

科学计算也称为数值计算，指用计算机来解决科学研究和工程技术中所提出的复杂的数学及数值计算问题，是计算机最早的应用领域。科学计算利用计算机运算速度快和计算精度高的特点，进行各种复杂运算。主要应用于人造卫星、天气预报、导弹发射、基因排序等方面。

2．数据处理

数据处理也称为信息处理，是指用计算机对所获取的信息进行采集、记录、整理、加工、存储和传输，并进行综合分析的过程。数据处理是计算机应用最广泛的领域之一，其应用领域远远超过了科学计算，在办公自动化、金融、企业管理、图书管理、交通运输等方面被广泛应用。

3．过程控制

过程控制又称实时控制，指计算机及时采集数据，将数据处理后，按最佳值迅速地对控制对象进行控制的过程。从 20 世纪 60 年代起，就在冶金、机械、电力、石油化工等产业中用计算机进行实时控制。利用计算机进行过程控制，不仅可以大大提高控制的自动化水平，而且可以提高控制的及时性和准确性，从而改善劳动条件、提高质量、节约能源、降低成本。

4．计算机辅助系统

计算机辅助系统是利用计算机进行各种辅助功能的系统。主要包括计算机辅助设计（CAD）、计算机辅助制造（CAM）、计算机辅助教学（CAI）等。

5．人工智能

人工智能是计算机应用方面的一个新兴领域，是用计算机执行某些与人的智能活动有关的复杂功能，模拟人类的某些智力活动的过程。主要应用于机器人、专家系统、神经网络、推理证明等方面。

1.2　计算机系统组成

一个完整的计算机系统包括硬件系统和软件系统两大部分。硬件系统是计算机的物质基础，是看得见、摸得着的实体，是各种物理部件的集合。软件系统是计算机的头脑和灵魂，是为了运行、管理、维护计算机所编写的各种程序及有关文档的集合。硬件系统和软件系统构成一个有机的整体，硬件为软件提供了用武之地，软件则使硬件的功能得到充分发挥，两者之间相辅相成，缺一不可。其结构如图 1-1 所示。

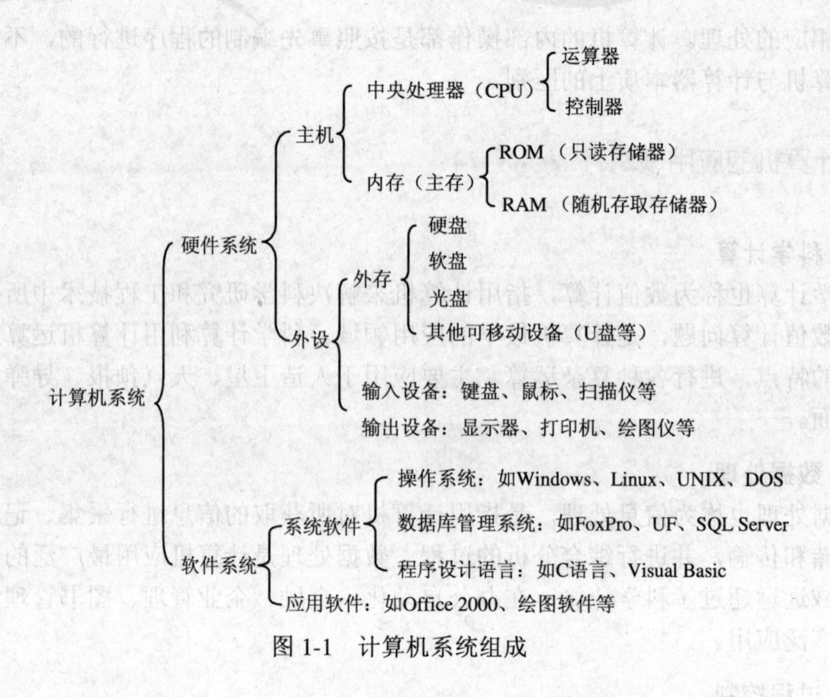

图 1-1　计算机系统组成

1.2.1　硬件系统

从外观上看，计算机硬件主要由主机、显示器、键盘、鼠标等部件构成；从逻辑功能上看，计算机硬件由控制器、运算器、存储器、输入设备、输出设备五个部分构成。

1．中央处理器

中央处理器（Central Processing Unit）简称 CPU，是计算机硬件系统的核心部件，由控制器和运算器构成。控制器是计算机的指挥中心，负责协调和指挥整个系统的运行。运算器是计算机的数据运算部件，负责对各种信息的处理工作。

2．存储器

存储器是计算机的记忆部件，相当于人的大脑，用来储存各种程序、数据等信息。存储器通常分为内存储器和外存储器两种。

内存储器简称内存或主存，是 CPU 可以直接访问的存储器，是连接 CPU 与外部设备的桥梁，主要用来存放正在运行的程序和等待处理的数据。内存储器可分为只读存储器（ROM）和随机存取存储器（RAM），通常我们所说的内存指的是随机存取存储器。内存储器的特点是容量小、访问速度快、价格贵。

外存储器简称外存或辅存，用于扩充内存的容量和储存暂时不使用或需要长期保存的信息。由于 CPU 不能直接访问外存储器，因此存放在外存中的程序或数据必须先调入内存才能运行和调用。外存储器的特点是容量大、速度慢、价格便宜。常见的外存储器有硬盘、软盘、光盘及 U 盘等。

3．输入设备

输入设备是计算机从外部获取信息的设备，它接收用户的程序和数据，并将其转换成

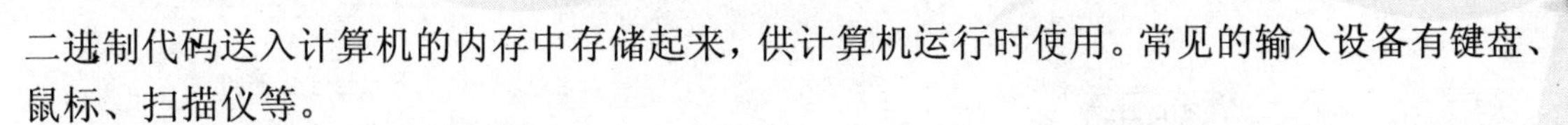

二进制代码送入计算机的内存中存储起来，供计算机运行时使用。常见的输入设备有键盘、鼠标、扫描仪等。

4．输出设备

输出设备就是把经过计算机处理过的数据，以人们能够识别的形式传送到外部的设备。常见的输出设备有显示器、打印机、绘图仪等。

1.2.2　软件系统

以前人们普遍认为软件就是程序，其实这并不完整。确切地说，软件是指在计算机硬件设备上运行的所有程序、数据及其相关文档的总称。只具有硬件系统的计算机称为“裸机”，在“裸机”上只能运行机器语言源程序，要想充分发挥计算机的功能，就必须为计算机配备相应的软件。计算机软件系统一般分为系统软件和应用软件。

1．系统软件

系统软件是指用于计算机内部的管理、控制、维护、运行以及计算机程序的编译、编辑、控制和运行的各种软件，是计算机系统所必需的软件。常见的有操作系统、程序设计语言、数据库管理系统。

2．应用软件

应用软件是指专门为解决某一实际应用问题而编写的计算机程序。由各种应用软件包和面向问题的各种应用程序组成。如：文字处理软件 Word、图形处理软件 Photoshop 等。

1.3　计算机组件

1.3.1　计算机外观构成

要组装计算机，就必须先了解计算机由哪些部件组成。面对一台计算机，首先看到的是主机、显示器、键盘、鼠标等部件，这些部件构成了计算机的基本外观配置，如图 1-2 所示。计算机主机是控制整个计算机的中心，由主板、CPU、内存、硬盘、各种扩展卡、软驱、光驱等组成，封闭于主机箱内。计算机物理组件的识别是我们进行计算机组装的基础。

图 1-2　常见计算机外观

1.3.2　计算机组件

1．机箱与电源

（1）机箱　计算机的机箱，主要用来安装电源、主板、硬盘驱动器、光驱等部件，内有固定支架和一些紧固件。主机箱有立式和卧式两种，如图 1-3 所示。

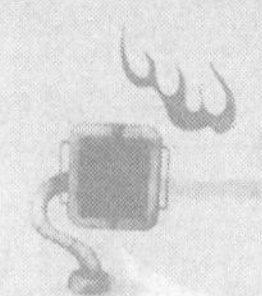

a）

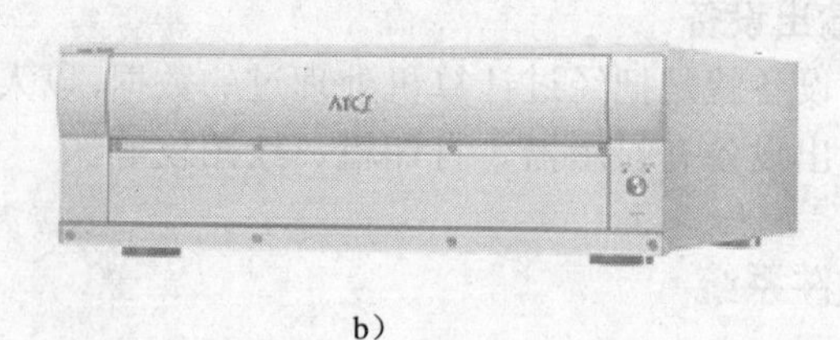
b）

图 1-3 机箱

a）立式机箱 b）卧式机箱

（2）电源 电源是计算机的重要组成部分之一，是主机内配件中体积和质量最大的部件，如图 1-4 所示。电源的作用是将高电压交流电转换成能让计算机元件正常工作的低压直流电。电源的好坏直接影响到计算机硬件系统的稳定和硬件的使用寿命。

图 1-4 电源

1）电源的分类。根据电源应用于不同的主板，可将电源分为 AT 电源和 ATX 电源。AT 电源主要应用在早期的 AT 主板上，其功率一般为 150～220W，支持+5.0V，+12V，−5V，−12V 电压，它不支持+3.3V 电压，AT 电源如今已被淘汰。ATX 电源是与 ATX 主板配套的电源，它在 AT 电源的基础上增加了+3.3V 和 +5VStandBy（也称辅助+5V）两路输出电压和一个 PS-ON 信号（PS-ON 小于+1V 时开启电源，大于+4.5V 时关闭电源）。

2）电源的基本工作原理。随着硬件设备特别是 CPU 和显卡的飞速发展，对供电的要求越来越高，使得电源对于整个计算机系统稳定性的影响也越来越大。电源的基本工作原理是：220V 交流电进入电源，经整流和滤波转为高压直流电，再通过开关电路和高频开关变压器转为高频率低压脉冲，再经过整流和滤波，最终输出低电压的直流电源。

3）电源的性能指标包括如下几种：

- 电源效率。是指电源的输出功率与输入功率的百分比。
- 过压保护。AT 电源的直流输出电压有±5V、±12V，而 ATX 电源的输出电压多了+3.3V 和辅助性+5V 电压。若电压太高或者是电源出现故障导致输出电压不稳定，板卡就会烧坏。因此，市场上的电源大都有过压保护的功能，即电源一旦检测到输出电压超过某一数值，便会自动中断输出，以保护板卡。
- 纹波大小。纹波是指叠加在直流稳定量上的交流分量。由于电源输出的直流电压是通过交流电压整流、滤波后得来的，其中总有部分交流成分。纹波太大对主板、内存及其他板卡均不利。
- 电磁干扰。电源内的元件会产生高频电磁辐射，这种辐射会对其他元件产生严重干扰、对人的身体产生危害。
- 多国认证标志。电源获得的认证越多，其质量和安全性就越高。电源的安全认证标准主要有 CCEE（电工）认证、UL（保险商试验所）认证、CE（欧盟）认证等。

2．主板

主板（Mainboard）又称为系统板（System board）或母板（Mother board），是计算机系统中最大的一块电路板，它安装在主机箱内，也是微机最重要的部件之一，它的类型和档次决定整个计算机系统的类型和档次。主板可分为 AT 主板和 ATX 主板。主板由各种接口、扩展槽、插座以及芯片组组成，主机内其他部件都与之连接，如图 1-5 所示。

图 1-5　主板

3．CPU

CPU 是中央处理器的简称，是计算机的核心部件，相当于人的大脑，其主要功能是进行算术运算和逻辑运算。按照 CPU 处理信息的字长可以分为 8 位微处理器、16 位微处理器、32 位微处理器和 64 位微处理器。CPU 的接口标准分为两大类：一种是 Socket 类型，另一种是 Slot 类型。CPU 的生产厂商主要有 Intel 公司、AMD 公司和 VIA 公司，如图 1-6 所示。其中 Intel 公司的奔腾和赛扬处理器在市场上占有很大的比例。

图 1-6　CPU

随着 CPU 主频的提升，CPU 的发热量越来越大，而 CPU 过热将影响整个系统的稳定，甚至导致 CPU 烧毁。CPU 风扇是在 CPU 芯片上安装的一种重要散热工具，CPU 在运行中产生的高热量主要是通过 CPU 风扇来降温，如图 1-7 所示。

图 1-7　CPU 风扇

4．内存

RAM（随机存取存储器）即通常所说的内存，是

计算机存储各种信息的部件，内存的容量与性能是衡量计算机性能的一个重要指标。内存容量越大，可存放的信息就越多，计算机的工作效率也就越高。内存是主机内较小的配件，其形状为长条形，故又称为内存条，如图 1-8 所示。

图 1-8　内存

5. 硬盘

硬盘（Hard Disk）是计算机系统中重要的外部存储设备，它具有比软盘大得多的容量和快得多的速度，而且可靠性高。计算机的操作系统、应用软件和常用数据都存放在硬盘中。硬盘的存储介质是若干个刚性磁盘片，与硬盘驱动器集成在一起，密封在金属盒内，用户只能看到外观，如图 1-9 所示。目前国内市场上常见的硬盘品牌有迈拓（Maxtor）、希捷（Seagate）、IBM、西部数据（Western Digtal）等。

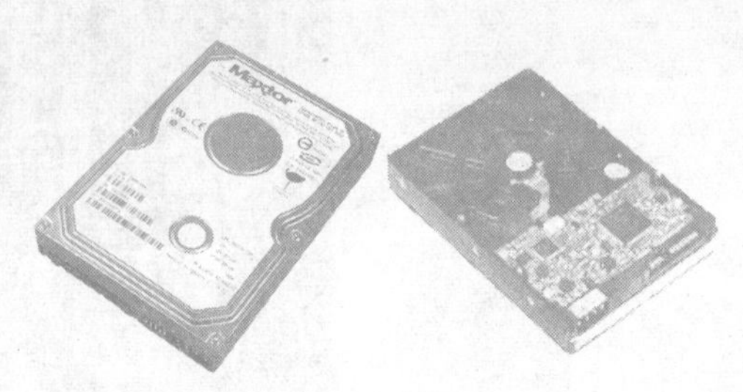

图 1-9　硬盘

6. 显卡

显示适配器简称显卡，如图 1-10 所示，是显示器与主机通信的控制电路和接口，其基本作用是控制图形的输出，它工作在 CPU 和显示器之间。显卡按总线类型分为 ISA、PCI、AGP 等，目前最常用的是 AGP 显示卡。

7. 声卡

声卡也叫音频卡，是多媒体计算机的主要部件之一，是计算机进行声音处理的适配器，其作用是实现声音/数字信号的相互转换。从外观上看，声卡同显卡很相似，如图 1-11 所示。随着计算机在多媒体应用技术方面的增加，声卡的作用和地位也显得越来越重要。

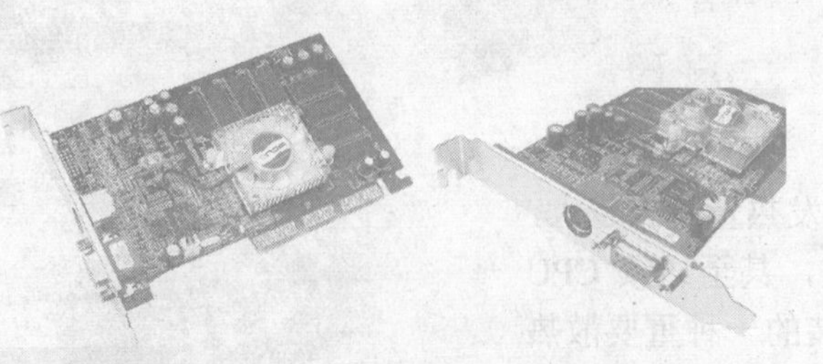

图 1-10　显卡

图 1-11　声卡

8. 网卡

网络系统中的一种关键硬件就是网络适配器，俗称网卡，如图 1-12 所示。在局域网中，网卡起着重要的作用，用于将用户计算机与网络相连。使用时，网卡插在电脑的

扩展槽中，用于发出和接收不同的信息帧，以实现计算机通信。网卡上有红、绿两种指示灯，红灯亮时表示网卡正在发送或者是接收数据；绿灯亮时表示网络连接正常，否则不正常。

图 1-12　网卡

9．光盘驱动器

光盘驱动器就是我们平常所说的光驱，是读取光盘信息的设备。目前的多媒体计算机多配置 DVD-ROM。光盘存储容量大、价格便宜、保存时间长，适宜保存大量的数据，如声音、图像、动画、视频、电影等多媒体信息。其外观如图 1-13 所示。

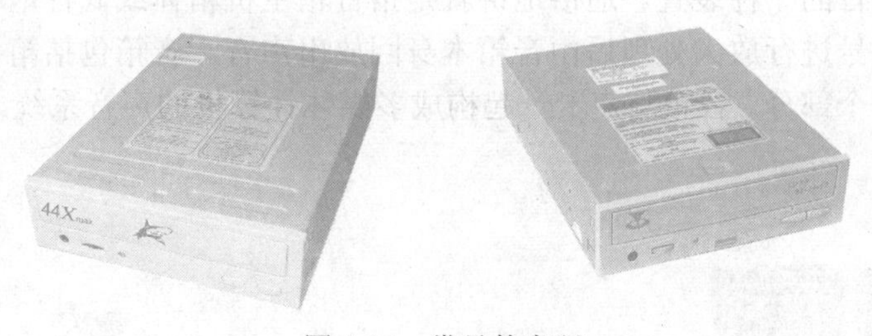

图 1-13　常见的光驱

10．软盘驱动器

软盘驱动器（Floppy Disk）就是我们平常所说的软驱，是用来读写软盘的装置。软驱主要有 5.25in 和 3.5in 两种，目前主要使用的是 3.5in 的软驱，并与 1.44MB 的 3.5in 的软盘配套使用，如图 1-14 所示。软盘的特点是便于携带，但容量小，单位容量成本高，易出错，可靠性差，读取速度慢。

a）　　b）

图 1-14　3.5in 的软驱和软盘

a）软驱　b）软盘

11．显示器

显示器又称为监视器，是计算机最重要的输出设备，是计算机向人们传递信息的窗口。

显示器能以数字、字符、图形、图像等形式，显示各种设备的状态和运行结果、编辑的文件、程序和图形。显示器通过显卡接到系统总线上，二者一起构成显示系统。显示器主要有阴极射线管（CRT）显示器和液晶（LCD）显示器两种，如图 1-15 所示。

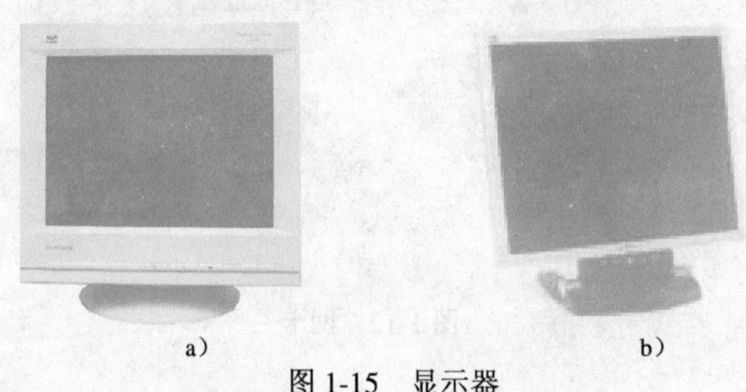

a）　　　　　　　　b）

图 1-15　显示器

a）CRT 显示器　b）LCD 显示器

12．音箱

声卡只能对音频信号进行处理，要想发出动听的声音，还必须通过音箱。音箱是将音频信号变换为声音的一种装置。通俗地讲就是指音箱主机箱体或低音炮箱体内自带功率放大器，对音频信号进行放大处理后由音箱本身回放出声音。音箱包括箱体、扬声器单元、接口与放大器四个部分。音箱与声卡一起构成多媒体计算机的声音系统。图 1-16 所示为常见的音箱。

图 1-16　音箱

13．键盘

键盘是最常用也是最主要的输入设备，通过键盘，可以将英文字母、数字、标点符号等输入到计算机中，从而向计算机发出命令、输入数据等，如图 1-17 所示。

图 1-17　键盘

（1）键盘的分类　按键盘按键的数量可分为 84 键、101 键、104 键及多媒体键盘等。

按键盘接口类型可分为：AT 接口（标准接口）键盘、PS/2 接口（串行接口）键盘和 USB 接口键盘。AT 接口键盘俗称“大口”键盘，PS/2 接口键盘俗称“小口”键盘。

按键盘的结构可分为：机械式键盘、薄膜式键盘和电容式键盘。

按键盘外形可分为标准键盘和人体工程学键盘。人体工程学键盘是在标准键盘上将指

法规定的左手键区和右手键区这两大板块左右分开，并形成一定角度，使操作者不必有意识的夹紧双臂，保持一种比较自然的形态。

（2）键盘的工作原理　键盘的基本工作原理就是实时监视按键，将按键信息送入计算机。在键盘的内部设计中有定位按键位置的键位扫描电路、产生被按下键代码的编码电路以及将产生的代码送入计算机的接口电路等，这些电路统称为键盘控制电路。

（3）键盘的选购应考虑以下几个方面：

1）观察键盘的品质。购买键盘时，首先要观察键盘外露部件加工是否精细，表面和边缘是否平滑，按键上的字母是否印刷清晰。劣质的计算机键盘外观粗糙、按键弹性差、按键字母模糊。

2）注意按键手感。键盘的手感对于键盘性能非常重要，手感好的键盘弹性适中、回弹速度快而无阻碍，在打字时不至于使手指、关节和手腕过于疲劳。

3）考虑按键的排列习惯。挑选计算机键盘，应该考虑键盘上的按键排列是否符合自己的习惯。一般说来，不同厂家生产的计算机键盘，按键的排列不完全相同。

14．鼠标

鼠标是一种屏幕标定装置，它在图形处理方面要比键盘方便得多。在 Windows 环境下，鼠标已成为计算机的重要输入设备，大多数操作都是靠鼠标来完成的，如图 1-18 所示。

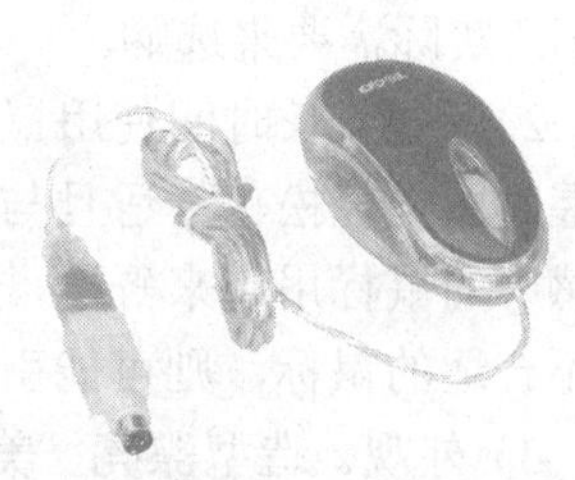

图 1-18　鼠标

（1）鼠标的分类　根据鼠标的工作原理可分为：机械式鼠标和光电鼠标。根据鼠标的按钮数目多少可分为：二键鼠标、三键鼠标。根据鼠标的接口不同可分为：串行鼠标、PS/2 鼠标、USB 鼠标及无线鼠标。目前通常使用的是 PS/2 鼠标，它通过一个六针微型 DIN 接口与计算机相连，与键盘的接口一样，只是颜色上的区分，使用时需要注意。

（2）鼠标的工作原理　目前，机械式鼠标已经发展为光学机械式鼠标，如图 1-19 所示。其工作原理是：在机械式鼠标底部有一个可以自由滚动的球，在球的前方及右方装置两个支成 90° 角的内部编码器滚轴，移动鼠标时小球随之滚动，便会带动旁边的编码器滚轴转动，前方的滚轴代表前后滑动，右方的滚轴代表左右滑动，两轴一起移动则代表非垂直及水平方向的滑动。编码器由此识别鼠标移动的距离和方位，产生相应的电信号传给电脑，以确定光标在屏幕上的正确位置。若按下鼠标按键，则会将按下的次数及按下时光标的位置传给电脑。电脑及软件接收到此信号后会作出相应的处理。

光电鼠标主要由四部分核心组件构成，分别是发光二极管、透镜组件、光学引擎以及控制芯片。在光电鼠标内部有一个发光二极管，通过该发光二极管发出的光线，照亮光电鼠标底部表面（这就是为什么鼠标底部总是发光的原因）；然后将光电鼠标底部表面反射回来的一部分光线，经过一组光学透镜（如图 1-20 所示），传输到一个光电传感器（微成像器）内成像。这样，当光电鼠标移动时，其移动轨迹便会被记录为一组高速拍摄的连续图像，最后利用光电鼠标内部的一块专用图像分析芯片（DSP，即数字微处理器）对移动轨迹上摄取的一系列图像进行分析处理，通过对这些图像上特征点位置的变化进行分析，来判断鼠标的移动方向和移动距离，从而完成光标的定位。

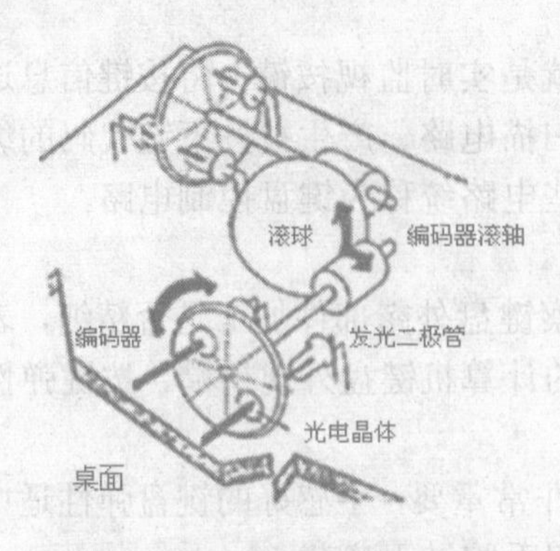

图 1-19 光学机械鼠标工作原理图

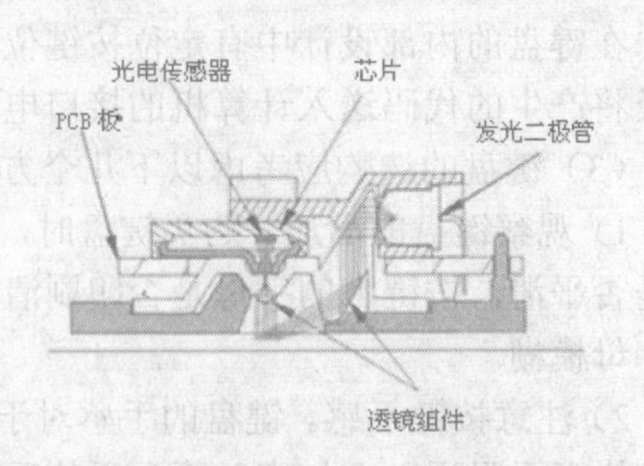

图 1-20 光电鼠标工作原理

（3）鼠标的选购 应考虑以下几个方面：

1）注重鼠标的功能。鼠标上的键越多功能就越多，一些网络鼠标，有跷跷板、推杆、滚轮等不同的款式，每种款式都有它特殊的功能，针对不同要求的用户，因此用户可以根据自己的实际需要来选购。

2）手感。长时间使用鼠标，就应该注意鼠标的手感。好的鼠标设计应符合人体工程学，手握时感觉轻松、舒适且与手掌贴合，按键轻松有弹性，滑动流畅，屏幕光标定位精确。手感好的鼠标用起来舒适，不但提高工作效率，而且对人的健康也有好处。若长期使用手感不合适的鼠标，则可能引起上肢的一些综合病症。

3）外观。造型漂亮、美观的鼠标能给人带来愉悦的感觉，有益于人的心理健康。在鼠标的外观制作上，亚光的要比全光的工艺难度大，而多数伪劣产品都达不到亚光这种工艺要求。

4）分辨率。鼠标的分辨率是指鼠标每移动 1in，光标在屏幕上移动的像素距离，其单位就是 DPI。市场上大多数鼠标都是 400DPI 或 800DPI。如果 400DPI 的鼠标移动了 1in，鼠标指针在显示器桌面上就移动了 400 个像素。所以 DPI 值越高，鼠标移动速度就越快，定位也就越准。分辨率越高，鼠标精确度越高。

5）鼠标的品牌。名牌产品在质量上有保证，讲究市场和质量的厂家都通过了国际认证（如 ISO9000），这些都有明确的标志。这类鼠标厂商往往能提供 1～3 年的质保，而有的鼠标厂商则只保三个月。此外，名牌厂家生产的鼠标还有流水号，如果是伪劣产品，则往往没有流水序列号，或者所有的流水序列号都是相同的。

在选购鼠标时，除了上述几点外，还应注意支持鼠标的软件、价格、售后服务等因素。

15. 调制解调器

调制解调器也叫 Modem，俗称“猫”。调制解调器是计算机通过电话线传输数据的最常用的设备，它具有调制（将数字信号转换成模拟信号）和解调（将模拟信号恢复成数字信号）两大功能。通常计算机内部使用的是“数字信号”，而通过电话线路传输的信号是“模拟信号”。调制解调器的作用就是当计算机发送信息时，将计算机内部使用的数字信号转换成可以用电话线传输的模拟信号，通过电话线发送出去；接收信息时，把电话线上

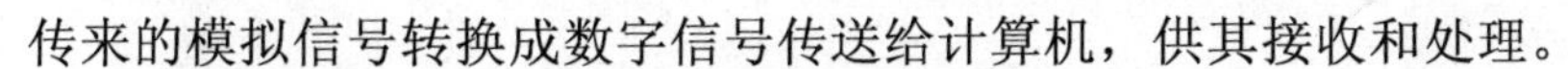

传来的模拟信号转换成数字信号传送给计算机，供其接收和处理。

常用的 Modem 按照安装方式和外形可分为：外置、内置和 PCMCIA 卡三种类型。

内置式 Modem 安装于机箱内部主板扩展槽上，如图 1-21 所示。LINE 端口接电话线，PHONE 端口接电话机。

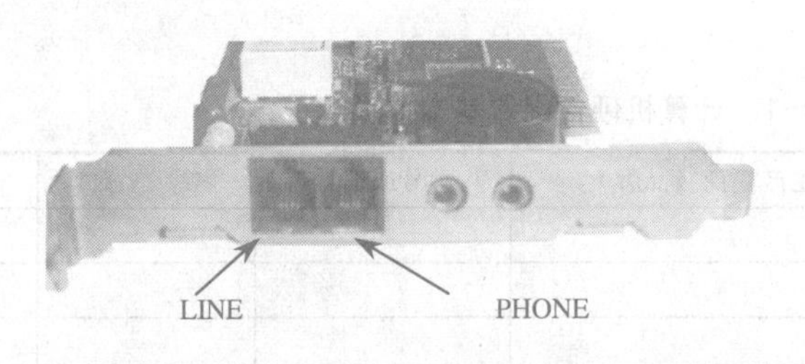

图 1-21　调制解调器

外置式 Modem 使用时放在计算机旁边，其中一个接口连接电话线，另一个接口通过数据线与计算机的串口相连。

PCMCIA 卡 Modem 只能用于笔记本电脑，外形与信用卡相似但要厚些。

调制解调器传输速度可达 56kbit/s，除笔记本电脑外，目前的计算机大多不再配置 Modem。

实训　认识计算机组件

1. 实训目的

熟悉计算机的各种配件。

2. 实训内容

识别计算机的 CPU、主板、内存、显卡、声卡、网卡、硬盘、软驱、光驱、显示器、调制解调器、音箱、键盘和鼠标等基本部件，并记录型号或编号。

3. 实训设备及工具

一台完整的计算机、磁性十字旋具（大小各 1 把）、尖嘴钳、镊子、盛放螺钉的器皿。

4. 实训步骤

（1）关闭计算机电源，并用双手触摸机箱等接地良好的导体等，去除手上的静电。

（2）拔掉主机箱电源线，拆除连接的各种数据线。

（3）打开机箱旁板，先观察箱内各配件布置的位置。

（4）拆除显卡、网卡（或 Modem）、声卡等。

（5）拔掉与主板连接的各种电源线和数据线。

（6）卸下主板上的螺钉，取出主板，将其放置于平整的桌面上。

（7）依次取下安装于主板上的内存、CPU 风扇、CPU。

（8）分别拆卸硬盘、光驱、软驱。

（9）拆卸机箱内的电源。

（10）观察各个部件的外观特征，记录各部件的生产厂商、型号或编号、容量等。

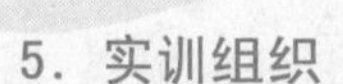

5. 实训组织

（1）本次实训旨在认识计算机组件及机箱内各组件的安装位置。在组织学生实训时，拔掉机箱内电源及数据线（第5步）应由实训指导老师完成。

（2）同理，第7步中拆卸CPU应由指导老师完成，只要看到CPU的外形即可。

6. 实训记录见表1-1

表1-1 计算机硬件配置基本情况

序号	部件名称	生产厂商（品牌）	型号或编号	参数	备注
1	机箱				
2	主板				
3	CPU				
4	CPU风扇				
5	内存				
6	显卡				
7	网卡				
8	声卡				
9	硬盘				
10	光驱				
11	软驱				
12	电源				
13	显示器				
14	键盘				
15	鼠标				
16	音箱				
17	Modem				

思考与习题一

1. 简答题

（1）以使用的电子元件为标志，计算机发展可分为哪几个阶段？

（2）计算机的应用领域有哪些？

（3）一台完整的计算机有哪些组件？其功能或作用分别是什么？

（4）选购鼠标与键盘时应该分别注意哪些事项？

2. 单项选择题

（1）第一台电子计算机诞生于（　　）年。

A. 1940　　B. 1945　　C. 1946　　D. 1950

（2）最早的计算机是用于（　　）的。

A. 科学计算　　B. 自动控制　　C. 系统仿真　　D. 辅助设计

（3）完整的计算机系统包括（　　）。

A．硬件系统和软件系统　　B．主机和外部设备
C．主机和实用程序　　D．运算器、存储器和控制器

（4）在计算机中，RAM 是指（　　）。
A．只读存储器　　B．可编程只读存储器
C．动态随机存储器　　D．随机存取存储器

（5）计算机软件一般包括系统软件和（　　）。
A．源程序　　B．科学软件　　C．管理软件　　D．应用软件

（6）负责计算机内部之间的各种算术运算和逻辑运算功能的部件是（　　）。
A．内存　　B．CPU　　C．主板　　D．显卡

（7）在下列设备中，不属于输出设备的是（　　）。
A．显示器　　B．打印机　　C．鼠标　　D．音响

（8）32 位机中的 32 指的是（　　）。
A．机型　　B．存储单位　　C．字长　　D．CPU 的针数

第2章 组装计算机硬件

学习目标

1）了解主板的结构，掌握各个接口的作用。

2）了解CPU的发展与分类，掌握CPU的性能指标。

3）通过DIY，掌握组装一台计算机硬件的基本操作要领。

4）了解常见组装中遇到的问题。

2.1 主板

2.1.1 主板的结构

主板的英文名称叫作Motherboard，也可以译作母板。从"Mother"一词可以看出主板在计算机各个配件中的重要性。主板不仅是整个计算机系统平台的载体，还负担着系统中各种信息的交流。另外主板本身也有芯片组、各种I/O控制芯片、扩展插槽、扩展接口、电源插座等元器件。

1．主板的构成

主板的PCB（印制电路板），一般采用四层板或六层板。相对而言，为节省成本，低档主板多为四层板（主信号层、接地层、电源层、次信号层）。而六层板则增加了辅助电源层和中信号层，因此，六层PCB的主板抗电磁干扰能力更强，主板也更加稳定。

2．主板布局与结构

典型的主板布局如图2-1所示，包含了电路布线、插槽、芯片、电阻、电容等。所谓主板结构就是根据主板上各元器件的布局排列方式、尺寸大小、形状、所使用的电源规格等制定出的通用标准，所有主板厂商都必须遵循。

主板结构分为AT、Baby-AT、ATX、Micro ATX、LPX、NLX、Flex ATX、EATX、WATX以及BTX等。其中，AT和Baby-AT是多年前的老主板结构，现在已经淘汰；而LPX、NLX、Flex ATX则是ATX的变种，多见于国外的品牌机；EATX和WATX则多用于服务器/工作站主板；ATX是目前市场上最常见的主板结构；Micro ATX是ATX结构的简化版，也就是常说的“小板”，多用于品牌机并配备小型机箱；而 BTX 则是英特尔制定的最新一代主板结构。

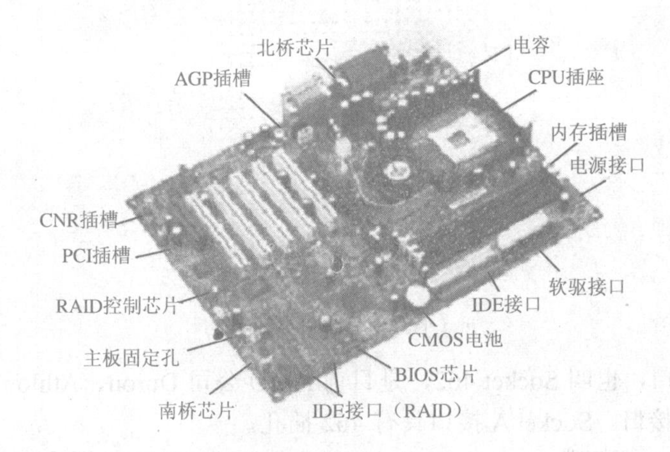

图 2-1　主板布局

当主板加电时，电流会在瞬间通过 CPU、南/北桥芯片、内存插槽、AGP 插槽、PCI 插槽、IDE 接口，以及主板边缘的串口、并口、PS/2 接口等。随后，主板会根据 BIOS（基本输入/输出系统）来识别硬件，并进入操作系统发挥出支撑系统平台工作的功能。

3．主板上的芯片

（1）北桥芯片　北桥芯片位于 CPU 插槽旁边，通常被散热片盖住。北桥芯片负责与 CPU 的联系并控制内存、AGP、PCI 数据在北桥内部的传输，提供对 CPU 的类型和主频、系统的前端总线频率、内存的类型和最大容量、ISA/PCI/AGP 插槽、ECC 纠错等的支持。由于发热量较大，因而需要散热片散热，一般来说，芯片组是以北桥芯片的名称来命名的。

（2）南桥芯片　南桥芯片多位于 PCI 插槽的上面，南桥芯片负责 I/O 总线之间的通信，如 PCI 总线、USB、LAN、ATA、SATA、音频控制器、键盘控制器、实时时钟控制器、高级电源管理等。南/北桥芯片组在很大程度上决定了主板的功能和性能。

（3）BIOS 芯片　BIOS 芯片是一块方块状的存储器，里面存有与该主板搭配的基本输入/输出系统程序。能够让主板识别各种硬件，还可以设置引导系统的设备，调整 CPU 外频等。

（4）RAID 控制芯片　此芯片相当于一块 RAID 卡的作用，可支持多个硬盘组成各种 RAID 模式。目前主板上集成的 RAID 控制芯片主要有两种：HPT372 RAID 控制芯片和 Promise RAID 控制芯片。

2.1.2　CPU 插座

CPU 需要通过某个接口与主板连接才能进行工作，目前 CPU 的接口主要是针脚式接口，对应到主板上就有相应的插槽类型。处理器插座的结构要根据相应主板所采用的处理器架构来具体决定。目前主要有两种处理器架构，即 Socket 和 Slot。

采用 Socket 架构的 CPU 是在处理器芯片底部四周分布许多插针，通过这些针来与处理器插座接触。Socket 插座如图 2-2 所示，主要分为：Socket 370、Socket 423、Socket A（Socket 462）、Socket 478、Socket 754、Socket 775、Socket 939 等。

图 2-2　Socket 插座

Socket A 接口，也叫 Socket 462，是目前 AMD 公司 Duron、Athlon XP 和 Sempron 系列处理器的插座接口。Socket A 接口具有 462 插孔。

Socket 478 接口是目前 Pentium 4（包括 P4 赛扬）系列处理器所采用的接口类型，针脚数为 478 针。Socket 478 的 Pentium 4 处理器面积很小，其针脚排列极为紧密。采用 Socket 478 插槽的主板产品数量众多，是目前应用最为广泛的 CPU 插座类型。

Socket 775 又称为 Socket T，适用于 Intel LGA775 封装的 Pentium 4、Pentium 4 EE、Celeron D 等系列 CPU。Socket 775 插座与 Socket 478 插座明显不同，没有 Socket 478 插座那样的 CPU 针脚插孔，取而代之的是 775 根有弹性的触须状针脚，通过与 CPU 底部对应的触点相接触而获得信号。

另一种处理器架构就是 Slot 架构，它是属于单边接触型，通过金手指与主板处理器插槽接触，就像 PCI 板卡一样，如在早期的 PⅡ、PⅢ处理器中曾用到的 Slot 1 或采用于高端服务器及图形工作站系统的 Slot 2，以及供 AMD 公司的 K7 Athlon 使用的 Slot A。

2.1.3　内存插槽

内存插槽一般位于 CPU 插座下方，主板所支持的内存种类和容量都由内存插槽来决定。目前主要应用于主板上的内存插槽有：SIMM、DIMM 与 RIMM，其中最常用的 DIMM 插槽如图 2-3 所示。

图 2-3　184 针 DIMM 插槽

2.1.4　扩展插槽

扩展插槽是指主板上用于固定扩展卡并将其连接到系统总线上的插槽，也叫扩展槽、扩充插槽。

1. ISA 插槽

ISA 插槽是基于 ISA 总线（Industrial Standard Architecture，工业标准结构总线）的扩展插槽，其颜色一般为黑色，比PCI 接口插槽要长些，位于主板的最下端。由于传送数据宽度为 16 位并且CPU资源占用太高，数据传输率最高为 8MB/s，因此属于被淘汰的插槽接口。

2. PCI 插槽

PCI 插槽是基于 PCI 局部总线（Peripheral Component Interconnect，周边元件扩展接口）的扩展插槽，其颜色一般为乳白色，位于主板上 AGP 插槽的下方，如图 2-4 所示。PCI 插槽是主板的主要扩展插槽，其位宽为 32 位或 64 位，工作频率为 33MHz，最大数据传输率为 133MB/s（32 位）和 266MB/s（64 位）。可插接显卡、声卡、网卡、电视卡、视频采集卡以及其他种类繁多的扩展卡，通过插接不同的扩展卡可以实现各种外接功能。

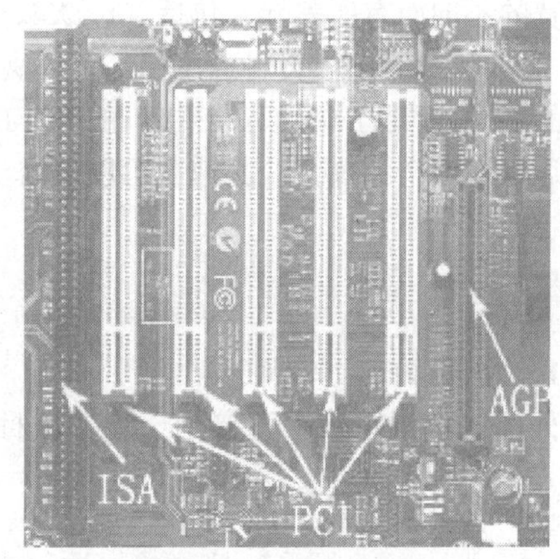

图 2-4　主板插槽

3. AGP 插槽

AGP（Accelerated Graphics Port，图形加速端口）是在 PCI 总线基础上发展起来的，颜色多为深棕色，位于北桥芯片和 PCI 插槽之间。主要针对图形显示方面进行优化，专门用于图形显示卡。经历了单倍速、2 倍速、4 倍速至 8 倍速的发展，其中 AGP 1X 传输速率可达到 256MB/s；AGP 2X 传输速率可达到 533MB/s；AGP 4X 传输速率可达到 1066MB/s；AGP 8X 传输速率可达到 2.1GB/s。

AGP 接口的电压标准随版本的不同而不同：AGP 1X 和 2X 采用 3.3V，AGP 4X 采用 1.5V，而 8X 可支持 0.8～1.5V。

4. AMR 插槽

AMR（Audio Modem Riser，声音和调制解调器插卡）插槽的位置一般在主板上 PCI 插槽（白色）的附近，比较短（大约只有 5cm），外观呈棕色。可插接 AMR 声卡或 AMR Modem 卡，不过由于使用效果及价格等原因，AMR 插槽很快被 CNR 所取代。

5. CNR 插槽

多为淡棕色，长度只有 PCI 插槽的一半，可以接 CNR 的软 Modem 或网卡，这种插槽的前身是 AMR 插槽。

图 2-5　CNR 插槽

6. PCI Express 插槽

PCI Express（简称 PCI-E）是新一代的 I/O 总线技术，采用了点对点串行连接方式，比起 PCI 以及更早期的计算机总线的共享并行架构，每个设备都有自己的专用连接，不需要向整个总线请求带宽，而且可以把数据传输率提高到一个很高的频率，达到 PCI 所不能提供的高带宽。同时PCI-E技术还能支持热插拔，也是接口技术上的一次飞跃。相比于AGP只能用于图形加速设备而言，PCI-E总线除应用于显卡外，还可以用于其他板卡设备，如声卡、网卡等，应用范围非常广泛。PCI-E总线这个新标准必将全面取代现行的PCI和AGP，最终实现总线标准的统一。

PCI-E支持双向传输模式，连接的每个装置都可以使用最大的带宽。PCI-E的接口根据总线位宽的不同而有所差异，包括X1、X4、X8以及X16（X2模式将用于内部接口而非插槽模式）。X1的250MB/s传输速度已经可以满足主流声效芯片、网卡芯片和存储设备对数据传输带宽的需求。而用于取代AGP接口的PCI-E X16，能够提供约为4GB/s的实际带宽，由于PCI-E可以运行在双全工模式，其速度可以倍增至8GB/s，远远超过AGP 8X的2.1GB/s的带宽。

2.1.5 接口

1. 外部接口

外部接口指主板上直接用于连接鼠标、键盘、打印机及音箱等各种外部设备的接口。

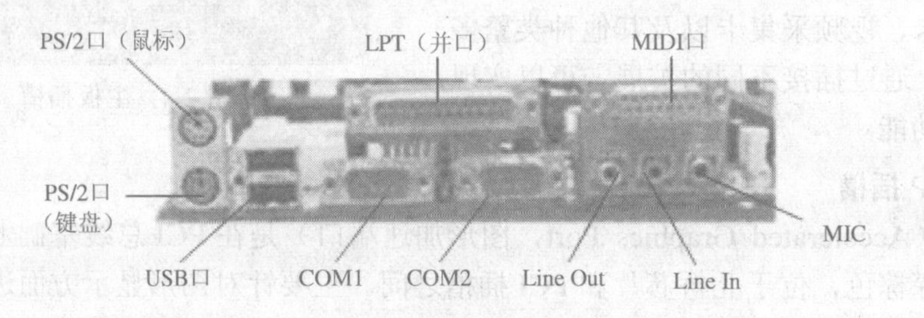

图2-6 主板外部接口

（1）COM接口（串行接口） 串行接口简称“串口”，也称RS-232接口。大多数主板都提供了两个COM接口，分别为COM1和COM2，作用是连接串行鼠标和外置Modem等设备。串口通常为9针D形连接器。

（2）PS/2接口 俗称“小口”，是一种鼠标和键盘的专用接口，也是一种6针的圆形接口。但鼠标只使用其中的4针传输数据和供电，其余2个为空脚。PS/2接口的传输速率比COM接口稍快一些，是目前应用最为广泛的接口之一。根据PC99规范，主板厂家在各接口中都标注了相应的颜色。一般情况下，鼠标的接口为绿色、键盘的接口为紫色。

（3）USB接口 USB是英文Universal Serial Bus的缩写，中文含义是“通用串行总线”，支持热拔插，真正做到了即插即用。USB接口是现在最为流行的接口，最大可以支持127个外设，并且可以独立供电，其应用非常广泛。USB为4针接口，其中两根为正负电源线，两根是数据传输线。目前主板中主要是采用USB1.0和USB2.0；USB1.0最高传输速率可达12Mbit/s，USB2.0为480Mbit/s。除了主板背部的插座之外，主板上还预留有USB插针，可以通过连线接到机箱前面作为前置USB接口以方便用户使用。

（4）LPT接口 简称“并口”，也就是LPT接口，是使用并行通信协议的扩展接口，其采用25针D形接头。所谓并口是指8位数据同时通过并行线进行传送，所以并口的数据传输率比串口快8倍，标准并口的数据传输率为1Mbit/s。一般LPT接口用来连接打印

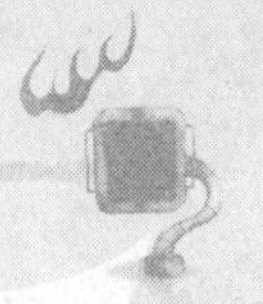

机、扫描仪等，所以并口又被称为打印口。

（5）音箱与游戏接口　目前，声卡一般集成在主板上，分别介绍如下：

1）Line Out 接口：一般为淡绿色，靠近 COM 接口，通过音频线用来连接音箱的 Line 接口，输出经过计算机处理的各种音频信号。

2）Line In 接口：一般为淡蓝色，位于 Line Out 和 Mic 中间的那个接口，意为音频输入接口，需和其他音频专业设备相连，家庭用户一般闲置无用。

3）Mic 接口：一般为粉红色，与送话器连接，用于聊天或者录音。

4）声卡的 MIDI 接口和游戏杆接口是共用的，接口中的两个针脚用来传送 MIDI 信号，可连接各种 MIDI 设备，例如电子键盘等。

（6）其他接口

1）IEEE-1394 接口。IEEE-1394 是一种广泛使用在数码摄像机、外置驱动器以及多种网络设备的高速串行接口。标准 IEEE-1394 接口数据传速率为 400Mbit/s，IEEE-1394b 数据传速率为 800Mbit/s。

2）网卡接口。由于目前大多数主板集成了网卡，因此在图 2-6 所示的主板直接对外接口中增加了网卡接口，其类型通常为 RJ45。

2．内部接口

内部接口指通过主板连接到位于机箱内部相应设备的端口。通常包括以下几种：

（1）硬盘与光驱接口　对于主板而言，IDE 硬盘与光驱采用相同的接口方式，而且数据线也相同。通常，主板提供两个用于连接硬盘与光驱的数据接口，可以采用一个接口、一根数据线将硬盘与光驱连接在一起；也可以采用两个接口、两根数据线的方式。因此，这里以硬盘为例，光驱相同。

硬盘接口是硬盘与主机系统间的连接部件，一般分为 IDE、SATA 和 SCSI 三种。IDE 接口硬盘多用于家用与办公电脑中；SCSI 接口的硬盘则主要应用于服务器产品；SATA 是一种新生的硬盘接口类型，有着广泛的应用前景。

1）IDE。IDE 的全称为“Integrated Drive Electronics”，即“电子集成驱动器”。IDE 接口具有价格低廉、兼容性强的特点，为其造就了其他类型硬盘无法替代的地位。IDE 代表着硬盘的一种类型，人们已习惯用 IDE 来称呼最早出现 IDE 类型硬盘 ATA-1，随后出现的 ATA、Ultra ATA、DMA、Ultra DMA 等接口都属于 IDE 硬盘。

如图 2-7 所示，主板上两个 40 针的 IDE 接口并列布置。为了区分它们，主板上标注有“IDE1”、“IDE2”或者“Primary”（第一）、“Secondary”（第二）字样。由于每个 IDE 接口可以连接两个 IDE 设备，所以，一般情况下，一台计算机可以连接四个 IDE 设备。

图 2-7　IDE 接口

2）S-ATA。使用 S-ATA（Serial ATA）接口的硬盘又叫串口硬盘，是一种完全不同于并行 ATA 的新型硬盘接口类型。由于它采用串行方式传输数据而知名，因此具有结构简单、支持热插拔的优点，是未来 PC 机硬盘的趋势，如图 2-8 所示。

图 2-8　S-ATA 接口

Serial ATA 采用串行连接方式，以连续串行的方式传送数据，一次只会传送一位数据，这样能减少 S-ATA 接口的针脚数目，使连接电缆数目变少，效率也会更高。实际上，Serial ATA 仅用四支针脚就能完成所有的工作，分别用于连接电缆、连接地线、发送数据和接收数据。其次，Serial ATA 的起点更高、发展潜力更大，Serial ATA 1.0 定义的数据传输率可达 150MB/s，这比目前最新的并行 ATA（即 ATA/133）所能达到 133MB/s 的最高数据传输率还高，而在 Serial ATA 2.0 中的数据传输率将达到 300MB/s。

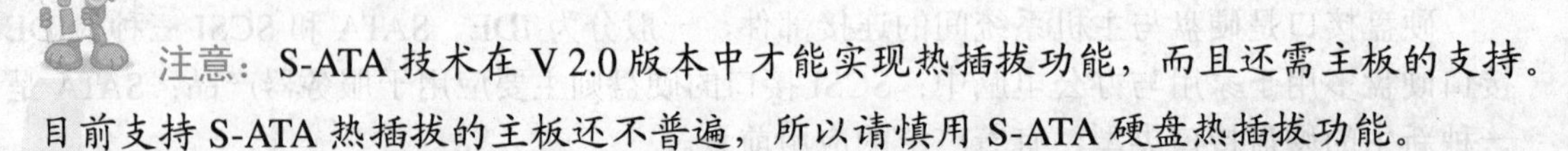

注意：S-ATA 技术在 V 2.0 版本中才能实现热插拔功能，而且还需主板的支持。目前支持 S-ATA 热插拔的主板还不普遍，所以请慎用 S-ATA 硬盘热插拔功能。

3）SCSI。SCSI 的英文全称为“Small Computer System Interface”（小型计算机系统接口），是与 IDE 完全不同的接口，IDE 接口是普通 PC 的标准接口，而 SCSI 并不是专门为硬盘设计的接口，是一种广泛应用于小型机上的高速数据传输技术。SCSI 接口具有应用范围广、多任务、带宽大、CPU 占用率低，以及支持热插拔等优点，但价格较高，因此 SCSI 硬盘主要应用于中、高端服务器和高档工作站中。

（2）软驱接口（Floppy）　用于连接软盘驱动器，一般位于 IDE 接口或 PCI 插槽旁，如图 2-9 所示。因为它是 34 针的，所以比 IDE 接口略短一些，数据线也略窄一些。由于 U 盘的广泛使用，主板上的软驱接口将逐步淘汰。

（3）电源接口　用于连接计算机电源的直流输出，为主板提供动力，如图 2-10 所示。PⅢ系列电源接口为 20 针采用防呆设计的 D 形口；P4 系列电源加强了 5V、3.3V 和 12V 的供电能力，电源接口除了 24 针 D 形口外，还包括辅助供电插头。

图 2-9　软驱接口

图 2-10　电源接口

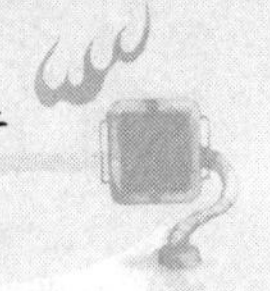

（4）前置 USB 与前置音频转接端口

1）前置 USB 转接端口。为了满足日益增多的 USB 设备的需求，目前大部分主板提供多达 8 个 USB 接口。但真正属于主板直接对外的（位于机箱背部）最多只有 4 个，为此主板提供相应的前置 USB 转接端口，通过引线与安装于机箱正面的前置 USB 接口相连，从而使前置 USB 接口发挥作用。

2）前置音频转接端口。同理，为了方便用户使用，目前大部分主板提供用于与机箱正面前置音频接口相连接的前置音频转接端口。

2.2　CPU

2.2.1　CPU 的发展史

CPU 从最初发展至今已经有三十多年的历史了。我们按照其处理信息的字长，可将 CPU 分为 4 位微处理器、8 位微处理器、16 位微处理器、32 位微处理器以及 64 位微处理器。下面以 Intel 公司的 CPU 为主线条，作简单介绍。

1971 年，Intel 公司推出了世界上第一款微处理器 4004，这是第一个可用于微型计算机的 4 位微处理器，随后 Intel 又推出了 8008。

1974 年，8008 发展成 8080 成为第二代微处理器，8080 被用于各种应用电路和设备中，作为代替电子逻辑电路的器件。第二代微处理器均采用 NMOS 工艺。

1978 年，Intel 公司生产的 8086 是第一个 16 位的微处理器，这就是第三代微处理器的起点。8086 微处理器主频速度为 8MHz，具有 16 位数据通道，内存寻址能力为 1MB。随后，Intel 又开发出了 8088。1981 年，美国 IBM 公司将 8088 芯片用于其研制的 PC 中，从而开创了全新的微机时代。也正是从 8088 开始，个人计算机（Personal Computer）的概念开始在全世界范围内发展起来。从 8088 应用到 IBM PC 上开始，个人计算机真正走进了人们的工作和生活之中，它标志着一个新时代的开始。

1982 年，Intel 公司在 8086 的基础上，研制出了 80286 微处理器，80286 集成了大约 13 万个晶体管。8086~80286 这个时代是个人计算机起步的时代。

1985 年，Intel 正式发布 80386DX，其内部包含 27.5 万个晶体管，80386 使 32 位微处理器成为了 PC 工业的标准。1989 年 Intel 推出低价位的准 32 位处理器芯片 80386SX。

1989 年，80486 芯片由 Intel 推出。这款经过 4 年开发和 3 亿美元资金投入的芯片的伟大之处在于它首次突破了 100 万个晶体管的界限，集成了约 110 万个晶体管，使用 1μm 的制造工艺。这也是 Intel 最后一代以数字编号的 CPU。

1993 年，全新一代的处理器 Pentium（奔腾）问世，它全面超越了 486。为了摆脱 486 时代微处理器名称混乱的困扰，Intel 公司把自己的新一代产品命名为 Pentium（奔腾）以区别竞争对手 AMD 和 Cyrix 的产品。Pentium 处理器集成了超过 320 万个晶体管。时钟频率最高达到 120MHz。随后 Intel 推出 Pentium Pro 与 Pentium MMX。

1997 年，Intel 继续强势推出 Pentium Ⅱ（中文名“奔腾二代”），早期的 Pentium Ⅱ采用 Klamath 核心，0.35μm 工艺制造，内部集成 750 万个晶体管。Pentium Ⅱ采用了与 Pentium Pro 相同的核心结构，同时增加了 MMX 指令集。1998 年推出的 Celeron 赛扬处理器，实际上可以说是 Pentium Ⅱ的“简化版”。

1999 年初，Intel 公司发布了采用 Katmai 核心的新一代微处理器，即 Pentium Ⅲ。该微处理器除采用 0.25μm 工艺制造，内部还集成了 950 万个晶体管，系统总线频率为 100MHz；采用第六代 CPU 核心，即 P6 微架构，针对 32 位应用程序进行优化，双重独立总线；一级缓存为 32KB，二级缓存大小为 512KB，新增加了能够增强音频、视频和 3D 图形效果的指令集，共 70 条新指令。Pentium Ⅲ的起始主频速度为 450MHz。

2000 年，Intel 发布了 Pentium 4 处理器，最早的 Pentium 4 采用 Socket 423 接口，在上市几个月以后就被改成了 Socket 478 接口的新 P4。其核心也由 Willamette 换成了 Northwood。早期的 Pentium 4 处理器集成了 4200 万个晶体管，到了改进版的 Pentium 4（Northwood）更是集成了 5500 万个晶体管；并且开始采用 0.13μm 工艺进行制造，起始主频就达到了 1.5GHz，并且率先支持了双通道 DDR 技术。

2004 年 2 月，英特尔正式发布以 Presscott 为核心的新 Pentium 4 处理器，其接口后来改成 LGA775 接口，这也导致新 P4 和以前的主板不能兼容。以 Presscott 为核心的 P4 起始频率是 2.8G。

目前，Intel 推出的双核处理器有 Pentium D 和 Pentium EE，同时推出 945/955 芯片组来支持新推出的双核处理器，采用 90nm 工艺生产，使用没有针脚的 LGA 775 接口。

AMD 推出的双核处理器分别是 Opteron 系列和全新的 Athlon 64 X2 系列处理器。其中 Athlon 64 X2 是用以抗衡 Pentium D 和 Pentium EE 的桌面双核处理器系列。Athlon 64 X2 处理器最大的好处是，对主板 BIOS 升级可以不更换平台就能使用新推出的双核处理器，这与 Intel 双核处理器必须更换新平台才能支持的做法相比，升级双核系统会节省不少费用。

2.2.2 CPU 的三大制造商

目前有三大 CPU 生产商，分别是 Intel 公司、AMD 公司和 VIA 公司。

1. Intel 公司

Intel 公司成立于 1968 年，是目前全球最大的半导体芯片制造商，具有 30 多年产品创新和市场领导的历史。公司的第一个产品是半导体存储器。1971 年，Intel 推出了全球第一个微处理器。这一举措不仅改变了公司的未来，而且对整个工业产生了深远的影响。微处理器所带来的计算机和互联网革命，改变了这个世界。Intel 在 CPU 市场上大约占据了 80%的份额。它领导着 CPU 的世界潮流，从 286、386、486、Pentium、Pentium Pro、Pentium Ⅱ、Pentium Ⅲ到现在主流的 Pentium 4，它始终推动着微处理器的更新换代。Intel 的 CPU 不仅性能出色，而且在稳定性、功耗方面都十分理想。

2. AMD 公司

AMD 是 Advanced Micro Devices 的缩写，公司创办于 1969 年，是全球仅次于 Intel 的第二大 PC 芯片厂商，也是唯一能与 Intel 竞争的 CPU 生产厂家。AMD 公司的产品现在已经形成了以 Athlon XP、Duron、Sempron、Athlon 64 等为核心的一系列产品。AMD 公司认为，由于在 CPU 核心架构方面的优势，同主频的 AMD 处理器具有更好的整体性能。同时因为其产品得到多家合作伙伴以及众多整机生产厂商的支持，早期产品中兼容性不好的

问题已基本得到解决，其产品的性能较高而且价格便宜。

3. VIA 公司

VIA（威盛）在并购了 Cyrix、IDT 两家 CPU 公司后，推出威盛 C3 系列处理器。在致力于个人计算机中所使用的系统芯片组的同时，与 AMD 和 Intel 争夺低端微处理器市场。其最大的特点就是价格低廉，性能实用。

2.2.3　CPU 主要性能指标

1. 主频、外频与倍频

（1）CPU 的主频　CPU 的主频（CPU Clock Speed），即 CPU 内核工作的时钟频率，也称内频，其单位是 MHz 或 GHz，1GHz=1000MHz。主频和实际的运算速度存在一定的关系，主频越高，CPU 的速度也越快，但目前还没有一个确定的公式能够定量二者之间的数值关系。

（2）外频　外频是 CPU 乃至整个计算机系统的基准频率，也称总线频率，即主板芯片组对内存、CPU 的运行时钟频率，单位是 MHz 或 GHz。在早期的计算机中，内存与主板之间的同步运行的速度等于外频。对于目前的计算机系统来说，二者完全可以不相同，但是外频的意义仍然存在，计算机系统中大多数的频率都是在外频的基础上乘以一定的倍数来实现的。

（3）倍频　CPU 的倍频，全称是倍频系数。CPU 的核心工作频率与外频之间存在着一个比值关系，这个比值就是倍频系数，简称倍频。外频与倍频相乘就是主频，即：主频=外频×倍频。

2. 前端总线（FSB）频率

前端总线的英文名字是 Front Side Bus，通常用 FSB 表示，是将 CPU 连接到北桥芯片的总线。CPU 就是通过前端总线（FSB）连接到北桥芯片，进而通过北桥芯片、内存和显卡交换数据。前端总线是 CPU 和外界交换数据最主要的通道，因此前端总线的数据传输能力对计算机整体性能的影响很大。前端总线的速度指的是 CPU 和北桥芯片间总线的速度，更实质性地表示了 CPU 和外界数据传输的速度。PC 上所能达到的前端总线频率有 266MHz、333MHz、400MHz、533MHz、800MHz、1066MHz，目前主流的频率为 800MHz。

前端总线的速度指的是数据传输的速度，外频是 CPU 与主板之间同步运行的速度。外频与前端总线频率很容易被混为一谈。其主要原因是在以前的很长一段时间里（主要是在 Pentium 4 出现之前以及刚出现 Pentium 4 时），前端总线频率与外频是相同的，因此我们往往简单地直接称前端总线为外频。随着计算机技术的发展，人们发现前端总线频率是需要高于外频的，因此采用了 QDR（Quad Date Rate）技术，或者其他类似的技术实现了这个目的，从而使前端总线的频率成为外频的 2 倍、4 倍甚至更高。

3. 核心

核心（Die）又称为内核，是 CPU 最重要的组成部分。CPU 中心那块隆起的芯片就是核心，是由单晶硅以一定的生产工艺制造出来的，CPU 所有的计算、接受/存储命令、处理数据都由核心执行。为了便于 CPU 设计、生产、销售的管理，CPU 制造商会对各种 CPU 核心给出相应的代号，这也就是所谓的 CPU 核心类型。一般说来，新的核心类型往往比老的核心类型具有更好的性能，但这也不是绝对的。

Intel CPU 的核心类型主要有：Northwood、Prescott、Smithfield、Cedar Mill、Presler、Yonah、Conroe、Allendale、Merom。

采用 Smithfield 核心技术的 Intel 桌面平台双核处理器，基本上可以简单看作是把两个 Pentium 4 所采用的 Prescott 核心整合在同一个处理器内部，两个核心共享前端总线，每个核心都拥有独立的 1MB 二级缓存，两个核心加起来一共拥有 2MB。相应处理器有 Pentium D 和 Pentium Extreme Edition（Pentium EE）两大系列。

AMD 推出的双核处理器分别是双核心的 Opteron 系列和全新的 Athlon 64 X2 系列处理器。其中 Athlon 64 X2 是用以抗衡 Pentium D 和 Pentium Extreme Edition 的桌面双核处理器系列。Athlon 64 X2 是由两个 Athlon 64 处理器上采用的 Venice 核心组合而成，每个核心拥有独立的 512KB（1MB）L2 缓存及执行单元。

Conroe 核心是 Intel 桌面平台双核处理器更新后的核心类型，是全新的 Core（酷睿）微架构（Core Micro-Architecture）应用在桌面平台上的第一种 CPU 核心。目前采用此核心的有 Core 2 Duo E6x00 系列和 Core 2 Extreme X6x00 系列。

4. CPU 缓存

CPU 缓存（Cache Memoney）位于 CPU 与内存之间的临时存储器中，它的容量比内存小但交换速度快。在缓存中的数据是内存中的一小部分，但这一小部分是短时间内 CPU 即将访问的，当 CPU 调用大量数据时，就可避开内存直接从缓存中调用，从而加快读取速度。

最早的 CPU 与缓存是整体的，而且容量很低，Intel 公司从 Pentium 时代开始把缓存进行了分类。将 CPU 内核集成的缓存称为一级缓存，而外部（CPU 电路板或主板）集成的称为二级缓存。后来，随着制造工艺的提高，二级缓存也能轻易地集成在 CPU 内核中，因此，这一说法已不确切，但一直沿用。

在 CPU 产品中，一级缓存的容量基本在 4～18KB 之间。二级缓存的容量则分为 128KB、256KB、512KB、1MB 和 2MB 等。一级缓存容量各产品之间相差不大，而二级缓存容量则是提高 CPU 性能的关键。

5. 制造工艺

制造工艺的微米是指“IC”内电路与电路之间的距离。制造工艺的趋势是向密集度高的方向发展。芯片制造工艺在 1995 年以后，从 0.5μm、0.35 μm、0.25 μm、0.18 μm、0.15μm、0.13 μm、90nm 一直发展到目前最新的 65nm，而 45nm 和 30nm 的制造工艺将是下一代 CPU 的发展目标。

6. 工作电压

CPU 的工作电压，即 CPU 正常工作所需的电压。任何电器在工作的时候都需要用电，自然也有对应的额定电压，CPU 也不例外。

CPU 的工作电压分为两个方面，即核心电压与 I/O 电压。核心电压即驱动 CPU 核心芯片的电压，I/O 电压则指驱动 I/O 电路的电压。早期 CPU 的核心电压与 I/O 一致，通常为 5V，目前不同的 CPU 可能会有不同的核心电压：1.30V、1.35V 或 1.40V。

7. 指令集

CPU 依靠指令来计算和控制系统，每款 CPU 在设计时就规定了一系列与其硬件电路相配合的指令系统。指令的强弱也是 CPU 的重要指标，指令集是提高微处理器效率的最有效工具之一。从现阶段的主流体系结构讲，指令集可分为复杂指令集和精简指令集两部分，而从具体运用看，如 Intel 的 MMX（Multi Media Extended）、SSE、SSE2（Streaming-Single instruction multiple data-Extensions 2）和 AMD 的 3DNow 等都是 CPU 的扩展指令集，分别增强了 CPU 的多媒体、图形图像和 Internet 等的处理能力。我们通常会把 CPU 的扩展指令集称为"CPU 的指令集"。

8. 封装技术与接口类型

所谓封装是指采用特定的材料将 CPU 芯片或 CPU 模块固化在其中，以防止受损的保护措施。封装技术经历了 DIP、QFP、PGA、BGA、CSP 到 MCM 的发展过程。目前采用的封装材料为绝缘的塑料或陶瓷。

CPU 接口类型与主板 CPU 插座类型相对应，分为 Socket 与 Slot 两大架构。

2.3 内存

内存也称内部存储器、RAM 或主存储器，是计算机运行过程中临时存放数据的地方。计算机工作时，先将要处理的数据从磁盘调入内存，再从内存送到 CPU，完成处理后，将数据从 CPU 送回内存中，最后才保存到磁盘上。

2.3.1 内存的计算单位

1. 位（bit）与字节（Byte）

众所周知，计算机用的是二进制数，如 10011010，其中的一个 0 或 1 就是一位（bit），而 10011010 就是一个 8 位二进制数。我们将一个 8 位二进制数称为一个字节（Byte）。

2. 计算单位

在计算机中，存储器是以字节为基本单位存储信息的。存储器中存储单元的总数，称为存储容量。存储容量可用 B、KB、MB、GB 和 TB 表示，它们的关系如下：

1 KB=1024 Byte=2^{10} Byte

1 MB=1024 KB=1024×1024 Byte

1 GB=1024 MB

1 TB=1024 GB

2.3.2 插槽类型

为了节省主板空间和加强配置的灵活性，装在主板上的内存采用内存条的结构，也就是将若干条 DRAM 存储芯片先排列在一个小长形印制电路板上，然后再插入内存插槽。

金手指（connecting finger）是内存条上与内存插槽之间的连接部件，所有的信号都是通过金手指进行传送的。金手指由众多金黄色的导电触片组成，因其表面镀金而且导电触

片排列如手指状，所以称为“金手指”。

内存插槽分为 SIMM、DIMM 及 RIMM 三大类。SIMM 代表单列直插内存模块（Single Inline Memory Module）；DIMM 则意为双列直插内存模块（Dual Inline Memory Module）。早期的 EDO 和 SDRAM 内存，使用过 SIMM 和 DIMM 两种插槽，但从 SDRAM 内存开始，就以 DIMM 插槽为主，而到了 DDR 和 DDR2 时代，SIMM 插槽已经很少见了。

1. SIMM

SIMM 就是一种两侧金手指都提供相同信号的内存结构，它多用于早期的 PM RAM 与 EDO RAM，最初一次只能传输 8 位数据，后来逐渐发展出 16 位、32 位的 SIMM 模组，其中 8 位和 16 位 SIMM 使用 30 线接口，32 位则使用 72 线接口。在内存发展进入 SDRAM 时代后，SIMM 逐渐被 DIMM 技术取代。

根据每面金手指线数的不同，SIMM 有 30 线和 72 线之分。30 线 SIMM 主要使用在早期的 286/386/486 主板中，72 线 SIMM 则在后期 486 和早期的 586 主板上比较常用。

2. DIMM

DIMM 与 SIMM 类似，不同的只是 DIMM 的两侧金手指各自独立传输信号，即两侧信号不同，可满足更多数据信号的传送需要，目前在各类主板上广泛应用。有以下几种规格：

1）168 线 DIMM：SDRAM 内存采用，金手指每面 84 线，两面共 84×2=168 线。金手指上有两个卡口，用来避免插入插槽时错误地将内存反向插入而导致烧毁。

2）184 线 DIMM：DDR 内存采用，金手指每面 84 线，金手指上只有一个卡口。

3）240 线 DIMM：DDR2 内存采用。

3. RIMM

RIMM 是 Rambus 公司生产的 RDRAM 内存所采用的接口类型，RIMM 内存与 DIMM 的外形尺寸差不多，金手指同样也是双面的。RIMM 也有 184 线的针脚，在金手指的中间部分有两个靠得很近的卡口。

2.3.3 传输类型

传输类型指内存所采用的内存类型，不同类型的内存传输各有差异，在传输率、工作频率、工作方式、工作电压等方面都有不同。目前市场中主要有的内存类型有 SDRAM、DDR SDRAM 和 RDRAM 三种，其中 DDR SDRAM 内存占据了市场的主流，而 SDRAM 内存规格已不再发展，处于被淘汰的行列，RDRAM 则始终未成为市场的主流，只有部分芯片组支持。

1. SDRAM

SDRAM（Synchronous DRAM—— 即同步内存，如图 2-11 所示），顾名思义，它的输入/输出信号是同步于系统时钟频率工作的。SDRAM 频率一般有 66/100/133MHz 几种，通常称为 PC66、PC100 和 PC133。

图 2-11 SDRAM

2. DDR SDRAM

DDR SDRAM（Double Data Rate Synchronous DRAM——即双倍数据速率同步内存，如图 2-12 所示），简称 DDR，因为 DDR 内存在时钟的上升及下降的边缘都可以传输资料，而使得实际带宽增加两倍，效率比普通的 SDRAM 高一倍。

图 2-12　DDR

从外形看，SDRAM 和现在流行的 DDR 内存好像没有多大区别，但仔细观察一下就会发现两者有明显不同：DDR 金手指是 168 针脚，而非 DDR 内存为 184 针脚。如果说这种不同还不算明显的话，则可以检查内存金手指的缺口数目。如果有两个缺口，则就是 SDRAM 内存；如果只有一个缺口，则是 DDR 内存。

3. RDRAM

RDRAM 全称是 Rambus DRAM，即 Rambus 内存，这是 Rambus 公司开发的从芯片到芯片接口设计的新型串行结构的 DRAM，如图 2-13 所示。RDRAM 金手指也是 184 针脚，但它与 SDRAM 或者 DDR 内存的最大区别不在于针脚而是 Rambus 全身是银白色的。

图 2-13　Rambus

2.3.4　内存的性能指标

内存对整机的性能影响很大，整机的许多指标都与内存有关。内存本身的性能指标就很多，因此，这里只介绍几个最常用的，也是最重要的指标。

1. 容量

整块内存条所能存储的二进制位数称为内存条的容量，早期容量只有 16MB、32MB 及 64MB；目前容量分为 128MB、256MB、512MB、1GB 和 2GB 等。

系统中内存的数量等于插在主板内存插槽上所有内存条容量的总和，如果某台计算机上安装了 2 根 128M 内存，则总容量等于 2×128=256MB。内存容量的上限一般由主板芯片组和内存插槽决定，不同主板芯片组可以支持的容量不同，比如 Intel 的 810 和 815 系列芯片组最高支持 512MB 内存，多余的部分将无法识别。目前多数芯片组可以支持到 2GB 以上的内存。

2. 内存速度

内存速度一般指对内存芯片存取一次数据所需的时间，单位为纳秒（ns），时间越短，速度就越快。只有当内存与主板速度、CPU 速度相匹配时，才能发挥计算机的最大效率，否则会影响 CPU 高速性能的充分发挥。存储器的速度指标通常以某种形式印在芯片上。一般在芯片型号的后面印有–60、–10、–7 等字样，表示存取速度为 60ns、10ns、7ns。

2.3.5 内存新技术

DDR2（Double Data Rate 2）SDRAM 是由 JEDEC（电子设备工程联合委员会）进行开发的新生代内存技术标准，它与上一代 DDR 内存技术标准最大的不同就是，虽然都采用了在时钟的上升/下降沿同时进行数据传输的基本方式，但 DDR2 内存却拥有两倍于上一代 DDR 内存预读取的能力（即：4bit 数据预读取）。换句话说，DDR2 内存中的每个时钟能够以 4 倍外部总线的速度读/写数据，并且能够以内部控制总线 4 倍的速度运行。

2.4 组装硬件基本流程

2.4.1 常用装机工具

在组装计算机前，首先要准备好所有要用到的装机工具，其次是需要知道装机前的注意事项，最后才可以组装计算机。

十字旋具是必须的，最好选择钢性好、刀柄长、手柄宽大易掌握的中号系列，并一定要选择刀口经过磁化处理的（可以吸附螺钉，以免掉入机箱）。

除了旋具，镊子与导热硅脂也是必需品，其他工具都是可选的，如：尖嘴钳子、防静电手套或手腕带、万用表、小排刷、捆扎带等。

2.4.2 装机注意事项

1. 注意安全

在装机过程中，由于不断变换位置或更换配件，应避免配件的碰撞、滑落与挤压；注意螺钉等导体是否掉进机箱。此外装机结束前切勿加电，加电试机时也要先检查各电源接头是否正确，禁止带电插拔各接头，特别是在夏天安装时要注意避免汗水滴落到配件上。

2. 防止静电

由于人体所携带的静电足以击穿集成芯片，所以应养成先释放双手的静电，再接触计算机配件的习惯。如清洗双手或接触接地良好的导体（如自来水管），都可以不同程度地清除人体所携带的静电。在接触配件的过程中，双手尽量不要接触配件中裸露的芯片、集成电路板等，需接触时，也应尽量拿住配件的边缘。有条件的话可配套防静电手套。

3. 轻稳安装

在装机过程中，对于各配件应轻拿轻放。一般情况下各配件都不需要使用粗暴的方法来安装，而且大多配件都有防呆设计，只要我们注意观察，都能够安装正确。目前许多插槽都带有锁扣，而且不同主板的锁扣也不同，在安装时一定要注意观察，保证板卡的安装正确。

安装各个配件时，螺钉紧固程度要适中，太松会导致接触不良，太紧会损坏计算机配件。

4. 阅读说明

在新购配件时，一般都附有相关的说明书，如容易出错的操作步骤、跳线的设置方法等，所以在装机前应先阅读有关说明书。

2.4.3 装机基本步骤

一般来说，组装计算机可按照以下的顺序进行。

1）安装机箱：主要是指机箱的拆封，以及将电源安装在机箱内。

2）安装CPU：在主板处理器插座上安装所需的CPU，包括安装散热器（风扇）。

3）安装内存条：将内存条插入主板的内存插槽中。

4）安装主板：将主板安装到机箱中。

5）安装显卡：将显卡插入主板的插槽中。

6）安装驱动器：包括硬盘、光驱和软驱的安装。

7）安装声卡与网卡：将声卡、网卡装入主板的插槽中（若属于主板集成，则没有这步操作）。

8）安装键盘、鼠标：连接键盘、鼠标与主机一体化。

9）安装显示器：连接显示器。

10）给计算机加电，若显示器能够正常显示，表明已经正确初装。

注意：进行了上述10步操作后，硬件的安装已基本完成，接下来还要进行软件的安装。

11）对硬盘进行分区和格式化。

12）安装操作系统：如Windows 2000或者Windows XP系统等。

13）安装驱动程序：如主板、显卡、声卡、网卡等驱动程序。

14）安装其他系统程序和应用程序：如Office 2000。

15）进行72小时的烤机，如果硬件有问题，在72小时的烤机中会被发现。

2.5 项目一 安装计算机最小系统

【项目任务】通过DIY（Do It Yourself），要求我们完成计算机最小硬件系统的安装。

【项目分析】通过第1章的实训，大家已经认识了计算机的各个组件，而且经过本章的

理论学习，我们已经进一步认清了主板、CPU 及内存条，至此，我们已经具备了安装计算机硬件的条件。

计算机的最小系统通常指电源、主板、CPU（含风扇）、内存条、显卡与显示器，加电后能听到“嘟”的一声，同时显示器屏幕有了变化。本项目就是指导大家如何完成最小系统中这些计算机主要组件的安装。

2.5.1 准备工作

1）检查电源插座是否通电。
2）检查双手是否已放电。
3）检查机箱（含电源）、主板、CPU（含风扇）、内存条、显卡与显示器是否准备好。

2.5.2 项目实施过程

1. 机箱与电源的安装

机箱的整个机架由金属构成，它包括 5.25in 固定托架（可安装光驱和 5in 硬盘等）、3.5in 固定托架（可用来安装软驱、3.5in 硬盘等）、电源固定架（用来固定电源）、底板（用来安装主板）、槽口（用来安装各种插卡）、PC 喇叭（可用来发出 BIOS 报警声音）、联线（用来连接各信号指示灯、按钮以及前置接口等）和塑料垫脚等，如图 2-14 所示。

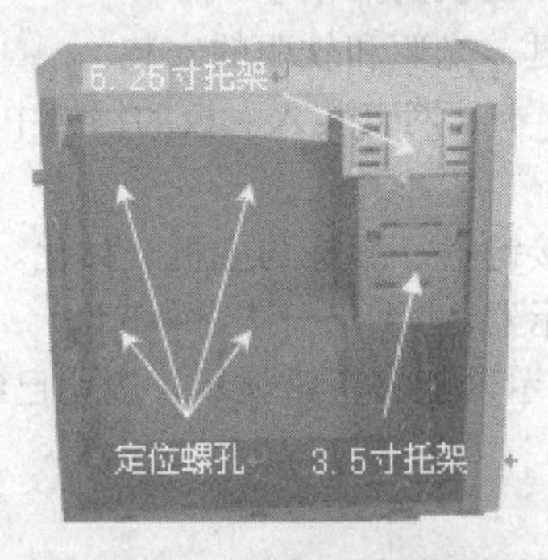

图 2-14 机箱布置图

取下机箱的外壳，我们可以看到用来安装电源、光驱、软驱的驱动器托架。许多机箱没有提供硬盘专用的托架，通常可安装在软驱的托架上。

机箱后的挡片：机箱后面的挡片，也就是机箱后面板的卡口，主板的键盘口、鼠标口、串并口、USB 接口等都要从这个挡片上的孔与外设连接。

有的机箱在下部有个白色的塑料小盒子，是用来安装机箱风扇的，塑料盒四面采用卡口设计，只需将风扇卡在盒子里即可。

接下来就是电源的安装，机箱中放置电源的位置通常位于机箱尾部的上端。电源末端四个角上各有一个螺钉孔，它们通常呈梯形排列，所以安装时要注意方向性，如果装反了就不能固定螺钉。可先将电源放置在电源托架上，再将 4 个螺钉孔对齐并用手扶稳，最后把螺钉拧紧即可，如图 2-15 所示。

图 2-15　安装及固定电源

【友情提示】拧螺钉的时候有个原则，就是先不要拧紧，要等所有螺钉都到位后再逐一拧紧。安装其他某些配件，如硬盘、光驱、软驱等也是一样。

2. 安装 CPU

CPU 的体积一般较小，安装精度要求较高，所以一般情况下可先将其安装在主板上，并安装好相应的散热器（风扇）。对于 Socket 插槽一般都是先把它的拉杆拉起，把 CPU 放下去，然后再把拉杆压下去即可，具体方法如图 2-16 所示。

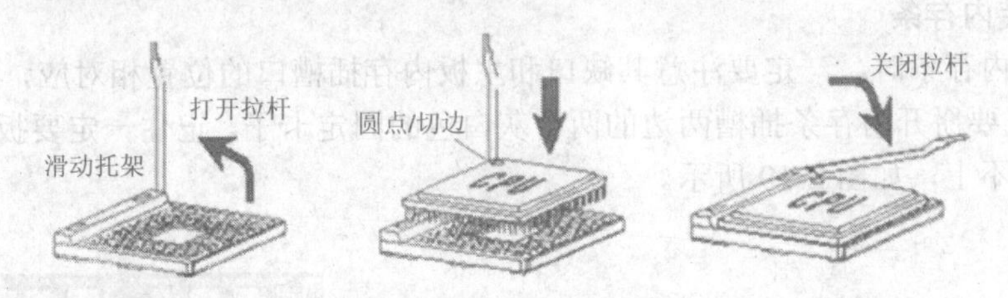

图 2-16　CPU 安装示意图

1）将主板上的 CPU 插槽侧面的手柄拉起，基本与主板呈垂直状态，准备安装 CPU。

2）CPU 插座多数设计成零力插拔（ZIF）。将 CPU 插入到插座中时，应保证 CPU 与主板插座方向的一致性。插座上有一个角上缺一个针脚孔，而 CPU 上有一个角是缺一针，将它们的位置对齐。在对齐了所有 CPU 针脚与 CPU 插座孔后，就可以轻轻按下 CPU，使 CPU 上的每一个针脚都插到相应的插孔中，要注意将 CPU 放到底。确认 CPU 安装到位后，将金属手柄压下并恢复到原位，使 CPU 牢牢固定在主板上。此外，Socket 775 构架的 CPU 上有两个凹口，安装时对准主板上 CPU 插座的两个凸起点即可。

注意：CPU 的每个针脚对应插座上的一个针孔，在安装时要轻轻地按 CPU，使每根针脚顺利地插入到针孔中，不要用力按，以免将 CPU 的针脚压弯或折断，造成难以挽回的损失。

3）在 CPU 上涂上导热硅脂，其作用就是和散热器能良好地接触，保证 CPU 稳定工作。

4）目前采用最多的散热风扇安装方式为卡夹式，这种散热风扇利用两边各一根弹性钢片来固定整个风扇。先掰开风扇卡子，然后将与风扇结合在一起的散热器轻轻地和 CPU 接触在一起，接着将卡子扣在 CPU 插槽突出的位置上，最后扣上另一头卡子，如图 2-17 所示。

5）安装风扇后，还要将风扇电源插头接至主板提供的专用插槽上，如图 2-18 所示。

图 2-17　紧固 CPU 风扇

图 2-18　连接 CPU 风扇电源

【警告】一定要记住把 CPU 风扇的电源接好，否则很容易烧掉 CPU。

3. 安装内存条

在安装内存条时，一定要注意其缺口和主板内存插槽口的位置相对应，具体如下。

1）首先要掰开内存条插槽两边的两个灰白色的固定卡子。记住一定要扳到位，否则内存条可能装不上，如图 2-19 所示。

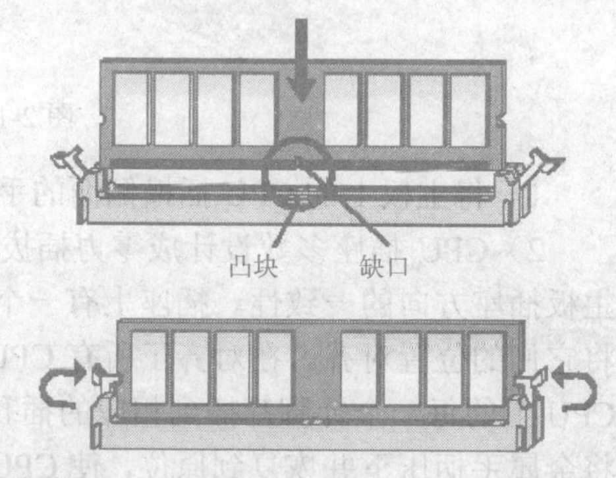

图 2-19　安装内存条

2）将内存条的凹口对准插槽凸起的部分，均匀用力插到底，将内存条压入主插槽内即可，同时插槽两边的固定卡子会自动卡住内存条。这时可以听见插槽两侧的固定卡子复位所发出的“咔”一声响，表明内存条已经完全安装到位了，注意在安装时不要太用力。

【提示】如果要取出内存条，只需将内存条插槽两端的卡具扳开，这时内存条会自动从插槽中弹出来。SDRAM、DDR 和 Rambus 内存条的安装是一样的，同样需要注意它们的方向性。

4. 安装主板

（1）机箱信号线及前置接口的连接　在驱动器托架下面，我们可以看到从机箱面板引

出开机按钮（Power Switch）和重启按钮（Reset Switch）以及电源指示灯（Power LED）、硬盘指示灯（HDD LED）引线，除此之外还有一个小型喇叭称为 PC Speaker，用来发出提示音和报警。主板上都有相应的插座（一般位于主板的边缘），找到该插座后，可以按图 2-20 所示进行连接。

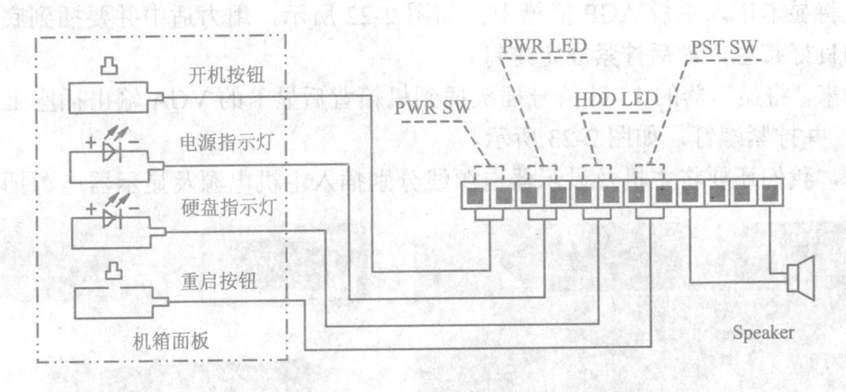

图 2-20　连接机箱信号线

【警告】两个指示灯（Power LED、HDD LED）属于发光二极管，连线时必须注意正负极性。

同理，将位于主板上的前置 USB 及音频转接端口与机箱面板的接口相连接。

（2）安装主板　如图 2-14 所示，在机箱的侧面板上有 4～6 个主板定位螺孔，这些孔和主板上的圆孔相对应。将主板装入机箱前，要先在机箱底部孔上安装好铜质的定位螺钉。接着将机箱放倒，然后把主板放在底板上。同时要注意把主板的 I/O 接口对准机箱后面相应的位置，主板的外设接口要与机箱后面对应的挡板孔位对齐。再把所有的螺钉对准主板的固定孔，依次把每个螺钉安装好，拧紧螺钉。

注意：在固定主板时，千万注意不能产生主板信号线与机箱短路的现象。

（3）连接主板电源插座　从机箱电源输出线中找到电源线接头，同样在主板上找到电源接口。如图 2-21 所示，把电源插头插在主板上的电源插座上，并使两个塑料卡子互相卡紧，以防止电源线脱落。同时这也是指示安装方向的一个标志。

图 2-21　连接主板电源

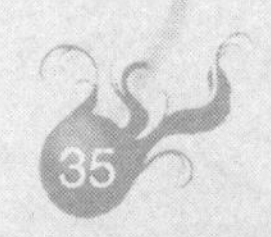

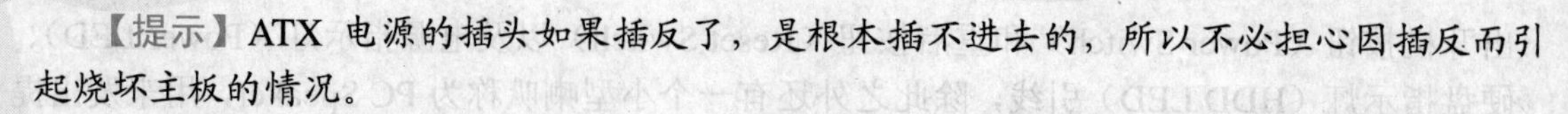

【提示】ATX 电源的插头如果插反了，是根本插不进去的，所以不必担心因插反而引起烧坏主板的情况。

5．安装显卡

以 AGP 为例，显卡挡板与主板键盘接口在同一方向，双手捏紧显卡边缘并以垂直于主板的方向将显卡压入主板 AGP 插槽中。如图 2-22 所示，用力适中并要插到底部，保证卡和插槽的良好接触，最后拧紧固定螺钉。

接下来，将显示器的 15 针信号插头插到机箱背后显卡的 VGA 输出插座上（对准 D 形口即可），并拧紧螺钉，如图 2-23 所示。

最后，我们还要将主机及显示器电源线分别插入主机电源及显示器电源插座中。

图 2-22　安装显卡

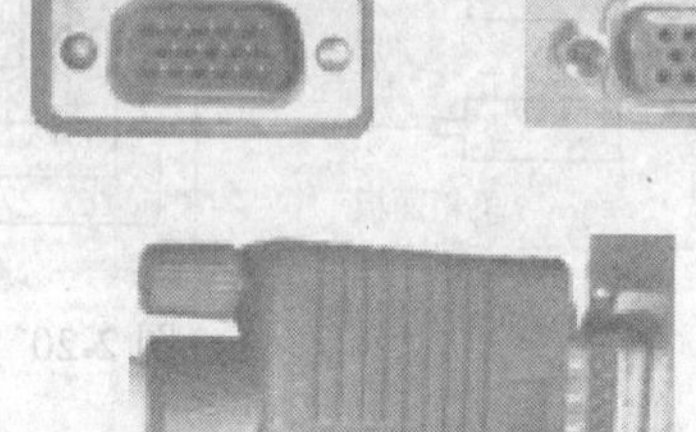

图 2-23　连接显示器

再次检查上述组件的安装情况，确认无误后，轻轻按一下开机按钮，肯定会听到“嘟”的一声，同时看到显示器工作指示灯变成了绿色，屏幕上也看到了黑底白字的信息。至此，才真正完成了最小系统硬件的安装。这个过程俗称“点亮”最小系统。

【项目小结】安装由计算机主要硬件组成的最小系统并将其“点亮”，是装机流程的关键，同时也是维修工作的基础。计算机硬件有很多，在“点亮”最小系统的同时，可以断定这些部件的安装及工作的正常与否。通过上述操作，大家肯定有了很深的体会。其实组装计算机并不复杂，只要细心观察各个组件的外观特征，注重接插件类型或形式，一般均能顺利完成项目任务。

2.6　项目二　安装计算机硬件

【项目任务】将常用计算机组件全部安装好，直至正常启动计算机。

【项目分析】通过项目一的操作，大家已经掌握了 DIY 的基本要领，除了最小系统的组件外，常用计算机硬件还包括硬盘、软驱、光驱、声卡、网卡等。要完成这些硬件的安装，其实并不难，因为我们已经有了安装经验了。掌握安装计算机各组件的要点，是整个装机工作的核心。

2.6.1　准备工作

按照项目一的要求，完成最小系统的安装，具体步骤重复如下：

1）安装机箱：主要是指机箱的拆封，以及将电源安装在机箱内。

2）安装 CPU：在主板处理器插座上安装所需的 CPU，包括安装散热器（风扇）。

3）安装内存条：将内存条插入主板的内存插槽中。

4）安装主板：将主板安装到机箱中（包括与面板的各种连接线）。

5）安装显卡：将显卡安装到主板的插槽中（安装其他组件时若有碰撞，可先拆下）。

2.6.2　项目实施过程

1. 安装驱动器

安装驱动器主要包括硬盘、光驱和软驱的安装，它们的安装方法几乎相同，具体步骤如下。

（1）安装光盘驱动器　光盘驱动器包括 CD-ROM、DVD-ROM 和刻录机，其外观与安装方法都基本一样。

1）首先从机箱的面板上，取下一个 5.25in 托架槽口的塑料挡板，如图 2-24 所示，然后将光驱从前面放入。在光驱的每一侧用两颗螺钉初步固定，先不要拧紧，等光驱面板与机箱面板平齐后再拧紧螺钉，如图 2-25 所示。

图 2-24　光驱位置

图 2-25　固定光驱

2）连接电源与信号线：IDE 光驱接口主要是四芯的 D 形电源接口（Power）插座和 40 芯数据接口（IDE Interface）插座，如图 2-26 所示。在以数据接口左边的 CS、SL 和 MA 为主从设置跳线。光驱在出厂时默认设置为 Slave（从盘），如果想将其设置为 Master（主盘）的话，最好在把光驱装入机箱前将跳线设置好，否则装入机箱后难度较大。

先将主机电源中的一个 D 形插头插入光驱的电源接口中，然后将 40 芯的 IDE 数据线的一端接到光驱的数据接口上，另一端接到主板的 IDE2 接口上，如图 2-27 所示。由于目前的 40 芯 IDE 接口皆由缺口来定位，因此只要对准缺口位置，肯定不会接反的。

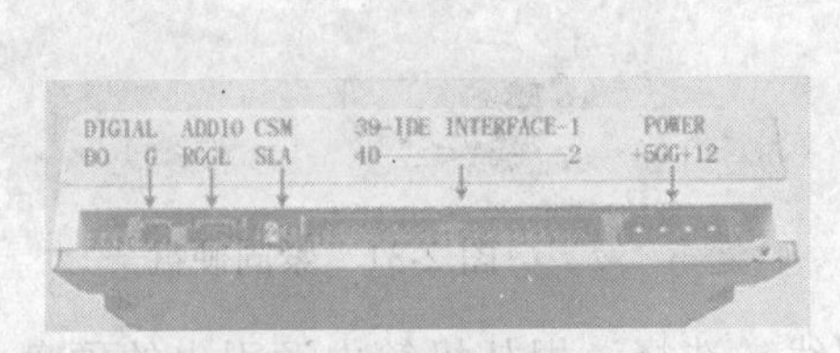

图 2-26　光驱背部连线图

图 2-27　IDE 数据线接入主板

一般情况下，Primary（主接口，简称 IDE1）接硬盘；Secondary（从接口，简称 IDE2）接光驱，当然，这样做需要两根 IDE 数据线。

光驱背部接口中还包括音频接口，连接到主板或声卡上对应的音频接口即可。

（2）安装硬盘　硬盘安装方法与光驱基本相同，这里介绍 IDE 硬盘的安装方法。通常情况下，主板提供两个 IDE 接口，如图 2-27 所示。一般情况下，IDE1 接口接硬盘，IDE2 接口接光驱。每条 IDE 数据线最多只能连接两个 IDE 硬盘或其他 IDE 设备（如光盘驱动器），这样，一台计算机最多便可连接 4 个硬盘或其他 IDE 设备。

硬盘接口包括电源插座和数据插座两个部分，如图 2-28 所示，位于硬盘的电源接口和数据线接口之间的一组跳线用于完成对硬盘的主/从设置。在安装硬盘之前必须先完成对硬盘的跳线设置。对于 IDE 硬盘，出厂时默认设置为主盘（Master），如果计算机上已经安装了一个作主盘的硬盘，且用同一根数据线连接两个硬盘，那么必须通过调整跳线位置将现在的硬盘设置为从盘（Slave），否则将给安装工作带来麻烦。

硬盘产品标签上注明了硬盘主/从设置与跳线位置的关系，如图 2-29 所示。必须按照此图进行设置，在设置跳线时，只需用镊子将跳线夹出，并重新安插在正确的位置即可。

图 2-28　IDE 接口外观图

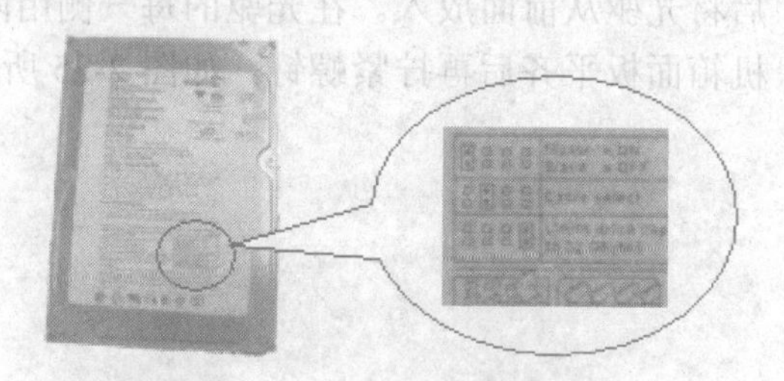

图 2-29　硬盘标签上的跳线设置图

【警告】使用一条数据线连接两个硬盘或者一个硬盘一个光驱时，只能有一个设备为 Master，也只能有一个设备为 Slave，如果两者都设置为 Master 或 Slave，那么将导致系统无法正确识别该数据线上安装的硬盘及光驱。

完成了主/从硬盘设置后，我们可以将硬盘装入机箱硬盘驱动器舱了，如图 2-30 所示。

拧紧螺钉将硬盘固定在驱动器舱中，如图 2-31 所示，将它固定得稳一点，因为硬盘经常处于高速运转的状态，这样可以减少噪声以及防止震动。

图 2-30　硬盘定位

图 2-31　紧固硬盘

接下来，我们要连接硬盘电源线及数据线。选择一根从机箱电源引出的硬盘电源线，

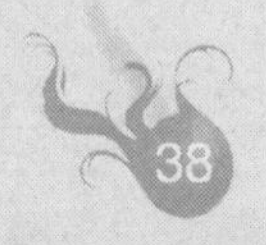

将其插入到硬盘的电源接口中。硬盘数据线的连接方法与光驱相同，该接口也利用缺口来定位。将数据线的一端插入硬盘数据接口中，通常将数据线的另一端插入主板的 IDE1 接口中。

对于 SATA 接口的光驱或硬盘，其电源和数据线的连接方法更加简单。

（3）安装软驱

1）固定软驱。安装软驱同安装光驱基本相似，只不过将软驱从里往外放入 3.5in 托架。方法是把软驱对准机箱面板上的软驱槽口相对应的托架，如图 2-32 所示，定位后接着拧紧螺钉。软驱固定好后最好拿个软盘来试一下可否顺利地插入、弹出，以确定是否到位。

2）连接电源及数据线。软驱后部有一个电源插座和数据接口，如图 2-33 所示。软驱的电源插头要比其他电源插头小得多，插头的一面设计成凹形，将其插入软驱插座即可完成电源的连接；数据接口有 34 根针，数据线的一侧有交叉线，一般情况下，带有交叉线的 A 接头用于连接第 1 软驱，B 接头用于连接第 2 个软驱，C 接头连接主板上的 FDD 接口。

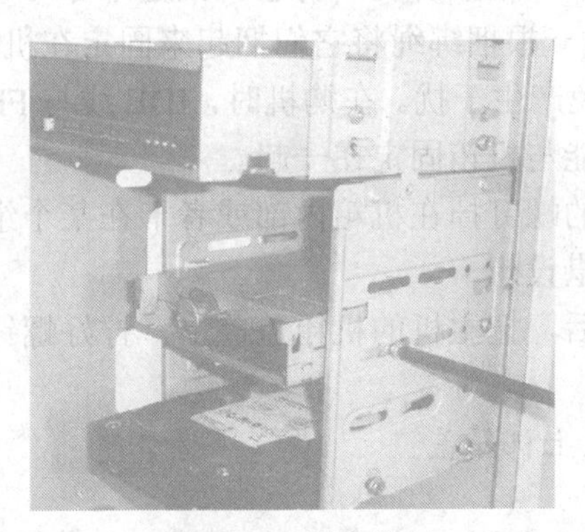

图 2-32　固定软驱

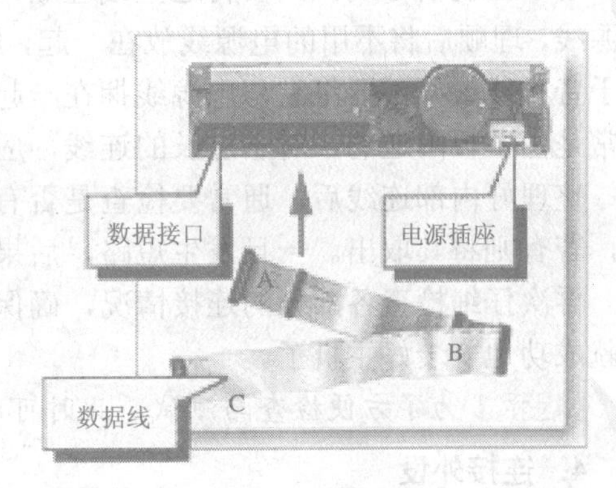

图 2-33　软驱接线

2．安装网卡、声卡

（1）独立网卡或声卡　如果网卡与声卡是独立的，安装方法与显卡相似，以网卡为例，略述要点。首先弄清网卡与主板接口的类型，千万不要将 PCI 网卡插入 AGP 插槽中，对于 PCI 网卡，如图 2-34 所示，选择其中任意一个 PCI 扩展槽，然后将网卡垂直插入到底。定位好网卡后，再拧紧固定螺钉。

图 2-34　安装网卡

（2）主板集成　如果声卡与网卡是集成在主板上的，那么就不用单独安装了。

1）集成声卡：如果主板上只集成了声卡，通常我们称其为集成声卡。

2）二合一：通常指主板上集成了声卡与网卡（目前较多流行）。

3）三合一：通常指主板上集成了声卡、网卡及显示卡。

【提示】

1）在安装过程中并没有明确规定哪一个组件要先装，哪一个组件要后装，因此只要是怎样方便就怎么装（当然，没有安装主板，是没有办法安装显卡的）。

2）插数据线的时候有个原则，就是尽量由里往外插。同样，它们也是有方向的，但不用担心，因为它们都有防插错设计。

3. 整理内部连线和合上机箱盖

机箱内部的空间并不宽敞，开机后风扇会快速转动，如果不将内部引线整理和固定好，容易发生连线松脱、接触不良、信号紊乱甚至短路等现象。

对于面板信号线，只要将这些线理顺，然后找一根捆绑绳，将它们捆起来即可。对于电源线，理顺后将不用的电源线放在一起，然后找一根捆绑绳将它们捆起来固定在机箱上。对于音频线最好不要将它与电源线捆在一起，避免产生干扰。在购机时，IDE 线与 FDD 线通常是由主板附送的，对于过长的连线，应尽可能与机箱固定在一起。

整理好内部连线后，通常要检查是否有多余的螺钉掉在机箱内部或者卡在某个组件中间，若有则将其取出。一旦发生短路，后果会不堪设想。

再次仔细检查各部分的连接情况，确保无误后，把主机的机箱盖盖上，拧好螺钉，这样就成功地安装好主机了。

【提示】为了方便检查与测试，此时可以不盖上机箱盖。

4. 连接外设

主机安装完成以后，还要将键盘、鼠标、显示器、音箱等设备同主机连接起来。

1）将键盘、鼠标的六芯插头分别接到主机的 PS/2 插孔上，安装时要注意对好缺口位置，如图 2-35 所示。由于键盘与鼠标有颜色的区分，一般不会接错，如果键盘与鼠标交换了位置，不会对计算机产生危险，只是键盘与鼠标不起作用，需要关机后重新再插一遍。

图 2-35　连接键盘与鼠标

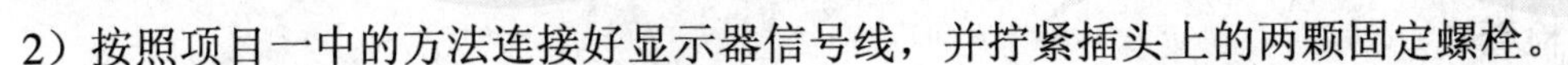

2）按照项目一中的方法连接好显示器信号线，并拧紧插头上的两颗固定螺栓。

3）同理，连接主机及显示器的电源线。

【提示】由于还没有安装操作系统，音响设备暂时没有必要接好。

5. 启动计算机

至此，所有的组件都已经安装好了，可以启动计算机了。启动计算机后，先是听到CPU风扇和主机电源风扇转动的声音，接下来是“嘟”的一声，显示器出现开机画面。

【项目小结】通过本项目，我们掌握了光驱、硬盘、软驱、网卡、声卡、键盘及鼠标的安装方法。

对于初学者，没有人可以保证安装中不存在任何问题，为了及时发现问题，最好在开机后立刻观察机箱风扇的运转情况，特别是CPU风扇如果不动，应马上关闭电源。

实训一　安装计算机最小系统

1. 实训目的

掌握安装机箱（电源）、主板、CPU（风扇）、内存条、显卡及显示器的方法，并且将此最小系统点亮。

2. 实训内容

（1）进一步认识主板、CPU、内存、电源、显卡等计算机主要组件。

（2）安装计算机最小系统，并将其正常点亮。

3. 实训设备及工具

硬件：机箱（电源）、主板、CPU（风扇）、内存条、显卡及显示器、导电硅脂。

工具：大、小磁性十字旋具各一把。

4. 实训步骤

（1）根据已学硬件的理论知识，记录上述硬件的基本参数。

（2）安装计算机最小系统，包括如下几个方面：

1）安装机箱及电源。

2）安装CPU及CPU风扇。

3）安装内存条。

4）将主板安装到机箱中（注意必须连接开机按钮及喇叭线），并连接主板电源插座。

5）安装显卡，连接显示器信号线。

完成上述安装工作后，连接主机及显示器电源线。

（3）启动计算机　通过开机按钮启动计算机，注意观察下述情况：

1）主机电源风扇是否正常运转；CPU 风扇是否正常运转；显卡风扇（若有）是否正常运转；机箱风扇（若有）是否正常运转。

2）观察显示器屏幕信息。

3）听清喇叭声音。

（4）如果能点亮计算机，则说明已经正确安装到位；若无法点亮，关机并切断电源后

细心检查。

5．实训记录见表 2-1

表 2-1　计算机最小系统硬件参数

<table>
<tr><th>序　号</th><th>组 件 名 称</th><th colspan="3">组件基本参数</th></tr>
<tr><td rowspan="4">1</td><td rowspan="4">主板</td><td>AGP 插槽数量</td><td>PCI 插槽数量</td><td>（　　）插槽数量</td></tr>
<tr><td></td><td></td><td></td></tr>
<tr><td>CPU 插槽类型</td><td>内存插槽类型</td><td>开机按钮标注名称</td></tr>
<tr><td></td><td></td><td></td></tr>
<tr><td rowspan="2">2</td><td rowspan="2">电源</td><td>电源类型</td><td>功率</td><td>品牌或厂商</td></tr>
<tr><td></td><td></td><td></td></tr>
<tr><td rowspan="2">3</td><td rowspan="2">内存</td><td>类型</td><td>容量</td><td>品牌</td></tr>
<tr><td></td><td></td><td></td></tr>
<tr><td rowspan="2">4</td><td rowspan="2">显卡</td><td>总线类型</td><td>品牌</td><td>型号</td></tr>
<tr><td></td><td></td><td></td></tr>
<tr><td rowspan="2">5</td><td rowspan="2">显示器</td><td>品牌</td><td>屏幕尺寸</td><td></td></tr>
<tr><td></td><td></td><td></td></tr>
</table>

实训二　安装整机硬件

1．实训目的

在实训一的基础上，掌握安装所有计算机组件的方法，并点亮计算机系统。

2．实训内容

（1）继续认识计算机上的各个组件。

（2）安装所有计算机硬件，正常点亮计算机。

3．实训设备及工具

硬件：机箱（电源）、主板、CPU（风扇）、内存条、显卡、显示器、硬盘、软盘驱动器、光驱、网卡、声卡、键盘、鼠标、音箱。

工具：大、小磁性十字旋具各一把。

4．实训步骤

（1）根据第 1 章的实训内容，再次确认计算机各组件。

（2）安装所有组件：

1）安装机箱及电源。

2）安装 CPU 及 CPU 风扇。

3）安装内存条。

4）将主板安装到机箱中（必须连接机箱面板与主板之间的所有连接线及喇叭线）。

5）安装软驱、光驱及硬盘。

6）安装显卡。

7）安装网卡及声卡。

8）连接各直流电源线及数据线。

9）连接显示器。

10）连接键盘、鼠标及音箱。

说明：可以根据机箱大小及结构适当调整上述步骤。

（3）启动计算机

在连接好主机及显示器电源后，再次检查安装情况，确认无误后，启动计算机。按下开机按钮后，必须用眼睛观察机箱内各个风扇的运转情况；用耳朵听清是否有“嘟”的一声开机声；然后再观察显示器的变化情况。

（4）如果能点亮计算机，则说明安装工作初步完成（电源、主板、内存、显卡肯定正确）；若无法点亮，切断计算机电源后细心检查。

5．实训报告

记录计算机配置情况；画出机箱面板与主板之间连接线的示意图；写出实训心得等。

思考与习题二

1．简答题

（1）主板由哪些部分组成？

（2）南桥与北桥的作用分别是什么？

（3）通常主板上的扩展槽有哪些类型？

（4）目前哪些厂商能够生产 CPU？

（5）按插槽类型内存分为哪几类？按传输类型内存分为哪几类？

2．单项选择题

（1）外频为 100MHz，倍频为 8，则 CPU 主频是（　　）。

A．100MHz　　B．12.5GHz　　C．800MHz　　D．12.5MHz

（2）下列存储器中，属于高速缓存的是（　　）。

A．EPROM　　B．Cache　　C．DRAM　　D．CD-ROM

（3）目前计算机主板广泛采用 PCI 总线，支持这种总线结构的是（　　）。

A．CPU　　B．主板上的芯片组　　C．显卡　　D．系统软件

（4）执行应用程序时，和 CPU 直接交换信息的部件是（　　）。

A．软盘　　B．硬盘　　C．内存　　D．光盘

（5）ATX 主板电源接口插座为双排（　　）。

A．20 针　　B．12 针　　C．18 针　　D．25 针

（6）采用并口方式的打印机通常连接至主板的（　　）。

A．USB 接口　　B．COM1 接口　　C．LPT 接口　　D．MIDI 接口

（7）机箱面板上的硬盘指示灯引线连接到主板中标有（　　）字样的插针上。

A．HDD LED　　B．Power LED

C．Reset　　D．Power Switch

（8）软盘驱动器接口通常标注（　　）字样。

A．HDD　　B．CD-ROM　　C．S-ATA　　D．Floppy

3．判断题：（对打√；错打×）

（1）四个二进制位可表示8种状态。（　　）

（2）主板上的AGP总线插槽的颜色是白色的。（　　）

（3）DDR SDRAM和SDRAM在外观上没有区别。（　　）

（4）ISA网卡比PCI网卡占用的系统资源低得多。（　　）

（5）在计算机组装过程中必须切断电源，保证在无电的情况下组装。（　　）

（6）连接主板与机箱上的重启按钮线时不必注意方向性，两根线可以交换位置。（　　）

（7）一根IDE数据线只能连接一个IDE硬盘或光驱。（　　）

（8）计算机工作指示灯采用小电珠发光方式，引线与主板连接时没有方向性。（　　）

（9）USB设备具有热插拔功能。（　　）

第3章

BIOS 基本设置

学习目标

1）了解软驱与光驱知识，掌握软驱与光驱工作原理及其主要性能指标。

2）掌握 BIOS 与 CMOS 的基本概念。

3）掌握进入、退出 CMOS 设置的方法，掌握修改与保存 CMOS 参数的方法。

4）掌握装机过程所用基本 CMOS 参数的设置方法。

3.1　软驱与光驱

3.1.1　软盘与软盘驱动器

1．软盘

（1）认识软磁盘　软盘是个人计算机（PC）中最早使用的可移动介质，是早期计算机中储存及移动小文件的理想选择。如图 3-1 所示，软盘有一个塑料外壳，比较硬，它的作用是保护里边的盘片。盘片是两面均匀地涂有磁性层材料（如氧化铁）的圆形薄片，它是记录数据的介质。在盘片上进行数据存储是利用磁层被磁化后的磁性方向不同来表示 0 和 1 的。软盘按尺寸分类，有 5.25in 和 3.5in 两种规格，5.25in 盘基本上被淘汰了。3.5in 软盘容量有 720KB、1.44MB 和 2.88M 三种。现在最常见的是 3.5in 盘中的 1.44MB 软盘，通常简称 3in 盘。

（2）软盘的存储结构　通常将磁盘无标签的一面称为 0 面，有标签的一面称为 1 面。在认识了软盘以后，对照图 3-2，我们先学习几个专业术语：

图 3-1　软盘外形与内部盘片

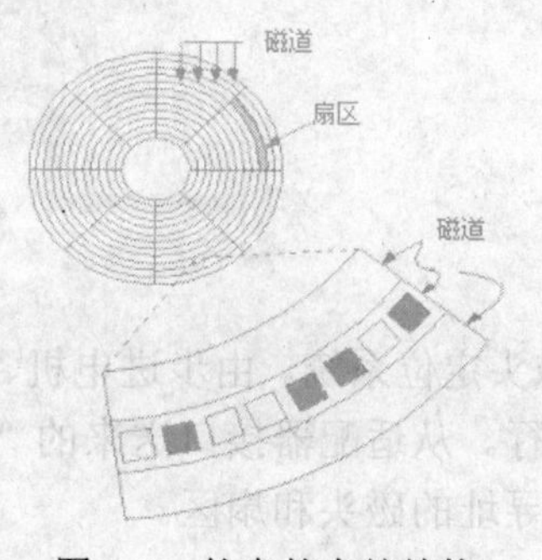

图 3-2　软盘的存储结构

1）磁道（Track）：盘片上的一个个同心圆信息轨迹，最外道为00道。

2）扇区（Sector）：从圆心向外放射状均匀地将磁盘若干等份，每一等份为1个扇区。

3）文件分配表（File Allocation Table）：即FAT表，位于磁盘0扇区上的一个特殊的文件，它包含了磁盘上的文件的大小以及文件存放的簇的位置等信息。

对于1.44MB的磁盘，每面分成80个磁道，每个磁道有18个扇区，每个扇区供用户使用的有512B，其中0面0道1扇区存放的是引导记录，该区也称为引导区或BOOT区。容量计算方法是：2×80×18×512B=1440KB≈1.44MB。

（3）写保护功能　为了防止误写操作及避免病毒侵害，软盘提供了一种简单的写保护方法，如图3-3所示写保护是靠一个拨动开关来实现的，开关块向下拨时，打开了方孔软盘处于写保护，此时无法将数据写入软盘；反之就是取消写保护，这时可以将数据写入软盘。写保护是个非常有用的功能，实际应用时，最好将一些重要的软盘如程序安装盘和数据备份盘置成写保护状态。

图3-3　软盘写保护功能

2．软盘驱动器

（1）软盘驱动器的结构　软盘驱动器完成对软盘的读写操作，如图3-4所示，主要由以下四个部分组成：

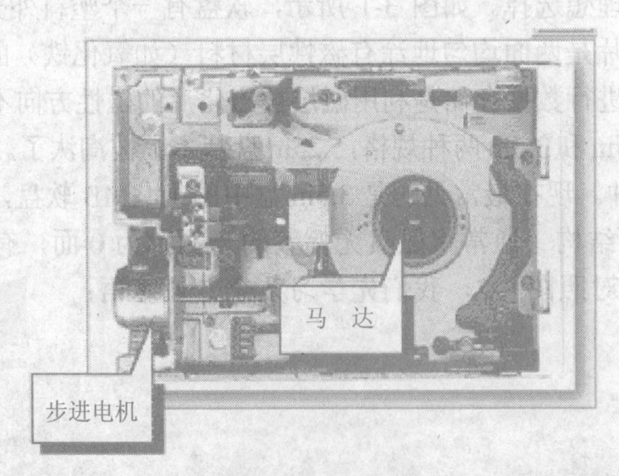

图3-4　软盘驱动器

1）磁头定位系统。由步进电机、磁头组成，由步进电机带动磁头小车沿着磁盘半径方向直线运行。从适配器接口送来的“方向”和“步进”控制脉冲，驱动步进电机使磁头定位到需要寻址的磁头和扇区。

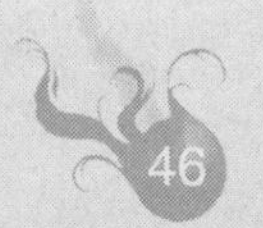

2）数据读写电路。读写磁头作为一个整体被安放在一起共用一个读写电路来完成数据的读出和写入。

3）盘片驱动系统。由驱动盘片的直流伺服电动机、主轴、稳速电路组成，用来带动软盘盘片以恒速旋转。

4）状态检测系统。由四个检测装置组成，即“00”磁道检测装置、索引孔检测装置、写保护检测装置和盘片更换检测装置。

（2）软盘驱动器的工作过程　将软盘插入驱动器后，软盘驱动器主轴部件带动盘片旋转，使转速达到额定值，随即启动磁头驱动与定位装置，使磁头移动并将其前隙定位到 00 磁道上，驱动器准备完毕，进入待命状态。当控制器接到数据总线发出的命令后，经过控制器上的微处理器对命令进行解释、译码，产生各种控制信号，如发出步进脉冲、磁头运行方向信号、读/写选项信号等。

首先实现寻找磁头的操作，使磁头定位在目标磁道上。寻道前，磁头所在的磁道地址已存放在道号寄存器中，目标磁道号也已放入暂存器内。再比较两者求出磁头需移动的磁道数和移动方向，由此给出驱动步进电机走步的步进脉冲与方向信号，完成寻道与定位的工作。

然后检测索引、扇区标志，即确定在磁道上的哪个扇区读/写数据。

最后发出读、写命令及传送相应的数据，实现数据的读/写操作。在读/写数据之前，必须对所要工作的磁盘进行检测扇区地址标志（AMI）、读取扇区地址（CHRN）和检验码（CRC），经过核对比较无误后才能进行读/写操作。

（3）软盘驱动器的接口类型　接口类型是指软驱与计算机之间的连接方式或连接类型。通常分为内置式与外置式两种，内置式通常采用 FDD 接口，外置式通常指 USB 接口。

1）FDD 接口：这是内置软驱接口，是传统的软驱接口，直接与计算机主板上的软驱接口相连。它包括一个电源插座和一个数据插座。

2）USB 接口：这是外置软驱接口，通过计算机的 USB 接口与主机相连，可移动，但价格较高，多用于笔记本电脑。USB 接口又可分为 USB1.1 和 USB2.0 两种。

（4）软盘驱动器的性能指标

1）完全寻道时间。磁头刚刚从别的磁道到需要访问的新磁道时，磁头还未完全定位处于抖动状态，还不可能立即开始读写数据，必须等到磁头完全到位不再抖动后才可以进行读写操作，这段时间就称为完全寻道时间。软驱的完全寻道时间应小于 15ms。

2）数据传输速率。数据传输速率是指软驱与计算机之间的数据传输速度，单位是 KB/s。主流产品的数据传输速率都在 500KB/s 左右。

3）平均访问时间。就是访问数据所花费的时间，是衡量磁盘系统的一个重要指标。

平均访问时间=（最大磁道数/3）×访问时间+完全寻道时间

4）错误比率。可以分为软错误比率和硬错误比率。软错误是因为外界的干扰或其他设备发出的电子噪声引起的，但可以通过重读来改正错误。硬错误是因为磁盘操作损伤或写操作造成的，无法用重读来纠正错误。

3．软盘的格式化操作

一般新买的软盘都要经过格式化后才能使用（有的生产商在软盘出厂前已经格式化）。

所谓格式化，相当于做初始化工作，就是给一张新盘划分区域或者给一张旧的软盘重新划分区域，并做特定的编号，就像给一个城市编写街道、门牌号那样给软盘编写“磁道号”和“扇区号”。这样，保存数据时，数据就按系统指定的“磁道号”和“扇区号”存放，以后要读取某个数据（文件）时，再从那个编号区域读出。格式化分 DOS 与 Windows 两种方式：

（1）MS-DOS 状态　启动软盘或光盘后，进入 DOS 状态，在包含 Format 命令的目录下输入：

Format a:↙（回车）

用 Format 命令对磁盘进行格式化，划分磁道和扇区；同时检查出整个磁盘上有无带缺陷的磁道，对坏道加注标记；建立目录区和文件分配表，为磁盘接收数据做好了准备。

当系统提示 Insert new diskette for drive A；and press ENTER when ready…后，在 A 驱中插入新盘，准备好后按回车键。如果想制作启动软盘，可选用[/S]参数。

（2）Windows 状态　在 Windows XP 操作系统下，将软盘插入软盘驱动器，单击桌面→“我的电脑”窗口，在“3.5in 软盘（A）”图标上按鼠标右键，选取“格式化”菜单项，如图 3-5 所示。

单击“格式化”命令后，进入如图 3-6 所示的格式化选项选择窗口。对于格式化选项，如果选择“快速格式化”选项，则时间快，但是只清除分区表里的文件位置信息；否则，用时较长，格式化时将清除所有文件信息，会对软盘进行扇区读写校验，扫描磁盘寻找损坏的扇区等。如果想制作启动软盘，则选择“创建一个 MS-DOS 启动盘”选项。

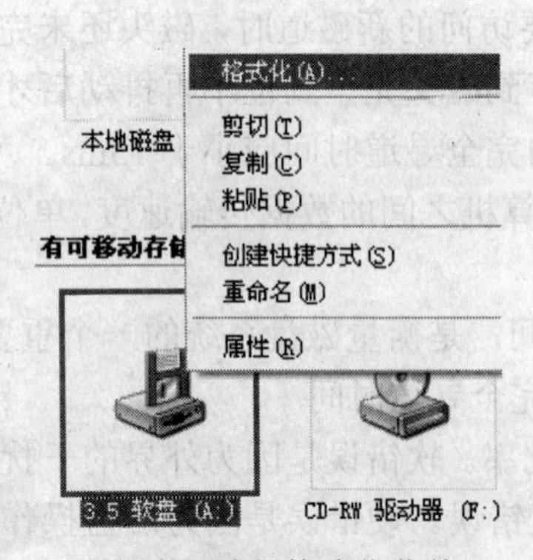

图 3-5　选择格式化菜单

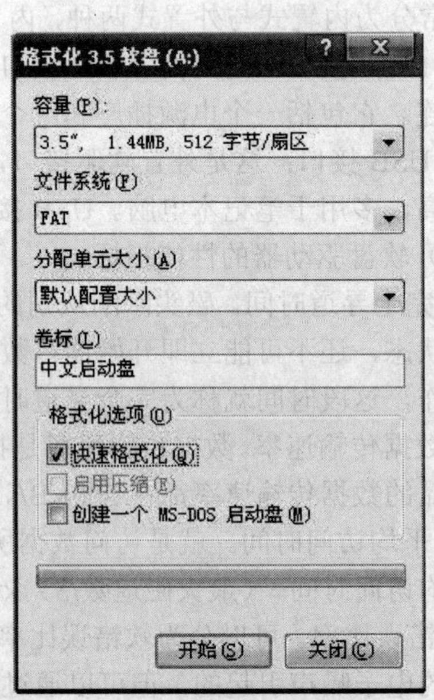

图 3-6　格式化选项

单击“开始”按钮后，弹出“格式化操作删除该磁盘上的所有数据”确认框，单击“确定”按钮，格式化操作才真正执行。

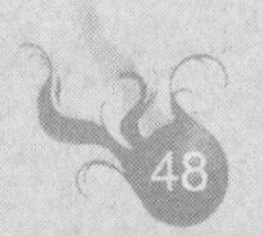

3.1.2　光盘与光盘驱动器

1. 光盘

光盘存储容量大、价格便宜、保存时间长，适宜保存大量的数据，如：声音、图像、动画、视频信息、电影等多媒体信息。如图 3-7 所示。普通光盘有三种：CD-ROM、CD-R 和 CD-RW。CD-ROM 是只读光盘，是当前最普遍的一种。

CD-ROM 的印刷面不含数据，数据刻录在光滑的一面。不管其存储的是音乐、数据还是其他多媒体视频文件等，所有数据都经过数字化处理变成“0”与“1”，其所对应的就是光盘上的凹点和平面。所有的凹点都有着相同的深度与长度，一个凹点大约只有半微米宽。

CD-ROM 光道上的扇区结构复杂，分为扇区方式 0、扇区方式 1、扇区方式 2，分别作导入区、带纠错信号数据区和不带纠错信号数据区。

CD-ROM 的容量不是固定的，对一张 CD 来说，它有一个最大容量。对于最常见的 12cm 光盘来讲，CD-R74 可存储 650MB 的数据或 74min 的音乐，CD-R63 可存储 550MB 的数据或 63min 的音乐。对于 CD-R74 光盘，它共计 333,000 个扇区，每个扇区有 2048 B，则它可录制 333,000×2,048B=681,984,000B，即 650MB。

2. CD-ROM 工作原理

光盘驱动器是一个结合光学、机械及电子技术的产品。激光头是光驱的中心部件，光驱都是通过它来读取数据的。激光光源来自于一个激光二极管，它可以产生波长约 0.54～0.68μm 的光束，经过处理后光束更集中且能精确控制，光束首先打在光盘上，再由光盘反射回来，经过光检测器捕获信号，如图 3-8 所示。光盘上有两种状态，即凹点和空白，它们的反射信号相反，很容易经过光检测器识别。检测器所得到的信息只是光盘上凹凸点的排列方式，驱动器中有专门的部件把它转换并进行校验，然后才能得到实际数据。光盘在光驱中高速的转动，激光头在伺服电动机的控制下前后移动读取数据。

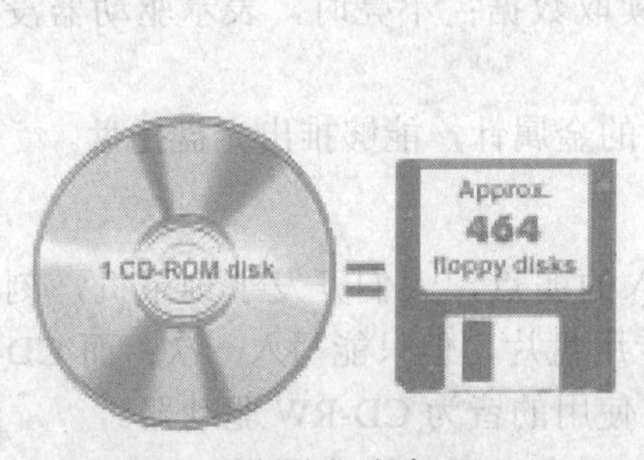

图 3-7　光盘

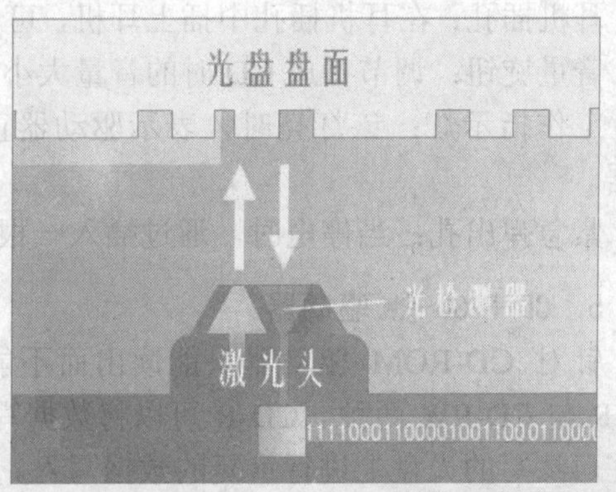

图 3-8　光驱工作原理图

由于光盘表面是以突起不平的点来记录数据，所以反射回来的光线就会射向不同的方向。当激光束照射到凹槽边时，反射光的强弱会发生变化，此时读出的数据为“1”。当激

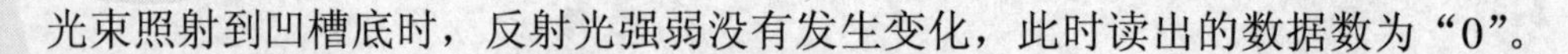

光束照射到凹槽底时，反射光强弱没有发生变化，此时读出的数据数为“0”。

3．光驱的分类

（1）按数据速率分。最早 CD-ROM 的数据传输速率是 150KB/s，人们称之为单速。根据 CD-ROW 驱动器读取数据的速度，可将其分为：单速、双速、4 速、6 速、8 速、16 速、24 速、32 速、48 速和 52 速等，即 2X、4X、6X、8X、16X、24X、32X、48X 和 52X 等。

（2）按安放位置分。根据光驱的安放位置可分为内置式光驱和外置式光驱，内置式光驱装在机箱内部，不占用外部桌面；外置式光驱是单独放在机箱外面，用信号线和电源线连接起来。

（3）按接口类型分。根据接口类型主要分为 IDE、SATA 与 SCSI 三种，IDE 接口型属于最普遍的一种；SATA 接口型是光驱发展的必然趋势；SCSI 接口型用于服务器中。

4．CD-ROM 的使用

由于生产厂家及规格品牌的不同，不同类型的 CD-ROM 驱动器面板各部分的位置可能会有差异。常用按钮和插孔基本相同，如图 3-9 所示，各部分名称及作用如下。

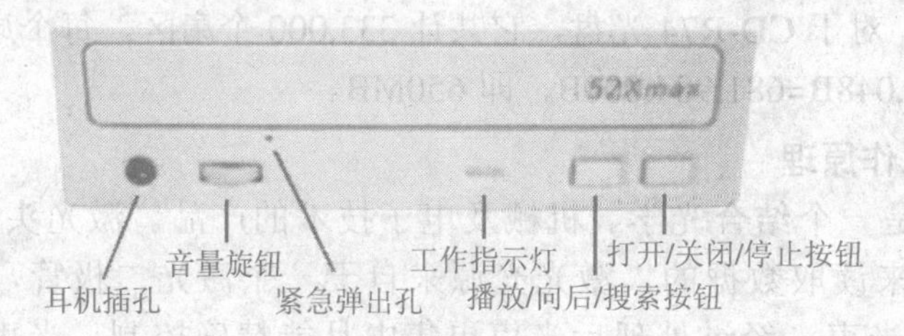

图 3-9　光驱面板

打开/关闭/停止按钮：此按钮可以打开或关闭光盘托盘，如果正在播放 CD，则按此按钮将停止播放。

播放/向后搜索按钮：要播放 CD 时，按此按钮开始播放第一首，如果要播放下一首，再按此按钮，直到播放要听到的音乐。

耳机插孔：在耳机插孔中插上耳机，可以听 CD 光盘播放出来的音乐，与随身听一样；

音量旋钮：调节播放 CD 时的音量大小。

工作指示灯：该灯亮时，表示驱动器正在读取数据；不亮时，表示驱动器没有读取数据。

紧急弹出孔：当停电时，通过插入一根较细的金属针，能够推出光盘托盘。

5．CD-R/CD-RW 驱动器

针对 CD-ROM 驱动器只能读出而不能写入的弱点，人们开发了刻录机，刻录机分 CD-R 与 CD-RW 两种。CD-R 可以将数据写入专用盘片，但只能写入一次；而 CD-RW 可以在可擦写的光盘上进行重复的数据写入。目前使用的皆为 CD-RW 驱动器。

CD-R 盘片的特点是只写一次，写好后的 CD-R 光盘无法被改写；CD-RW 盘片是一种可以重复擦写的存储设备，但价格较贵。

无论是 CD-R 还是 CD-RW 盘片，在刻录时，CD-R 刻录机在有机染料层中利用 775～

795nm 的激光烧出“槽”。当加热到临界温度时，被烧录过的区域产生了化学反应可以反射光，而没有烧录过的区域则无法反射。

由于产品和生产线的不同，CD-R 盘片产品的反射层采用不同的染料，也就是习惯上人们俗称的“金盘”、“绿盘”和“蓝盘”，它们各自在颜色、性能上都存在差异，但也都存在优势。按容量划分，目前常见的 CD-R 盘片分 CD-R74 与 CD-R80 两种：CD-R74 盘片容量为 650MB，记录时间为 74min；CD-R80 盘片容量为 700MB，记录时间为 80min。

6. DVD 驱动器与 DVD 光盘

DVD（Digital Video Disc）即数字视频光盘，是替代 CD-ROM 的新一代信息存储标准，是由 10 家厂商组成的 DVD 联盟所制定的海量存储解决方案。从计算机的角度讲，DVD 驱动器就是高容量的 CD-ROM，故此又称为 DVD-ROM。

DVD-R 与 DVD+R 是最常用的两种 DVD 盘片，DVD-RW 和 DVD+RW 用于刻录数据或视频。

DVD 的盘片采用双盘基，单面单层容量为 4.7GB，可存储 135min 的高画质视频；双面双层最大容量达到 17GB，可存储 532min 的高清晰度电影。

3.2　BIOS 与 CMOS

3.2.1　BIOS 的基本概念

1. 认识 BIOS

（1）在前面的学习中我们已经学会了点亮系统，大家肯定对如图 3-10 所示的开机画面并不陌生。大家也一定想知道图中各行信息所表示的含义，这正是我们在这一节首先要学的 BIOS 概念。这里先认识一下前两行，它们包含了类型、版本、生产厂商等许多 BIOS 信息。

（2）BIOS 模块的位置　BIOS 模块其实就是主板上一块长方形或正方形芯片，如图 3-11 所示。

图 3-10　开机 BIOS 信息

图 3-11　BIOS 模块

2. BIOS 概念

BIOS（Basic Input Output System）即基本输入输出系统，是被固化到计算机主板上的 ROM 芯片中的一组程序，位于主机板上一颗小小的快闪 EEPROM 内存模块中，只要计算机一启动，处理器会第一优先自动执行存放在 BIOS 中的程序。实质上 BIOS 是用来为计算机提供最低级最直接的硬件控制的程序，它是连接软件程序和硬件设备之间的枢纽。

作为系统启动时处理器第一个执行的程序，BIOS 会引导处理器认识主机板上重要的组件，接着指引处理器在完成 BIOS 程序后接着去执行下一个程序，标准的范例是 BIOS 直接去存取放在第一启动装置中的启动区程序，一般可能是放在软驱、光驱或硬盘中的程序，启动区的程序会导入，也就是让系统中的操作系统紧接着执行运作。

3.2.2 BIOS 的组成与功能

1. BIOS 的组成

（1）POST 上电自检程序　计算机接通电源后，系统将有一个对内部各个设备进行自检的过程，这个过程通常称为 POST（Power On Self Test）上电自检程序。

（2）CMOS 设置程序　计算机的硬件配置情况存放在一块可擦写的 CMOS RAM 芯片中，它保存着 CPU、软硬盘驱动器、键盘、显示器等组件的信息。如果 CMOS 中的硬件配置信息不正确，会导致系统性能降低甚至无法识别硬件从而引起故障。在 BIOS ROM 芯片中有一个称为“系统设置程序”的程序，是用来设置 CMOS RAM 中的参数的。该程序通常通过在启动计算机时按下特殊热键（如 Del、F10 键）进入。新装一台计算机时一般都需进行 CMOS 设置。

（3）系统自举装载程序　在自检成功后，主板 BIOS 将读取并执行用户设定的启动盘上的主引导记录，并将其中的引导程序装入内存，使其运行以装载操作系统。

（4）BIOS 中断服务程序　BIOS 中断服务程序实质上是微机系统中软件与硬件之间的一个可编程接口，主要用于衔接程序软件与微机硬件。

2. BIOS 的功能

BIOS 的功能包括自检及初始化、硬件中断处理和程序服务处理三个方面。

（1）自检及初始化　由三个部分组成，主要负责计算机的启动，具体如下：

首先是计算机刚接通电源时对硬件部分的检测，即上电自检，检查计算机是否良好。通常完整的 POST 自检包括对 CPU、基本内存、扩展内存、ROM、主板、CMOS 存储器、串并口、显卡、软硬盘子系统及键盘进行测试，一旦在自检中发现问题，系统将给出提示信息或鸣笛警告。自检中如发现有错误，将按两种情况处理：对于严重故障（致命性故障）则停机，此时由于各种初始化操作还没完成，不能给出任何提示或信号；对于非严重故障则给出提示或声音报警信号，等待用户处理。

其次是初始化，包括创建中断向量、设置寄存器、对一些外部设备进行初始化和检测等，其中很重要的一部分是 BIOS 设置，主要是对硬件设置的一些参数，当计算机启动时会读取这些参数，并和实际硬件设置进行比较，如果不符合，会影响系统的启动。

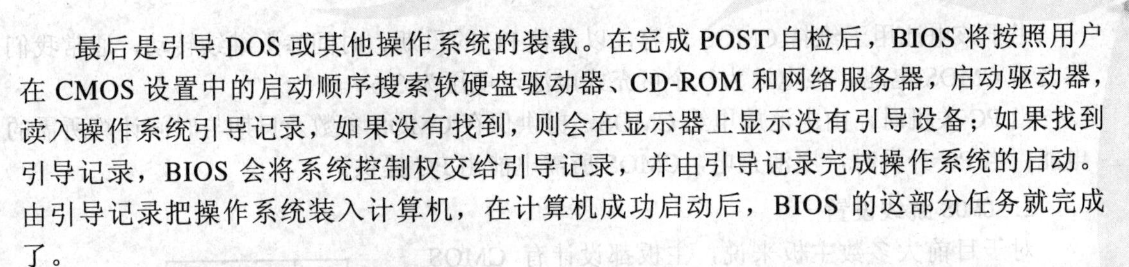

最后是引导 DOS 或其他操作系统的装载。在完成 POST 自检后，BIOS 将按照用户在 CMOS 设置中的启动顺序搜索软硬盘驱动器、CD-ROM 和网络服务器，启动驱动器，读入操作系统引导记录，如果没有找到，则会在显示器上显示没有引导设备；如果找到引导记录，BIOS 会将系统控制权交给引导记录，并由引导记录完成操作系统的启动。由引导记录把操作系统装入计算机，在计算机成功启动后，BIOS 的这部分任务就完成了。

（2）硬件中断处理和程序服务处理　这两部分是两个独立的内容，但在使用上密切相关。

BIOS 的服务功能是通过调用中断服务程序来实现的，这些服务分为很多组，每组有一个专门的中断。例如视频服务，中断号为 10H；屏幕打印，中断号为 05H；磁盘及串行口服务，中断号为 14H 等。每一组又根据具体功能细分为不同的服务号。应用程序需要使用哪些外设、进行什么样的操作只需要在程序中用相应的指令说明即可，无需直接控制。

程序服务处理程序主要是为应用程序和操作系统服务，这些服务主要与输入输出设备有关，例如读磁盘、文件输出到打印机等。为了完成这些操作，BIOS 必须直接与计算机的输入输出设备打交道，它通过端口发出命令，向各种外部设备传送数据以及从它们那儿接收数据，使程序能够脱离具体的硬件操作，而硬件中断处理则分别处理 PC 机硬件的需求，因此这两部分分别为软件和硬件服务，组合到一起，使计算机系统正常运行。

3.2.3 BIOS 的分类

目前主板 BIOS 有三大类型，即 AWARD、AMI 和 PHOENIX 三种。AWARD BIOS 是由 BIOS Software 公司开发的产品，AWARD BIOS 功能较为齐全，支持许多新硬件，在目前的主板中使用最为广泛。AMI BIOS 是由 AMI 公司开发于 20 世纪 80 年代中期，早期的 286、386 大多采用 AMI BIOS，它对各种软、硬件的适应性好，能保证系统性能的稳定。PHOENIX BIOS 是 Phoenix 公司的产品，Phoenix 意为凤凰，有完美之物的含义。Phoenix BIOS 多用于高档原装品牌机和笔记本电脑，其画面简洁、便于操作。不过，Phoenix 公司已经合并了 Award 公司，因此在台式机主板方面，其虽然标有 Phoenix-Award 字样，但实际还是 Award 公司的 BIOS。

3.2.4 CMOS 的含义

1．CMOS 概念

CMOS 本意指互补金属氧化物半导体，一种大规模应用于集成电路芯片制造的原料，在这里是指微型计算机主板上的一块可读写的 RAM 芯片，用来保存当前系统的硬件配置和用户对某些参数的设定。CMOS 由主板的电池供电，如图 3-12 所示，即使系统掉电，信息也不会丢失。

图 3-12　CMOS 电池

由于该电池用于维持 CMOS 内容，以及使 PC 的日期、时间参数继续转动，通常我们称之为 CMOS 电池。该电池为一个可充式电池，电压为 3.6V。

当 PC 关机时，由电池放电给 CMOS，提供保存 CMOS 参数及日期与时间计算所需的电能；当 PC 开机时，电池充电，CMOS 所需电能由 PC 提供。

2. CMOS 跳线设置

对于目前大多数主板来说，主板都设计有 CMOS 放电跳线以方便用户清除 CMOS 参数。如图 3-13 所示，该跳线一般为三针，通常位于主板 CMOS 电池插座附近，并附有跳线设置说明。

JP3	CONFIG
1-2	NORMAL
2-3	CLEAR CMOS

1 2 3

图 3-13　CMOS 跳线设置

正常状态下，应该使 CMOS 处于正常的使用状态（Normal），跳线帽连接在标识为“1”和“2”的针脚上。

当由于 CMOS 设置紊乱或者开机密码忘记等各种原因时，想清除 CMOS 参数设置值，可以通过将跳线置于“Clear CMOS”位置来实现。具体操作是：关机后，首先用镊子或其他工具将跳线帽从“1”和“2”的针脚上拔出，然后再套在标识为“2”和“3”的针脚上将它们连接起来，由跳线说明可以知道此时处于清除 CMOS 状态。此时，保存 CMOS 参数的 RAM 芯片失去供电，经过短暂的接触后，该芯片上的电能全部释放完毕，原来保存在 CMOS 中的信息全部无效，从而恢复到主板出厂时的默认设置。

3. BIOS 与 CMOS 的区别

BIOS 与 CMOS 之间既有联系又有区别，正因为如此，初学者经常将二者混淆。

BIOS 里面装的是系统的重要信息和设置系统参数的设置程序（BIOS Setup 程序）；CMOS 里面装的是关于系统配置的具体参数，其内容可通过设置程序进行读写。BIOS 与 CMOS 既相关又不同：BIOS 中的系统设置程序是完成 CMOS 参数设置的手段；CMOS RAM 既是 BIOS 设定系统参数的存放场所，又是 BIOS 设定系统参数的结果。因此才有“通过 BIOS 设置程序对 CMOS 参数进行设置”的说法。

3.3　项目一　认识 BIOS 与 CMOS

【项目任务】了解 BIOS 的工作过程；学会如何进入及退出 BIOS 设置程序；掌握对日期、时间参数等 CMOS 参数的修改方法；掌握口令设置方法。

【项目分析】在第 2 章的项目与实训中，我们已经掌握了安装计算机硬件的要点，并且成功地点亮了计算机。在安装操作系统之前，必须理解 BIOS 的作用，读懂 BIOS 自检提示信息；学会正确设置 CMOS 参数的方法。

通过对开机画面的讲解，我们将更进一步理解 BIOS 在计算机启动过程中的表现形式及功能。在熟悉 CMOS 主菜单的基础上，掌握修改及保存 CMOS 参数的方法。

3.3.1　开机画面详解

当点亮计算机后，通常会出现如图 3-14 所示的画面。

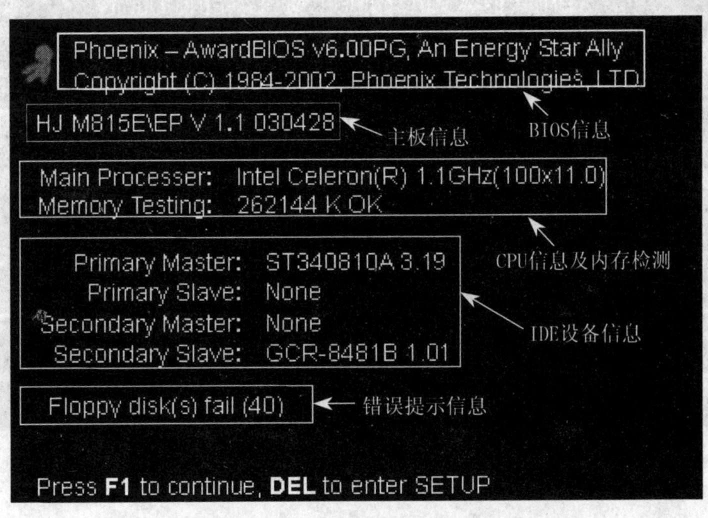

图 3-14　启动画面

当然，在此之前，还会快速显示一下显卡信息。由于显示时间太短，人们无法记忆，因此印在我们脑海中的就是图 3-14 所示的画面。通过上一节的学习，我们知道这是 BIOS 程序运行过程中 BIOS 程序检测到的信息，具体如下：

（1）BIOS 信息区　用来显示商标、版本号、版权及生产厂商等。图例中，BIOS 类型为 Phoenix Award BIOS；版本号为 V6；生产厂商为 Phoenix 公司。

（2）主板信息区　POST 程序检测出此主板型号是（宏嘉）HJ-M815E\EP。

（3）CPU 信息区及内存检测　信息表明：该计算机上的 CPU 为 Intel Celeron 系列；外频为 100MHz，倍频为 11，根据我们前面所学的知识：主频=外频×倍频，因此 CPU 工作于 1.1GHz。

对内存的检测通过后，屏幕显示计算机所安装的内存容量，即 262144KB/1024=256MB。

（4）IDE 设备信息区　显示 POST 自检程序对 IDE 接口上的设备检测结果，图中的 Primary IDE 接口主设备为硬盘，并且显示具体型号；从设备显示“None”表示没有；Secondary IDE 接口主设备为“None”；从设备为光驱，并且显示具体型号。

（5）错误信息提示区　当硬件存在非致使性错误或者实际配置的硬件与 CMOS 参数设置不相符时，BIOS 一般会给出错误信息的提示。此处显示软盘驱动器失败，等待用户处理，并提示如果按 F1 键，BIOS 程序将继续执行。

（6）BIOS 设置程序热键提示区　“Press DEL to enter SETUP”提示我们可以通过按 Del 键来进入 BIOS 设置程序。

3.3.2　CMOS 设置程序的进入

通过在开机时按下 Del 或者 Delete 键，进入到了如图 3-15 所示的主菜单。

Phoenix-Award BIOS CMOS Setup Utinity	
▶ Standard CMOS Features	Load Optimized Defaults
▶ Advanced BIOS Features	Set Supervisor Password
▶ Integrated Peripherals	Set User Password
▶ Power Management Setup	Save & Exit Setup
▶ PC Health Status	Exit Without Saving
Load Fail-Safe Defaults	
Esc：Quit F10：Save & Exit Setup	↑↓→←： Select Item
Time, Date,Hard Disk Type....	

图 3-15 CMOS 设置主菜单

3.3.3 主菜单简介

图 3-15 所示是 CMOS 设置主菜单，项目前面有三角形箭头的表示该项包含子菜单。具体如下：

● Standard CMOS Features（标准 CMOS 特性）：设定日期、时间、软硬盘规格及显示器种类。

● Advanced BIOS Features（高级 BIOS 特性）：设定 BIOS 提供的特殊功能，例如病毒警告、开机引导磁盘优先顺序。

● Integrated Peripherals(集成设备)：此设定菜单包括所有外围设备的设定，如 COM port、LPT port、AC97 声卡、USB 键盘是否打开、IDE 使用何种 PIO Mode 等。

● Power Management Setup（电源管理设置）：设定 CPU、硬盘、显示器等设备的节电功能运行方式，以及软关机方式和开机方式。

● PC Health Status（计算机健康状态）：系统自动检测电压、温度及风扇转速等。

● Load Fail-Safe Defaults（载入安全默认值）：执行此功能将载入 BIOS 的 CMOS 设定出厂默认值，此设定值虽保守，但较稳定。

● Load Optimized Defaults（载入最优化默认值）：执行此功能将载入最优化的 CMOS 设定默认值，提高整体性能的同时有可能影响稳定性。

● Set Supervisor Password（设置管理员密码）：设置修改 BIOS 设置的密码。只有知道该密码的用户才能修改 BIOS 设置。

● Set User Password（设置用户密码）：设置用户密码。只有知道该密码的用户才能启动计算机。

● Save & Exit Setup（存储并退出设置）：保存对 CMOS 的修改，然后退出 Setup 程序。

● Exit Without Saving（退出但不保存设置）：放弃对 CMOS 的修改，退出 Setup 程序。

3.3.4　参数修改与保存

在以下的操作中，我们将通过对日期、软驱参数及停止引导条件的更改，学会如何修改 CMOS 参数。在介绍具体操作之前，先介绍几个操作按键：

- 方向键（↑、↓、→、←）：在菜单中进行向上、向下、向右、向左移动以选择项目。
- 上翻页键[PageUp]：改变设定状态，或增加栏目中的数值内容。
- 下翻页键[PageDown]：改变设定状态，或减少栏目中的数值内容。
- Esc 键：回到主菜单，或者从主菜单中结束 Setup 程序。

1．修改日期参数

（1）在主菜单中用方向键选择“Standard CMOS Features”项，然后回车，进入如图 3-16 所示的“标准 CMOS 设置”画面。

```
Phoenix-AwardBIOS CMOS Setup Utinity
Standard CMOS Features

Date (mm:dd:yy)           Tue, May, 15 2007          Item   Help
Time(hh:mm:ss)            10:22:36
                                                     Menu Level
▶ IDE Primary Master      [IC35L060AVV207-0]         Chang the day,month,
▶ IDE Primary Slave       [None]                     Year and century
▶ IDE Secondary Master    [None]
▶ IDE Secondary Slave     [HL-DT-ST CD-ROM GCR-]

Drive    A                [1.44M, 3.5 in" ]
Drive    B                [None]
Floppy 3 Mode Support     [Disabled]
Video                     [EGA/VGA]
Halt   on                 [All,But Keyboard]
```

图 3-16　标准 CMOS 设置菜单

（2）在上图中，通过方向键将光标移动到日期处。上图中的日期参数“15”处于编辑状态。按“Page Up”键，增大日期的数字；按“Page Down”键，减小日期的数字，使之达到要求。

2．修改软盘驱动器配置值

（1）以相同的方法进入标准 CMOS 设置菜单，出现图 3-16 后，通过方向键使 Drive A 栏目的参数值高亮度显示，然后按回车键。

（2）弹出如图 3-17 所示的软驱 A 设置选择画面后，通过上下方向键（↑↓）移动到计算机的实际配置值。项目中，安装了一个 1.44M、3.5in 的软驱，设置好后按回车即可，并回到上一级菜单。

（3）回到标准 CMOS 设置菜单后，继续对另一软盘驱动器 B 进行设置。在图 3-16 中将光标移动到 Drive B 栏目，然后回车。由于本项目中没有安装软驱 B，所以在弹出的相同的画面（图 3-17）中，移动光标至 None（意为“无”）处。通过回车的方式确认参数的修改，同时自动退回标准 CMOS 设置菜单。如果选择 None，而通过 Esc 退出的话，则参

数修改无效。

3．设置停止引导条件

所谓停止引导，是指当 BIOS 自检程序在检测到错误信息后，暂停引导过程，给出错误提示，等待用户处理。

（1）进入标准 CMOS 设置菜单，在图 3-16 中选择停止引导“Halt On”项，然后回车。

（2）弹出如图 3-18 所示的画面，当 BIOS 自检过程中遇到错误时，如果满足图中设定的停止引导条件，则系统停止下来。可选项如下：

- All Errors： 侦测到任何错误，系统停止运行，等候处理。
- No Errors：不管有任何错误，系统不会停止运行。
- All, But Keyboard：有任何错误均停止，等候处理，但键盘除外。此项目为默认值。
- All, But Diskette：除软驱错误以外侦测到任何错误，系统暂停运行。
- All, But Disk/Key：有任何错误均暂停，等候处理，除了软驱与键盘外。

本项目中，将停止引导条件设置为“All Errors”，具体操作是：由于默认值为“All, But Keyboard”，因此，在图 3-18 中，先通过向上的方向键，将光标移动到“All Errors”值处。然后回车确定，同时返回标准 CMOS 菜单。

Drive A	
None	……[ ]
360K,5.25 in.	……[ ]
1.2M,5.25 in.	……[ ]
720K,3.5 in.	……[ ]
1.44M,3.5 in.	……[■]
2.88M,3.5 in.	……[ ]
↑↓: Move ENTER: Accept ESC: Abort	

图 3-17　设置软驱配置

Halt On	
All Errors	……[ ]
No Errors	……[ ]
All, But Keyboard	……[■]
All, But Diskette	……[ ]
All, But Disk/Key	……[ ]
↑↓: Move ENTER: Accept ESC: Abort	

图 3-18　设置停止引导条件

4．退出 BIOS 设置

在 BIOS 设置程序中通常有两种退出方式，当采用保存并退出设置（Save & Exit Setup）方式时，修改好的 CMOS 值将保存至 CMOS RAM 中，重启计算机后，采用新的设置值；当采用退出但不保存设置（Exit Without Saving）方式时，退出设置程序，但修改的参数不保存，因此，重启计算机后，仍采用老的参数值。

（1）保存并退出　如果需要保存对 CMOS 所做的修改，则在 CMOS 设置主菜单（图 3-15）中将光标移到“Save & Exit Setup”项，按回车键，就会弹出如图 3-19 所示的是否保存并退出的对话框。此时按 Y 键确认即可保存设置并退出 CMOS 设置程序。按 ESC 键则返回 CMOS 设置程序主菜单。

SAVE to CMOS and EXIT (Y/N)? Y

图 3-19

（2）不保存退出　如果不需要保存对 CMOS 所做的设置，则在 CMOS 设置程序主菜单中选择“Exit Without Saving”项，此时将弹出如图 3-20 所示的对话框，按 Y 键确认退出即可。

Quit Without Saving (Y/N)? Y

图 3-20

3.4 项目二 CMOS 基本设置

【项目任务】面对已经安装好硬件的计算机，现在的任务是完成对 CMOS 主要参数的设置，为硬盘分区及安装操作系统做好准备。

【项目分析】通过项目一的练习，我们已经掌握了参数修改与保存的方法。在前几章的学习中，对计算机硬件及性能已经有了大概的了解。只要正确掌握了硬件的检测与设置、关机保护温度设置、启动次序设置等方法，再来为计算机安装操作系统就是水到渠成的事了。

【项目实施】以计算机安装中常用的 CMOS 值为例，结合主菜单栏目讲解设置方法。

1. IDE 设备参数设定

（1）在主菜单中选择“Standard CMOS Features”后回车，进入标准 CMOS 设置菜单。如图 3-16 所示。其中有关两个 IDE 接口的设备信息如图 3-21 所示。

```
第一组 IDE 主设备→  IDE Primary Master      [IC35L060AVV207-0]
第一组 IDE 从设备→  IDE Primary Slave       [None]
第二组 IDE 主设备→  IDE Secondary Master    [None]
第二组 IDE 从设备→  IDE Secondary Slave     [HL-DT-ST CD-ROM CR-]
```

图 3-21 IDE 接口设备信息

本项目中，以第一组 IDE 主设备的设置为例来说明具体的操作过程。

（2）通过方向键选择 IDE Primary Master，使其对应的参数值高亮度显示，然后按回车键，进入如图 3-22 所示的画面。这里提供三种操作：

```
IDE HDD Auto-Detection   [Press Enter]  |
                                        |  Item Help
IDE Primary Master       [Auto]         |
Access  Mode             [Auto]         |
Capacity                 61499MB        |
Cylinder                 29437          |  Menu Level
Head                     16             |
Precomp                  0              |
Landing Zone             29436          |
Sector                   255            |
```

图 3-22 设置第一组 IDE 接口主设备

1）IDE HDD Auto-Detection：按下回车键可以自动检测硬盘参数。

2）IDE Primary Master：设定第一组主 IDE 设备参数，有以下三个选项。

- None 如果没有安装任何 IDE 设备，可选择此项。
- Auto 让 BIOS 在 POST 过程中自动检测 IDE 各项参数（默认值）。
- Manual 使用者可以自行输入各项参数。

3）Access Mode：硬盘的使用模式。有四个选项：CHS/LBA/Large/Auto，默认值为 Auto。

将光标移动到“IDE Primary Master”行，然后回车，在出现的三个选项中选择，一般情况下，第一组主 IDE 设备肯定是硬盘，因此，设置值采用“Auto”，即：默认值。完成选择后按回车键重新回到如图 3-22 所示的界面。此时，如果要检测硬盘参数，可以选择“IDE HDD Auto-Detection”行，按回车键后，系统自动检测各参数，完成后显示检测结果。

完成“IDE Primary Master”设置后，按 ESC 键回到标准 CMOS 设置菜单，以相同的方法，继续对第一组 IDE 从设备、第二组 IDE 主设备及第二组 IDE 从设备进行设置及检测。

【经验交流】利用“IDE HDD Auto-Detection”硬盘自动检测功能，如果能检测到驱动器的参数，说明对应接口上的硬盘基本正常，同时连接正确。

2. 启动顺序设置

【任务说明】要完成计算机操作系统的安装及完成软件安装后正确引导操作系统的运行，启动顺序设置关系重大。下面具体讲解操作过程：

（1）菜单选择　在主菜单中用方向键选择“Advanced BIOS Features”项然后回车，即进入了“高级 BIOS 功能设定”项子菜单，如图 3-23 所示。

（2）设置启动设备顺序　进入高级 BIOS 功能设定菜单后，用方向键选择“Boot Sequence”后回车，出现如图 3-24 所示的界面。启动顺序设置一共有 4 项：

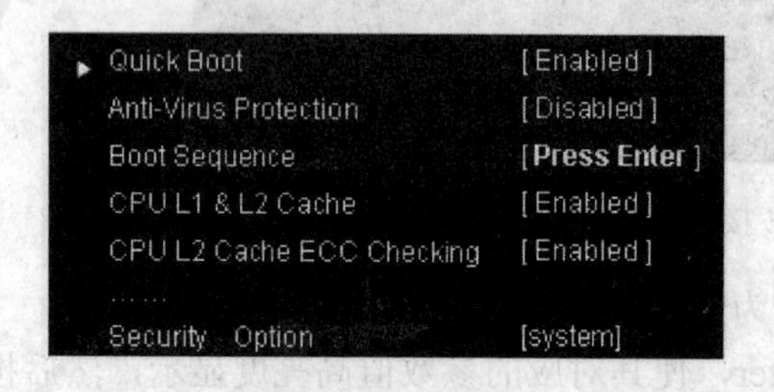

图 3-23　高级 BIOS 设置菜单（简图）

1st	Boot	Device	[Floppy]
2nd	Boot	Device	[CDROM]
3rd	Boot	Device	[HDD-0]
Boot	Other	Device	[Enabled]

图 3-24　设置启动次序

1）First/Second/Third Boot Device：第一/第二/第三启动设备。

每项可以设置的值有：Floppy、HDD-0、SCSI、CDROM、HDD-1、HDD-2、HDD-3、LAN、ZIP 和 Disabled 等。

2）Boot Other Device：其他启动设备。包括 Disabled 与 Enabled（默认值）两个选项。

系统启动时会根据启动次序首先从第一启动设备中读取操作系统文件，如果从第一设备启动失败，则读取第二启动设备，以此类推。如果设置为 Disabled，则表示禁用此次序。

在图 3-24 中，先将光标移动到“1st Boot Device”行，按回车后在弹出的设备选择对话框中选择“Floppy”项，回车确认；返回后按相同的方法设置第二、第三启动设备即可。

3. 设置 CPU 警告与关机温度

（1）菜单选择　在 CMOS 主菜单中选择“PC Health Status”，回车后出现如图 3-25 所示的界面。从图中可以看到 CPU 健康状况信息，包括：系统温度、CPU 温度、CPU 风扇转速及各电压值等。

（2）设置 CPU 报警温度　“CPU Warning Temperature”项：当 CPU 温度超过某一温度时发出报警声。系统提供的可选值包括：Disabled（默认值）/50℃/53℃/56℃/60℃/63℃/66℃/70℃。

选中该项并按回车键，在弹出的可选值中选择合适的值（如：66℃），按回车键确认并返回。

（3）设置 CPU 关机温度 “Shutdown Temperature”项：当 CPU 温度超过设置值时自动关机，从而保护 CPU。系统提供的可选值包括：Disabled（默认值）/60℃/65℃/70℃/75℃。

选中该项后按回车键，在弹出的可选值中选择 75℃，按回车键确认并返回。

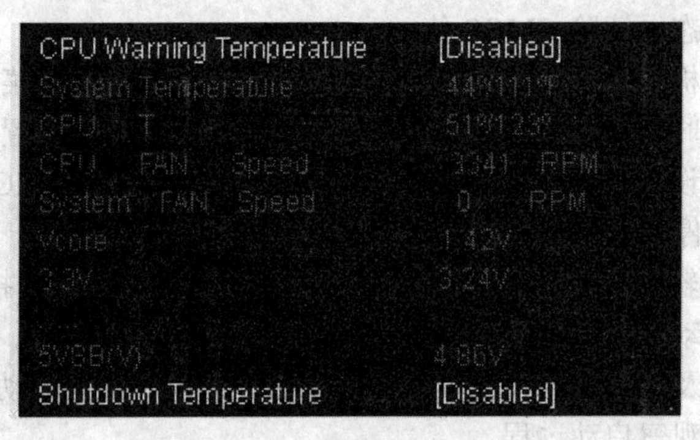

图 3-25　PC 健康状态

4. 设置 CMOS 密码

（1）设置管理员密码　首先，在 BIOS 设置程序主界面中将光标定位到“Set Supervisor Password”项。然后，按 Enter 键后，弹出一个输入密码的提示框，输入完毕后按 Enter 键，系统要求再次输入密码以便确认。最后，再次输入相同密码后按 Enter 键，超级用户密码便设置成功。

设置管理员密码后，如果高级 BIOS 特性设置中的 Security Option 项设置为“Setup”，那么开机时想进入 CMOS SETUP 就需输入管理员密码才能进入。

（2）设置用户密码　BIOS 设置程序主界面中的“Set User Password”项用于设置用户密码，其设置方法与设置超级用户密码完全相同，这里就不再重复介绍。

设置用户密码后，如果高级 BIOS 特性设置中的 Security Option 项设置为“System”，那么一开机时，需输入用户或管理员密码才能进入开机程序。若进入 CMOS SETUP 输入的是用户密码，则 BIOS 不会允许，因为只有管理员密码才能进入 CMOS SETUP 程序。

实训　BIOS 基本设置

1. 实训目的

理解 BIOS 的基本功能，掌握修改 CMOS 基本参数的方法，为安装操作系统打下扎实基础。

2. 实训内容

（1）掌握进入、退出 BIOS 的方法。

（2）修改系统日期与时间参数、正确设置软盘驱动器。

（3）设置 BIOS 停止条件、检测并设置 IDE 接口设备。

（4）设置系统启动设备次序。

（5）设置 CPU 报警及关机温度、设置管理员及用户口令。

3．实训设备及工具

第 2 章实训二中安装好全部硬件的计算机，启动软盘及光盘。

4．实训步骤

（1）在关机状态，清除 CMOS 值。

（2）启动计算机后，根据提示进入 BIOS 设置程序，熟悉主菜单与子菜单的组成。

（3）将日期与时间调整至当前值，保存参数并退出 BIOS 设置程序。

（4）重启后，设置软驱配置并使其与实际值不符，同时将 BIOS 停止条件设置为当检测到软驱错误时暂停。重启计算机，观察并记录 POST 提示信息。

（5）正确设置软驱，重启后设置 IDE 设备，并检测四个 IDE 接口上连接的实际设备。

（6）将第一启动装置设置为软驱、第二启动装置设置为光驱、第三启动装置设置为硬盘，并将启动软盘及光盘放入相应驱动器。重启计算机，观察启动过程。取出启动软盘，重启计算机，再次观察启动过程。

（7）检测 CPU 健康状况并设置 CPU 报警与关机温度。

（8）设置管理员及用户密码。

5．实训记录见表 3-1

表 3-1　BIOS 与 CMOS 参数记录表

1	BIOS 资料	生产厂商			版本号	按何键进入
2	主菜单组成					
3	密码设置	用户密码			管理员密码	
4	软驱设置	实际配置	参数更改值		更改后错误提示信息	
5	IDE 接口	第一组主设备	第一组从设备		第二组主设备	第二组从设备
6	内存与 CPU	内存容量	CPU 工作频率		外频	倍频
7	PC 健康状况	系统温度	CPU 温度	CPU 风扇转速	报警温度	关机温度

思考与习题三

1．简答题

（1）软驱由哪几个部分组成？其主要性能指标是什么？

（2）简述光驱的工作过程。

（3）BIOS 由哪几个模块组成？其基本功能是什么？

（4）设置 CPU 报警与关机温度的作用是什么？

（5）CMOS 管理员密码与用户密码的区别是什么？

2．填空题

（1）目前最常用的软盘的尺寸是________in，容量为________MB。

（2）软驱按与计算机的连接方式分可为__________和__________两种类型。

（3）按照接口类型，光驱可分为__________、__________和 SATA 三种类型。

（4）主板上目前采用的 BOIS 主要有___________、___________和 AMI 三大种类。

3．单项选择题

（1）软磁盘是（　　）。

A．计算机的内存储器　　B．计算机的外存储器

C．海量存储器　　D．备用存储器

（2）对处于写保护状态的软盘，可进行的操作是（　　）。

A．只能读盘，不能写盘　　B．只能写盘，不能读盘

C．既不能读盘，也不能写盘　　D．既能读盘，也能写盘

（3）软盘是常见的存储媒体，在第一次使用时（　　）。

A．一般要先进行格式化　　B．可直接使用，不必进行格式化

C．先进行低级格式化　　D．只有硬盘才必须先进行格式化

（4）单倍速光驱的数据传输速率是（　　）。

A．1500KB/S　　B．150KB/S　　C．3000KB/S　　D．12000KB/S

（5）一张 CD-R74 盘片存放数据的最大容量是（　　）。

A．1.44MB　　B．650GB　　C．650MB　　D．2.88MB

（6）一张单面单层 DVD-ROM 盘片可存放的字节数是（　　）。

A．640MB　　B．1000MB　　C．1024MB　　D．4.7GB

（7）对于 BIOS 的主要组成与功能，下列描述中错误的是（　　）。

A．CPU 中断服务程序　　B．系统 CMOS 设置

C．POST 上电自检　　D．操作系统

（8）POST 程序检测到任何错误后，BIOS 程序将暂停下来等待用户处理，那么其对应停止条件设置值应该设置为（　　）。

A．All Errors　　B．No Errors

C．All, But Keyboard　　D．All, But Diskette

第4章

硬盘与硬盘分区

1）了解硬盘的结构与工作原理。

2）掌握硬盘的主要技术参数，了解硬盘的数据存储格式。

3）掌握使用 FDISK 程序对硬盘进行分区，并应用 Format 命令对分区格式化。

4）初步掌握使用 Pqmagic 程序管理硬盘。

4.1 硬盘

4.1.1 硬盘的结构与工作原理

1．硬盘的外观

硬盘是计算机中最重要的外部存储设备，用户所使用的应用程序、数据和文档几乎都存储在硬盘上。常见的硬盘多为 3.5in 产品，盘片密封在金属盒内，如图 4-1 所示。从外观看主要分以下四个方面：

图 4-1 硬盘的外观

（1）标签面板 硬盘的顶部贴有一张产品标签，标明与硬盘相关的信息，如品牌、型号、产地、序列号等。

（2）控制电路板 在硬盘的底部，大多数的控制电路板都采用贴片式焊接，它包括主轴调速电路、磁头驱动与伺服定位电路、读写电路、控制与接口电路等。在电路板上还有一块 ROM 芯片，里面固化的程序可以进行硬盘的初始化。在电路板上还安装有容量不等的高速数据缓存芯片，以提高硬盘的读写速度。

（3）接口部分　接口包括电源接口插座和数据接口插座两部分。其中电源插座与主机电源相连接，为硬盘正常工作提供电力保证。数据接口插座则是硬盘与主板控制芯片之间进行数据传输交换的通道，使用时是用一根数据电缆将其与主板 IDE 接口或与其他控制适配器的接口相连接实现数据的传输。数据接口主要分成 IDE 接口、SATA 接口和 SCSI 接口三大类。IDE 接口和 SATA 接口外观如图 4-2、图 4-3 所示。

图 4-2　IDE 接口外观

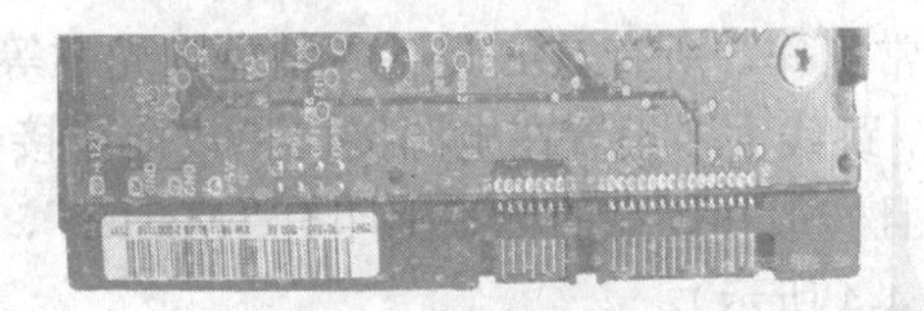

图 4-3　SATA 接口外观

（4）硬盘跳线图　对于 IDE 接口和 SCSI 接口的硬盘，还设置了跳线器。对于 IDE 硬盘，主要是作为主盘（Master）还是从盘（Slave）进行设置，生产厂商将跳线设置图标注在标签上，如图 4-4 所示；对 SCSI 硬盘，则是设置设备 ID 号和终端电阻等。

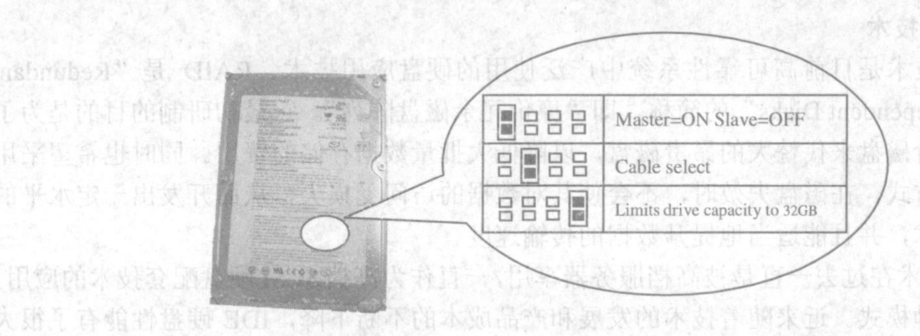

图 4-4　IDE 硬盘跳线设置图

2．硬盘的结构和工作过程

从结构上来说，硬盘由外部的盘体、电路板和内部的电动机械部分组成。硬盘外部分别有盘体、电路板、主控制芯片、电机驱动芯片、缓存芯片和硬盘接口组成。而内部则分别由浮动磁头组件（包括读写磁头、传动手臂、传动轴三个部分）、磁头驱动机构（内部前置控制驱动电路）、磁盘盘片和主轴组件组成，如图 4-5 所示。浮动磁头组件是硬盘的核心，密封装在硬盘的净化腔体内。

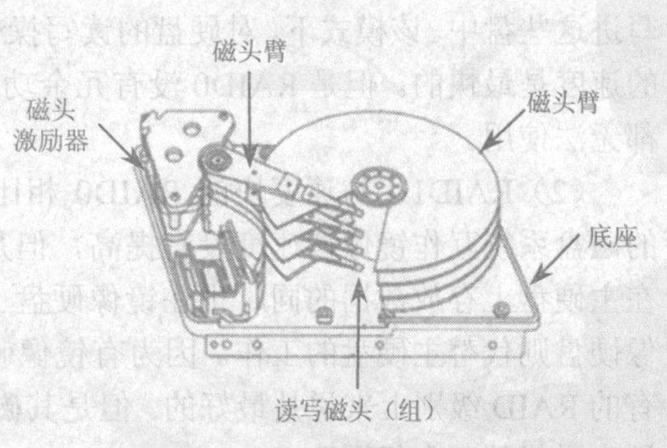

图 4-5　硬盘内部结构

平整光滑的表面镀有磁性材料的金属盘片组固定在电机主轴上，工作时，盘片组在电机的带动下高速旋转，磁头在磁头驱动机构的控制下沿盘片径向作移动，并且浮于盘面上方呈飞行状态，且不与盘片直接接触。依靠磁头与盘片间的微小间隙（几十微米）将磁盘上的磁场感应到磁头上（读取）或将磁头上的磁场磁化磁盘表面（写入）。

3. 接口类型

如第 2 章所述，目前常见的硬盘接口主要分为 IDE、SATA 及 SCSI 三种。

4. 硬盘跳线

目前主板上的 IDE 接口都是双通道的，也就是一个 IDE 接口能接两个 IDE 设备。如果在一条数据线上接两个 IDE 设备，就必须设置 IDE 设备的“主从”关系，否则它们将不能正常工作。所有 IDE 设备（硬盘、光驱等）都使用一组跳线来确定设备安装后的主、从状态，跳线大多设置在电源接口和数据线接口之间。通常由 3～4 组针和 1～2 个跳线帽组成，并且一般在硬盘的标签上印有“Master”、“Slave”和“Cable Select”等跳线方法示意图（如图 4-4 所示）。

当两个 IDE 设备都设置为“Cable Select”（数据线选择）时，接线时应注意，IDE 数据线末端的设备总是被认为主盘，而靠近主板接口上的设备总是被认为从盘。

对于 SATA 硬盘，由于采用了点对点的连接方式，主板上每个 SATA 接口只能连接一块硬盘，因此不必像并行硬盘那样设置“主从”跳线了。

5. RAID 技术

RAID 技术是目前高可靠性系统中广泛使用的硬盘应用技术。RAID 是“Redundant Arrays of Independent Disks”的简称，即“廉价冗余磁盘阵列”。它最初研制的目的是为了组合小的廉价磁盘来代替大的昂贵磁盘，以降低大批量数据存储的费用。同时也希望采用冗余信息的方式，在磁盘失效时，不会使其对数据的访问受损失，从而开发出一定水平的数据保护技术，并且能适当地提升数据的传输速度。

RAID 技术在过去一直是被高档服务器享用，一直作为高档 SCSI 硬盘配套技术的应用，此技术有多种模式。近来随着技术的发展和产品成本的不断下降，IDE 硬盘性能有了很大提升，加之 RAID 芯片的普及，使得 RAID 也逐渐在个人电脑上得到应用，目前常用的有 RAID0、RAID1、RAID0+1 三种模式。

（1）RAID0　RAID0 是一种最简单的硬盘阵列，它是将多个磁盘并列起来，成为一个大的逻辑硬盘。在存放数据时，其将数据按磁盘的个数来进行分段，然后同时将这些数据写进这些盘中。该模式下，对硬盘的读写操作由各硬盘分担。所以，在所有的级别中，RAID0 的速度是最快的。但是 RAID0 没有冗余功能，如果一个磁盘（物理）损坏，则所有的数据都无法使用。

（2）RAID1　与速度快的 RAID0 相比，RAID1 是以稳定安全为前提。它用两组相同的磁盘系统互作镜像，速度没有提高，但是允许单个磁盘错，可靠性最高。其镜像原理是在主硬盘上存放数据的同时也在镜像硬盘上写一样的数据。当主硬盘（物理）损坏时，镜像硬盘则代替主硬盘的工作。因为有镜像硬盘作数据备份，所以RAID1 的数据安全性在所有的 RAID 级别上来说是最好的。但是其磁盘的利用率却只有 50%，是所有RAID上磁盘利用率最低的一个级别。

（3）RAID0+1　把 RAID0 和 RAID1 技术结合起来，即 RAID0+1。数据除分布在多个

盘上外，每个盘都有其物理镜像盘，提供全冗余能力，允许一个以下磁盘故障，而不影响数据可用性，并具有快速读/写能力，但要求至少 4 个硬盘才能做成 RAID0+1。

4.1.2　硬盘的主要技术参数

1. 硬盘容量

容量是硬盘最重要的技术参数，决定着个人电脑的数据存储量大小的能力。现在，一般硬盘厂商定义的容量单位是 1GB=1000MB，而操作系统定义的是 1GB=1024MB，所以硬盘格式化后的容量略低于硬盘的标称容量，属于正常现象。常见的硬盘容量为 40G、60G、80G、120G、160G、250G、320G、400G 和 500G 等。

2. 硬盘转速

转速是指硬盘内电机主轴的旋转速度，也就是硬盘盘片在一分钟内所能完成的最大转数。转速的快慢是表示硬盘档次的重要参数之一，它是决定硬盘内部传输率的关键因素之一。硬盘的转速越快，硬盘寻找文件的速度也就越快，相对的硬盘的传输速度也就得到了提高。硬盘转速以每分钟多少转来表示，单位为 rpm，即“转/分钟”。rpm 值越大，硬盘的整体性能也就越好。

家用台式电脑的硬盘转速一般有 5400rpm 和 7200rpm 两种，其中 7200rpm 高转速硬盘是家用机用户的首选；而对于笔记本用户则是以 4200rpm、5400rpm 为主；服务器用户对硬盘性能要求最高，服务器中使用的 SCSI 硬盘转速基本都采用 10000rpm，甚至还有 15000rpm 的，性能要超出家用产品很多。

3. 硬盘缓存

硬盘缓存是硬盘控制器上的一块存储芯片，具有极快的存取速度，它是硬盘内部存储和外界接口之间的缓冲器。由于硬盘的内部数据传输速度和外界接口传输速度不同，缓存在其中起到一个缓冲的作用。缓存的大小与速度是直接关系到硬盘传输速度的重要因素，能够大幅度地提高硬盘的整体性能。

从理论上讲，缓存容量越大越好，但鉴于制造成本，目前 2MB 和 8MB 缓存是现今主流硬盘所采用的。而在服务器或特殊应用领域中还有缓存容量更大的产品，达到了 16MB、64MB 等。

4. 数据传输率

硬盘的数据传输率是衡量硬盘速度的一个重要参数，它与硬盘的转速、接口类型、系统总线类型有很大的关系，是指计算机从硬盘中准确找到相应数据并传输到内存的速率，以每秒可传输多少兆字节（MB/s）来衡量。

数据传输率分为内部传输率和外部传输率。内部数据传输率是磁头到硬盘的高速缓存之间的数据传输速度，内部传输率可以明确表现出硬盘的读写速度，它的高低才是评价一个硬盘整体性能的决定性因素，它是衡量硬盘性能的真正标准，一般取决于硬盘的盘片转速和数据线密度。外部传输率指从硬盘缓冲区读取数据到内存的速率，它与硬盘的接口类型是直接相关的，因此硬盘外部传输率常以数据接口速率代替。

目前，IDE 接口硬盘的最大外部传输率是 133MB/s。SATA 硬盘采用点对点的方式实

现了数据的分组传输，从而带来更高的传输效率。Serial ATA 1.0 版本硬盘的起始传输速率就达到 150MB/s，而 Serial ATA 3.0 版本将硬盘最大数据传输率提升到 600MB/s。

5．磁头数

硬盘磁头是硬盘读/写数据的关键部件，它的主要作用就是将存储在硬盘盘片上的磁信息转化为电信号向外传输，或将来自接口的电信号转化为磁信息磁化盘片上的存储单元。而它的工作原理则是利用特殊材料的电阻值会随着磁场变化的原理来读写盘片上的数据，磁头的好坏在很大程度上决定着硬盘盘片的存储密度。硬盘的磁头数取决于硬盘中的盘片数及存储数据的盘面数。通常，一个盘片正反两面都可以存储数据，这时一个盘片需两个磁头才能完成对两个盘面的读写。比如总容量 80GB 的硬盘，采用单碟容量 80GB 的盘片，那只有一张盘片，该盘片正反面都有数据，则对应两个磁头；而同样总容量 120GB 的硬盘，采用两张盘片，则只需三个磁头，因其中一张盘片的一面没有磁头。

6．平均寻道时间

平均寻道时间是标志硬盘性能至关重要的参数之一。它是指硬盘在接收到系统指令后，磁头从开始移动到移动至数据所在的磁道所花费时间的平均值。它在一定程度上体现了硬盘读取数据的能力，是影响硬盘内部数据传输率的重要参数，单位为毫秒（ms）。不同品牌、不同型号的产品其平均寻道时间也不一样，但这个时间越低，则产品越好，现今主流的硬盘产品平均寻道时间都在 8～10ms 左右。

4.1.3 硬盘存储数据结构

硬盘上存储的数据按照其不同的特点和作用，大致分布在 5 个不同的区域，分别是：MBR 区、DBR 区、FAT 区、DIR 区和 DATA 区。如图 4-6 所示。

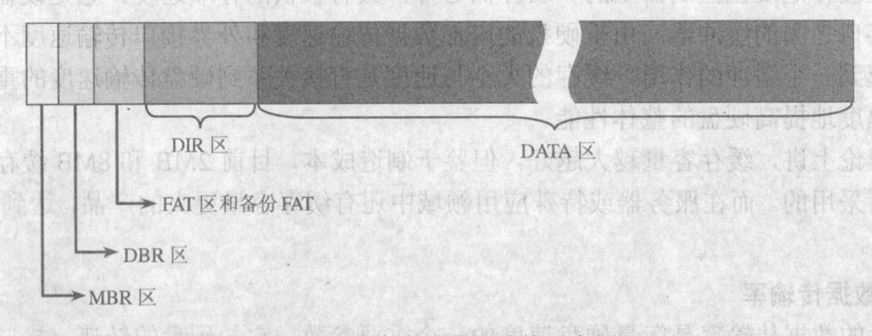

图 4-6 硬盘存储数据结构示意图

1．MBR 区

MBR（Main Boot Record）称为主引导记录区，位于整个硬盘的 0 磁道 0 柱面 1 扇区。总共 512KB，最后两个字节为“55H，AAH”，是该区的结束标志。这个区域构成了硬盘的主引导扇区。

主引导记录中包含了硬盘的一系列参数和一段引导程序。其中硬盘引导程序的主要作用是检查分区表是否正确并且在系统硬件完成自检以后引导具有激活标志的分区上的操作系统，并将控制权交给启动程序。MBR 区是由分区程序（如 Fdisk.com）所产生的，它不

依赖任何操作系统，而且硬盘引导程序也是可以改变的，从而实现多系统共存。

2. DBR 区

DBR（Dos Boot Record）是指磁盘操作系统引导记录区。它通常位于硬盘的 0 磁道 1 柱面 1 扇区，是操作系统可以直接访问的第一个扇区，它包括一个引导程序和一个被称为 BPB（Bios Parameter Block）的本分区参数记录表。引导程序的主要任务是当 MBR 将系统控制权交给它时，判断本分区根目录前两个文件是不是操作系统的引导文件（以 DOS 为例，即是 IO.SYS 和 MSDOS.SYS）。如果确定存在，就把其读入内存，并把控制权交给该文件。BPB 参数块记录着本分区的起始扇区、结束扇区、文件存储格式、硬盘介质描述符、根目录大小、FAT 个数，分配单元的大小等重要参数。

3. FAT 区

在 DBR 之后的是 FAT（File Allocation Table 文件分配表）区。硬盘上的同一个文件的数据并不一定完整地存放在磁盘的一个连续的区域内，而往往会分成若干段，以簇为单位，像一条链子一样存放，这种存储方式称为文件的链式存储。为了实现文件的链式存储，硬盘上必须准确地记录哪些簇已经被文件占用，还必须为每个已经占用的簇指明存储后继内容的下一个簇的簇号，对一个文件的最后一簇，则要指明本簇无后继簇。这些都是由 FAT 表来保存的，表中有很多表项，每项记录一个簇的信息。FAT 的格式有多种，最为常见的是 FAT16 和 FAT32，其中 FAT16 是指文件分配表每个表项使用 16 位二进制数字，由于 16 位分配表最多能管理 65536（即 2 的 16 次方）个簇，而每个簇的存储空间最大只有 32KB，所以在使用 FAT16 管理硬盘时，每个分区的最大存储容量只有（65536×32 KB）即 2048MB，也就是我们常说的 2G。现在的硬盘容量是越来越大，由于 FAT16 对硬盘分区的容量限制，所以当硬盘容量超过 2G 后，用户只能将硬盘划分成多个 2G 的分区后才能正常使用，为此微软公司从 Windows 95 OSR2 版本开始使用 FAT32 标准，即使用 32 位的文件分配表来管理硬盘文件，这样系统就能为文件分配多达 4294967296（即 2 的 32 次方）个簇。所以在簇同样为 32KB 时，每个分区容量最大可达 65G 以上。

由于 FAT 对于文件管理十分重要，所以 FAT 有一个备份，即在原 FAT 的后面再建一个同样的 FAT。

4. DIR 区

DIR（Directory）是根目录区，紧接着第二个 FAT 表（即备份的 FAT 表）之后，记录着根目录下每个文件（目录）的起始单元，文件的属性等。定位文件位置时，操作系统根据 DIR 中的起始单元，结合 FAT 表就可以知道文件在硬盘中的具体位置和大小了。

5. DATA 区

数据区是真正意义上的数据存储的地方，位于 DIR 区之后，占据硬盘的大部分存储空间。

4.2　项目一　硬盘分区和格式化

【项目任务】了解硬盘分区的概念，掌握使用 Fdisk 程序对硬盘进行分区、Format 命令格式化硬盘。

【项目分析】新出厂的硬盘并不能直接用于存储文件，而是首先需要在硬盘中建立文件存储系统。这个过程就是硬盘分区和格式化。常用的硬盘分区程序包括 Disk Manager(DM)、Partition Magic、Fdisk 等，在这里将介绍操作方便的 Fdisk 程序。

Fdisk 是一个 DOS 环境下进行分区的外部命令，是对硬盘进行分区的最普遍的一个方法。当创建分区时，就已经设置好了硬盘的各项物理参数，指定了硬盘主引导记录和引导记录备份的存放位置。而对于文件系统以及其他操作系统管理硬盘所需要的信息则是通过高级格式化，用 Format 命令来实现的。

4.2.1 硬盘分区的概念

硬盘分区通常分为三类：主分区、扩展分区和逻辑分区。主分区是硬盘最首要的分区，被自动定义为 C 盘符，常用于安装操作系统；扩展分区必须在建立主分区之后才能建立，扩展分区中可以建立多个逻辑分区；逻辑分区也称驱动器，其盘符依次从 D 开始。

在应用 Fdisk 进行分区时，将主分区称为主 DOS 分区；扩展分区称为扩展 DOS 分区；扩展分区上的逻辑驱动器称为逻辑 DOS 分区，用盘符 D、E、…等表示，最多可以有 24 个。如图 4-7 所示。

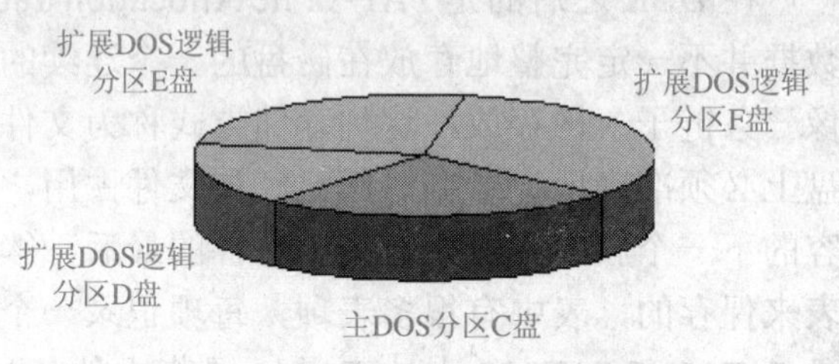

图 4-7 硬盘分区示意图

4.2.2 准备工作

- 准备好一台配有软驱、光驱（至少保证其中之一）的计算机，用于执行分区操作。
- 将硬盘装入该计算机，连接硬盘电源接口与数据接口。
- 准备启动软盘或光盘、Fdisk 程序。
- 启动计算机，进入 BIOS 设置程序，利用检测功能检查硬盘信息。

4.2.3 硬盘分区的顺序

我们可以对新硬盘进行分区，也可以对使用过的旧硬盘进行分区。新、旧硬盘在分区时的顺序略有不同，如表 4-1 所示。

表 4-1 硬盘分区的步骤

硬盘类型	步骤	内容
新硬盘	1	建立主 DOS 分区
	2	建立扩展 DOS 分区
	3	在扩展 DOS 分区上建立若干个逻辑分区
	4	激活主 DOS 分区
旧硬盘	1	删除所有扩展分区上的逻辑分区
	2	删除扩展 DOS 分区
	3	删除主 DOS 分区
	4	建立主 DOS 分区
	5	建立扩展 DOS 分区
	6	在扩展 DOS 分区上建立若干个逻辑分区
	7	激活主 DOS 分区

4.2.4　分区新硬盘

目前由于硬盘容量较大，通常将硬盘划分为 C、D、E、F 四个驱动器，C 盘用于安装操作系统及 Office 之类的常用软件；D 盘用于安装用户应用软件；E 盘用于保存用户文档及数据；F 盘作为备份盘用来保存 GHOST 备份、应用软件和驱动程序等源程序。

【项目说明】下面对标称容量为 40G 的新硬盘分区操作进行图解，具体分区规划是：主分区（C 盘）容量 4096MB（数值记为 Y1）；扩展分区中，逻辑盘 D 容量为 10240MB（数值记为 Y2）、逻辑盘 E 容量为 10240MB（数值记为 Y3）、逻辑盘 F 为剩余容量（数值记为 Y4）。

1. 启动 Fdisk 程序

准备一张 Windows 98 启动光盘，该光盘本身包含 Fdisk.exe 及 Format.com 程序，同时启动后虚拟出的诊断软盘也包含这两个文件。

（1）启动计算机并进入 BIOS 设置，设第一启动装置为 CD-ROM 并将启动光盘放入光驱。

（2）保存 CMOS 设置，从光盘启动计算机，进入 DOS 状态。

（3）转换到包含 Fdisk 程序的目录，在提示符下键入 Fdisk，然后回车。

Fdisk 程序运行后，首先检测硬盘容量，如果发现大于 512MB，屏幕出现如图 4-8 所示的提示信息。

```
Your computer has a disk larger than 512 MB. This version of Windows
includes improved support for large disks, resulting in more efficient
use of disk space on large drives, and allowing disks over 2 GB to be
Formatted as a single drive

IMPORTANT : If   you enable large disk support and create any new drives on this
disk , you will not be able to access the new drive(s) using other operating
systems, including some versions of Windows 95 and Windows NT, as well as
earlier versions of Windows and MS-DOS. In addition, disk utilities that
were not designed explicitly for the FAT32 file system will not be able
to work with this disk.   If you need to access this disk with   other operating
systems or older disk utilities, do not enable large drive support.

Do you wish to enable large disk support   (Y/N) ............? [ Y ]
```

图 4-8　硬盘信息提示及支持大盘模式选择

该信息在提示硬盘容量超过 512MB 的同时，建议用户为硬盘分区时采用 FAT32 文件系统。此处，默认值为“Y”，即使用支持大盘模式。按“Enter”键进入主菜单，也称“Fdisk 选项主菜单”，如图 4-9 所示。主菜单中共有 4 个选项，如果计算机安装了不止一个硬盘，则第 5 选项“Chang current fixed disk drive”自动出现，即：提供选择不同硬盘的功能。

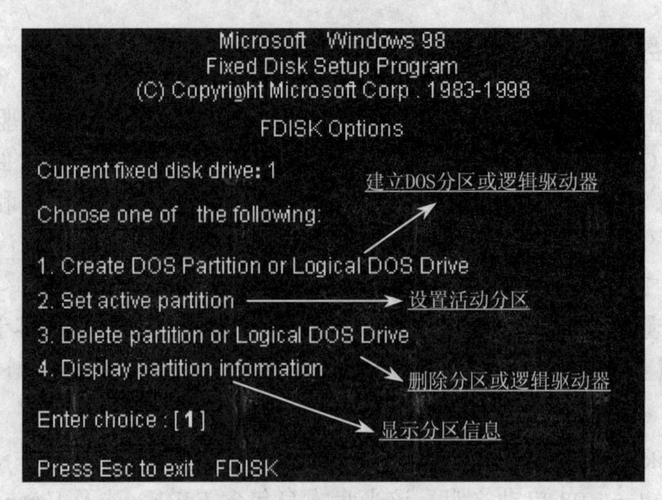

图 4-9　Fdisk 程序主菜单

图中最后一行的提示信息告诉我们：如果要退出 Fdisk 程序，可以按 Esc 键。

2. 创建主 DOS 分区

（1）在 Fdisk 程序主菜单中选择“1”，然后按回车键。程序检查磁盘后，屏幕出现创建分区菜单，如图 4-10 所示。建立分区的先后次序是：先建立主分区，然后再建立扩展分区，最后在扩展分区中建立逻辑驱动器。

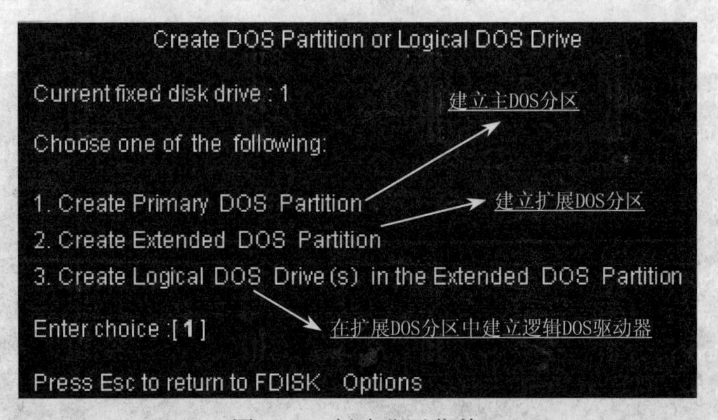

图 4-10　创建分区菜单

（2）输入“1”，按回车键。校验磁盘完整性后出现如图 4-11 所示的创建主分区屏幕。

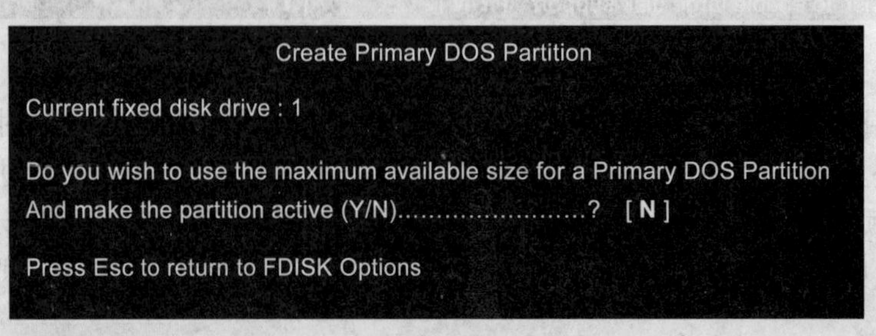

图 4-11　创建主 DOS 分区

（3）由于我们通常不会把硬盘的所有空间都作为主 DOS 分区，所以在这里输入“N”，并按回车键。在完成磁盘完整性校验后，随即进入主分区容量划分界面，如图 4-12 所示。

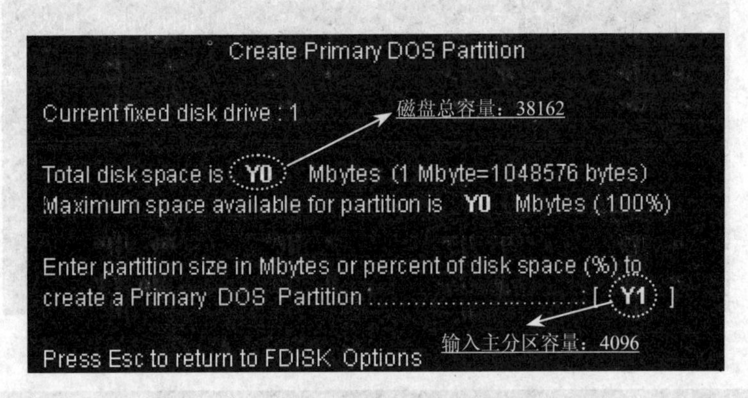

图 4-12　输入主分区容量

从图中可以看到：标称容量为 40G 的硬盘，其实际值为 38162MB（数字记为 Y0）。如果以 Y0 代表硬盘总容量，程序提示主分区的最大容量亦可达到此值，同时 Y0 以默认值的形式出现在分区大小输入框[Y1]中。项目要求划分 4096 MB 的空间作为主分区，所以在主分区容量输入框中输入“4096”，按回车键（也可输入百分比，如 11%）。

（4）Fdisk 程序按用户要求创建好主分区后，自动将逻辑盘符 C 分配给该分区，随即显示主分区信息，如图 4-13 所示。至此，我们已经完成了主分区的划分与建立，按 Esc 键返回 Fdisk 程序主菜单。（注：图中实际值为 4103，与要求的 4098 略有误差，这很正常。）

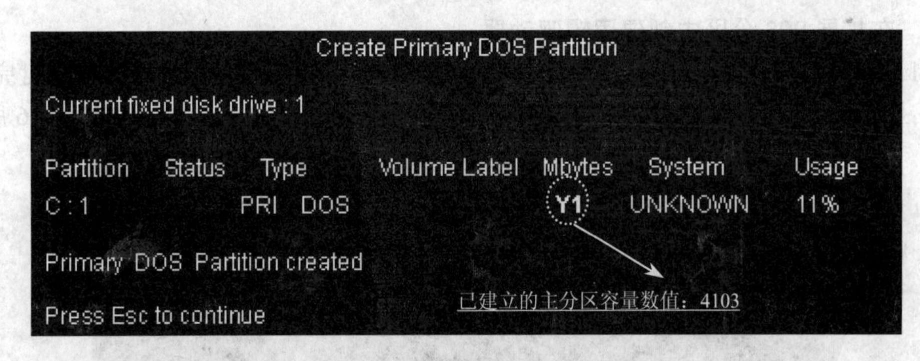

图 4-13　完成主分区创建

3. 创建扩展 DOS 分区

（1）在 Fdisk 程序主菜单中选择“1”，然后在如图 4-10 所示的创建分区菜单中选择“2”（创建扩展 DOS 分区）。回车后，先花几分钟时间验证磁盘，然后进入如图 4-14 所示的界面。

（2）屏幕中显示了当前硬盘中已存在的主 DOS 分区的大小以及硬盘的剩余空间（数值记作 X0）。如果没有特殊的分区（如非 DOS 分区），则把余下的磁盘空间全部用于创建扩展 DOS 分区。直接按回车键。屏幕提示“扩展 DOS 分区已创建”，如图 4-15 所示。

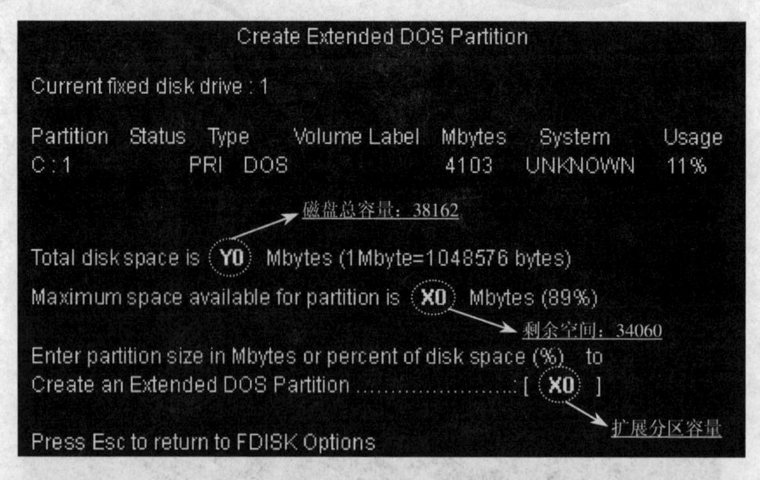

图 4-14 创建扩展 DOS 分区

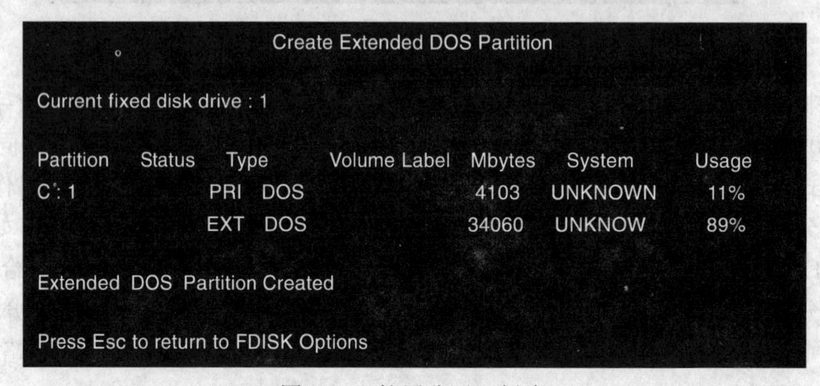

图 4-15 扩展分区已创建

4. 在扩展 DOS 分区中创建逻辑驱动器

（1）在图 4-15 中按 Esc 键后，屏幕提示“没有定义逻辑驱动器”，执行磁盘完整性校验后，显示目前扩展 DOS 分区的总容量，请用户创建 DOS 逻辑分区，如图 4-16 所示。

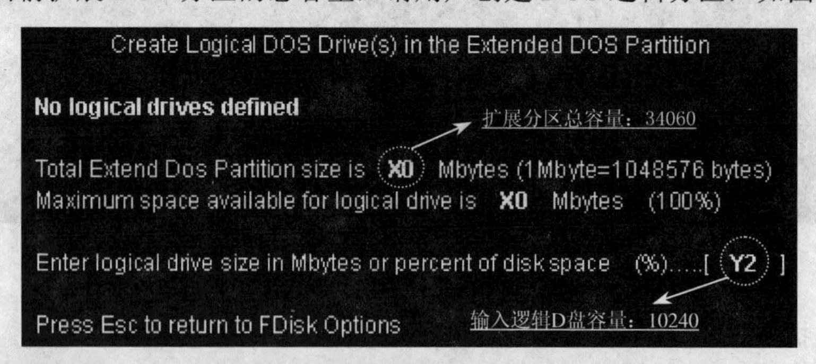

图 4-16 在扩展分区中建立第一个逻辑盘

（2）若只创建一个逻辑分区，直接按回车键确认；若创建一个以上的逻辑分区，需要在输入框中输入一个小于当前最大可用空间的数值或输入一个百分数。默认情况下，[Y2]处为整个扩展分区的容量值。本项目要求在扩展分区中建立 D、E、F 三个逻辑盘，所以先输入规划好的 D 盘容量数值，即：“10240”。按回车键，验证磁盘后，进入如图 4-17 所示的画面。

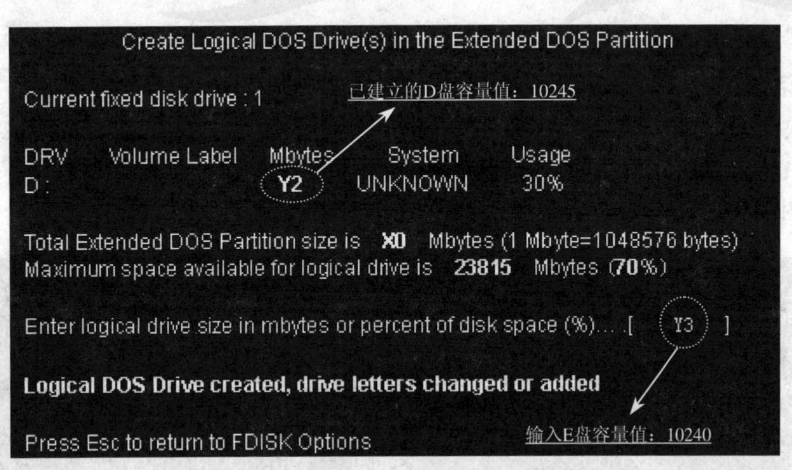

图 4-17　在扩展分区中建立第二个逻辑盘

（3）从图 4-17 可以看到：逻辑 D 盘已经建立，实际值与规定值略有差别，属于正常现象。项目要求建立 10240MB 的 E 盘，在[Y3]处输入“10240”，按回车键即可。

（4）通过上述操作，已经在扩展分区中建立了 D、E 两个逻辑驱动器，现在还要建立最后一个逻辑盘 F，此时必须直接回车，进入如图 4-18 所示的画面。

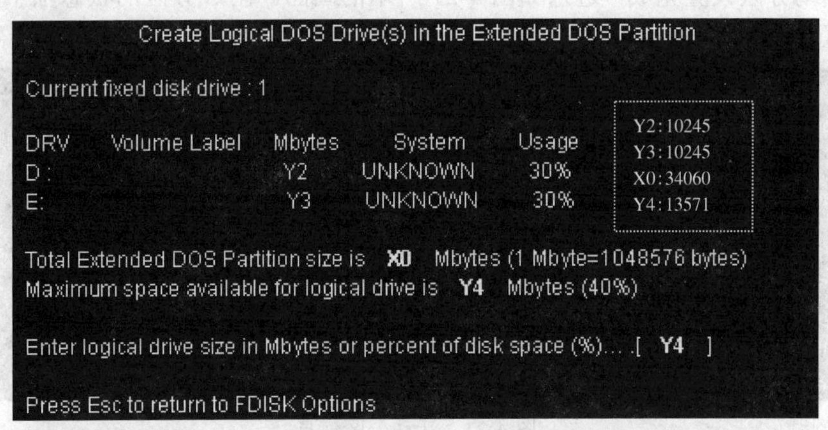

图 4-18　在扩展分区中建立最后一个逻辑盘

至此，逻辑盘已经建立好，如图 4-19 所示。按 Esc 键返回主菜单即可继续其他操作。

```
Create Logical DOS Drive(s) in the Extended DOS Partition

Current fixed disk drive : 1

DRV   Volume Label   Mbytes   System    Usage
D:                   10245    UNKNOWN   30%
E:                   10245    UNKNOWN   30%
F:                   13571    UNKNOWN   40%

All available space in the Extended DOS Partition
Is assigned to logical drives.
Press Esc to continue
```

图 4-19　显示扩展分区空间分配

5．设置活动分区

当将一块硬盘划分成为两个或两个以上的分区时，需要把其中的一个分区设置为活动分区，操作系统才能从该分区启动。设置活动分区的操作如下。

（1）在图 4-9 主菜单中，选择“2”（Set active partition），然后按回车键。

```
                         Set Active Partition
Current fixed disk drive : 1

Partition  Status  Type      Volume Label  Mbytes   System    Usage
C : 1              PRI DOS                  4103    UNKNOWN   11%
    2              EXT DOS                 34060    UNKNOWN   89%

Enter the number of partition you want to make active ...........  ......:[   ]
```

图 4-20　设置活动分区

一般选择 C 盘作为活动分区，因此输入“1”，再按回车键。

（2）活动分区设置完成，进入如图 4-21 所示的画面。在 C 分区的状态项中标有“A”，表明该分区为活动分区。

```
                         Set Active Partition
Current fixed disk drive : 1

Partition  Status  Type      Volume Label  Mbytes   System    Usage
C : 1        A     PRI DOS                  4103    UNKNOWN   11%
    2              EXT DOS                 34060    UNKNOWN   89%

Partition 1 made active
Press Esc to continue
```

图 4-21　活动分区信息

至此，我们已经完成新磁盘的分区任务，按 Esc 键回到主菜单。在离开主菜单时，系统提示为了使刚才所创建的分区生效，必须重新启动计算机。

6．重新启动计算机

重新启动计算机后，进入 DOS 状态。如图 4-22 所示，此时光盘盘符自动变成了 G 盘，说明刚才对新硬盘的分区工作已经生效。主分区盘符为 C；扩展分区包括 D、E 与 F 三个逻辑驱动器，因此，光盘盘符按英文字母次序自动向后退至 G。

```
MSCDEX Version 2.25
Copyright (C) Microsoft Corp. 1986-1995. All rights reserved.
      Drive G: = Driver OEMCD001 unit 0

A:\>
```

图 4-22　分区后重新启动计算机

4.2.5　格式化硬盘

完成硬盘分区后，硬盘还不能使用，还必须对分区进行高级格式化操作。所谓硬盘的高级格式化操作是指在逻辑盘上建立引导记录 DBR、FAT 表及根目录表等，为安装软件及保存文件做好准备。在 DOS 状态下，格式化硬盘采用 FORMAT 命令。

从启动软盘或光盘启动计算机，进入如图 4-23 所示的 DOS 状态，输入“format c:”后回车，在系统给出警告并要求用户确认时输入“Y”或“y”，回车后开始真正的格式化过程。

```
A:\>format c:

WARNING, ALL DATA ON NON-REMOVABLE DISK
DRIVE C: WILL BE LOST!
Proceed with Format (Y/N)?y
```

图 4-23　格式化 C 盘

完成格式化过程后，系统要求输入卷标，一般直接回车（即：不设卷标）。接下来，系统显示格式化后的硬盘信息，并且提示是否继续对其他分区进行格式化操作，按“N”，返回系统提示符。

4.2.6　删除分区

当对旧硬盘重新进行分区或者因分区操作不当而必须重做时，首先要删除已有分区。删除分区的顺序见表 4-1，即：先删除所有逻辑分区，再删除扩展分区，最后删除主分区。只有将已有分区全部删除后，才可能对硬盘进行重新分区。

1．删除逻辑分区

（1）运行 FDISK，在主菜单中选择“3”，进入删除分区子菜单界面，如图 4-24 所示。

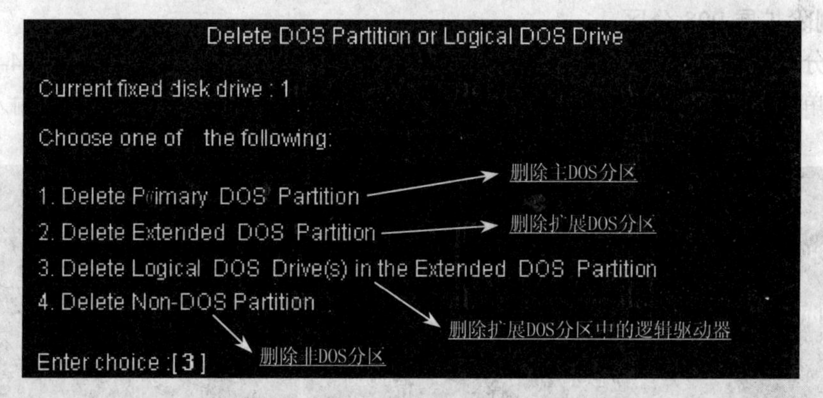

图 4-24　删除分区及逻辑驱动器菜单

在选项输入中键入“3”，即选择在扩展 DOS 分区删除逻辑 DOS 驱动器，按回车键。

（2）从图 4-25 可以看到，这里扩展分区包含三个逻辑盘，分别是 D、E 和 F。先输入要删除的驱动器名“F”，再输入卷标（如无，可直接回车），最后输入“Y”并回车。

```
Delete Logical DOS Drive(s) in the Extended DOS Partition

Drv  Volume Label  Mbytes   System      Usage
D:                 10245    FAT32        30%
E:                 10245    UNKNOWN      30%
F:                 13571    UNKNOWN      40%

Total Extended DOS size is 34060 Mbytes (1 M byte = 1048576 bytes)

WARNING !  Data in the deleted Logical DOS Drive will be lost.
What drive do you want to delete ..............................? [ F ]
Enter Volume Label.................................. ? [          ]
Are you sure (Y/N)...................................?   [ Y ]
```

图 4-25　删除逻辑驱动器（F 盘）

（3）F 盘被删除后，以相同的方法继续删除 E 盘及 D 盘，最后进入如图 4-26 所示的画面。

```
Delete Logical DOS Drive(s) in the Extended DOS Partition

Drv    Volume Label    Mbytes    System    Usage
D:     Drive deleted
E:     Drive deleted
F:     Drive deleted

All logical drives deleted in the Extended  DOS  Partition .
Press Esc to continue
```

图 4-26　删除扩展分区中的所有逻辑驱动器

2. 删除扩展 DOS 分区

扩展分区中的逻辑驱动器全部删除后，才能删除扩展 DOS 分区。在图 4-24 所示的删除分区菜单中选择“2”，进入如图 4-27 所示的删除扩展 DOS 分区界面，输入“Y”后按回车键。

```
Delete Extended  DOS  Partition

Current fixed disk drive : 1

Partition   Status   Type       Volume Label   Mbytes   System    Usage
C : 1         A      PRI  DOS                   4103    FAT32      11%
   2                 EXT  DOS                  34060               89%

Total disk space is 38162 Mbytes (1 M byte = 1048576 bytes)

WARNING! Data in the deleted Extended DOS Partition will be lost.
Do you want to continue (Y/N) ..................? [ Y ]
```

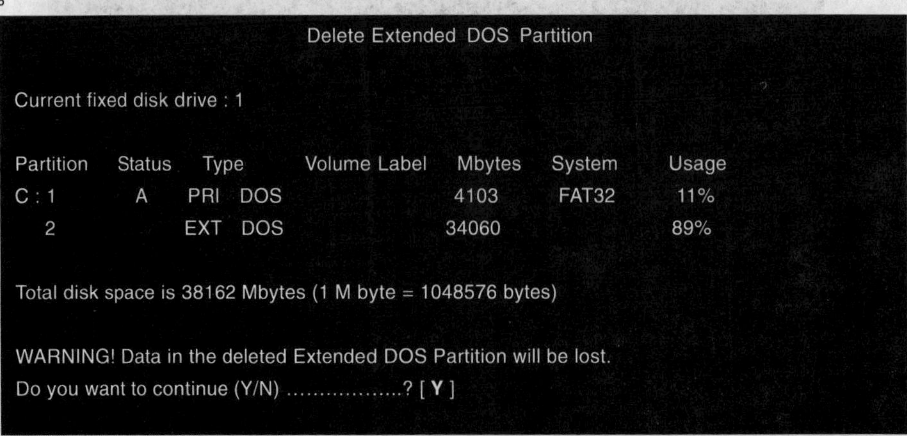

图 4-27　删除扩展 DOS 分区

3. 删除主 DOS 分区

删除扩展分区后，接下来删除主分区。在图 4-24 所示的菜单中选择“1”，进入如图 4-28 所示的界面。先在分区号框中输入“1”，然后在卷标号框中直接回车（若有卷标号，则输入具体代号），最后在确认框中输入“Y”，按回车键后，系统删除主 DOS 分区。

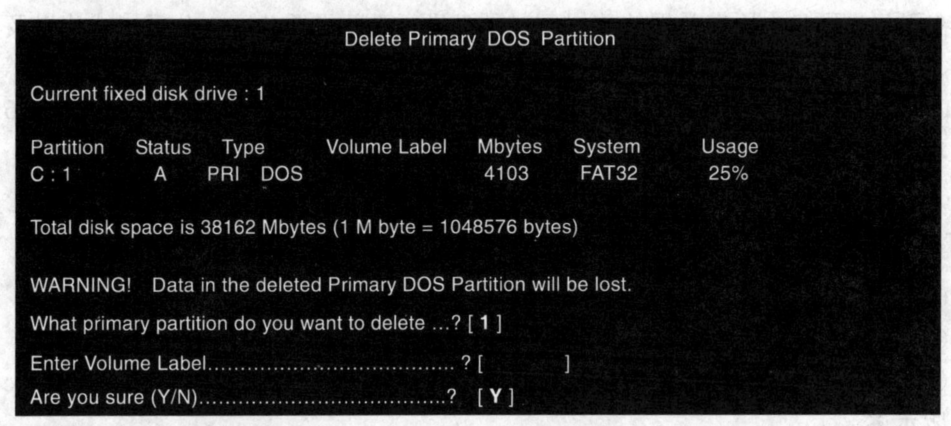

图 4-28　删除主分区

删除主分区后，系统提示“No partition defined”，表明所有分区已经全部删除，此时，按“Esc”回到主菜单。结束此项任务后，我们可以按新的要求完成对硬盘的重新分区。

【项目小结】对于新购置的硬盘，使用 Fdisk 程序时，可以通过创建主分区→创建扩展分区→在扩展分区中创建逻辑盘的流程完成分区操作；对于旧硬盘的重新分区来说，操作流程是：删除扩展分区中的逻辑盘→删除扩展分区→删除主分区→重新分区。

只要执行删除分区操作，该分区上的所有数据就会丢失，使用时请慎重操作。

尽管 Fdisk 不能胜任容量在 120G 以上的硬盘的分区操作，同时分区大容量硬盘时速度较慢，但是，对于掌握分区概念来说，Fdisk 是一款很好的软件。所以，Fdisk 仍然是计算机组装初学者及电脑爱好者的首选分区程序。

4.3　项目二　使用 Partition Magic 管理硬盘

【项目任务】某一硬盘，初始分区时各分区容量已不能适应目前的需要，如当初始主分区仅为 3GB。硬盘上保存了许多文件，现在想在不破坏原有数据的基础上，对原有分区进行重新分配与调整。

【项目分析】虽然 Fdisk 是非常方便且功能强大的，但它有致命的缺点，就是它无论在进行分区或删除分区操作时，都会造成该分区乃至整个硬盘上的所有数据被彻底删除掉。这样，在分好区以后，我们得到的只是一个空白的硬盘。对于那些有着大量有用的数据需要转移的用户来说，这无疑是相当不方便的。Partition Magic 的出现很好地解决了这个问题。

【项目说明】Partition Magic 具有许多优点。在本项目中，主要从磁盘管理的角度来介绍它。

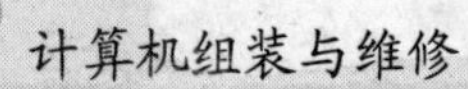

4.3.1 Partition Magic 简介

Partition Magic（分区魔术师）是一款非常优秀的磁盘分区管理软件，可以实现硬盘动态分区和无损分区，而且支持大容量硬盘，可以轻松实现 FAT 和 FAT32、NTFS 分区间的相互转换，同时还能非常方便地实现分区的拆分、删除、修改等。

在不损失硬盘中原有数据的前提下对硬盘进行重新设置分区、分区格式化以及复制、移动、格式转换和更改硬盘分区大小、隐藏硬盘/重现分区以及多操作系统启动设置等操作。

Partition Magic 有很多版本，为方便起见，本项目使用的版本是 Partition Magic 6.0C（汉化版），运行在纯 DOS 环境下。

4.3.2 运行 Partition Magic

（1）使用 Windows 启动光盘启动计算机。

（2）在 DOS 提示符下，加载鼠标驱动程序 mouse。

（3）进入 PqMagic 6.0 汉化版所在的文件夹（如 E:\CPQ6）；然后运行 Pqmagic，如图 4-29 所示。

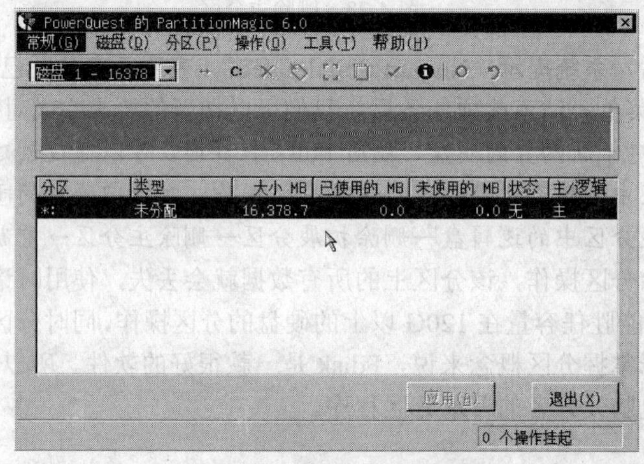

图 4-29 Pqmagic 6.0 主界面

4.3.3 调整分区容量

Partition Magic 能在不破坏原有硬盘文件的情况下来调整分区的大小，这个功能特别适用于对已有数据的硬盘进行分区大小调整。设当前硬盘的分区结构如图 4-30 所示，例如要扩大 E 分区的空间，减小 D 分区，操作方法如下：

（1）选取 D 分区，选择“操作”→“调整大小/移动...”命令，屏幕显示“调整分区大小/移动”对话框，如图 4-31 所示。

（2）通过微调按钮上方的滑块或直接在“新大小”框中键入数值来调整 D 分区中新的容量，如图 4-32 所示。

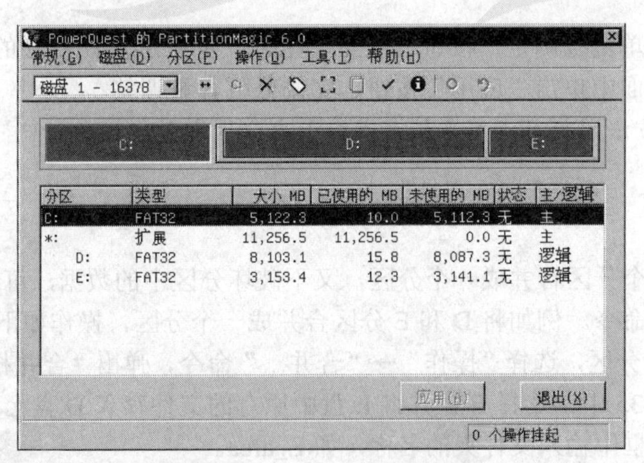

图 4-30　未调整前的分区状态

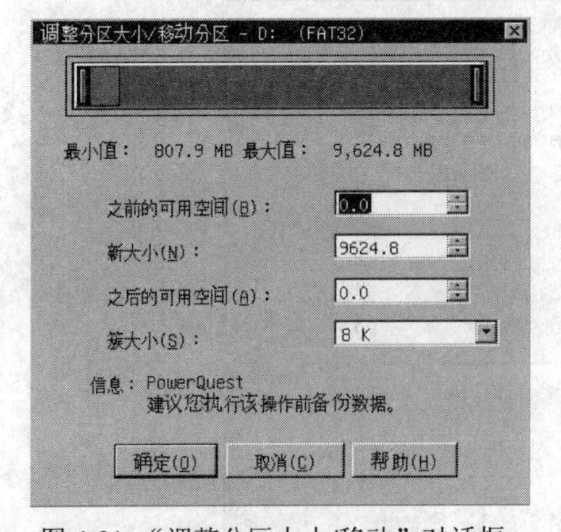

图 4-31　“调整分区大小/移动”对话框

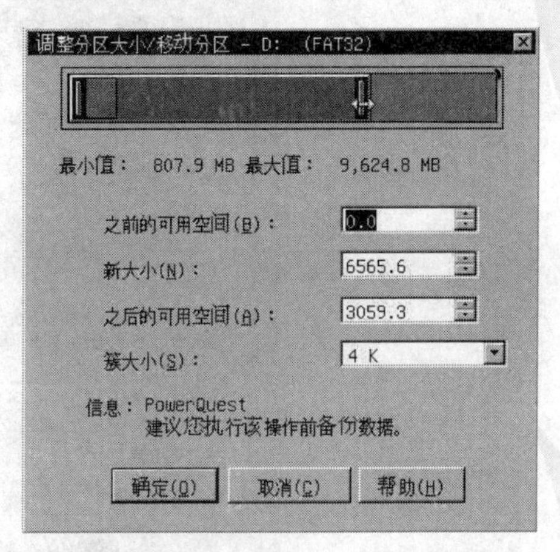

图 4-32　调整分区 D 的容量

（3）单击“确定”按钮，回到主界面，选取 E 分区，选择“操作”→“调整大小/移动...”命令，显示如图 4-33 所示的对话框。用鼠标拖拽上方的左侧滑块，如图 4-34 所示。

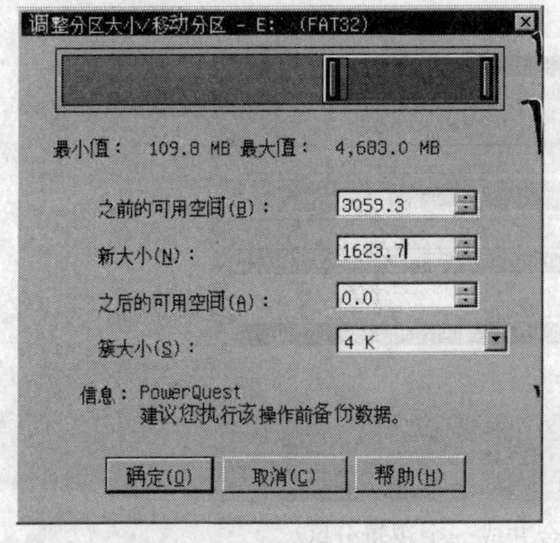

图 4-33　E 分区调整前的状态

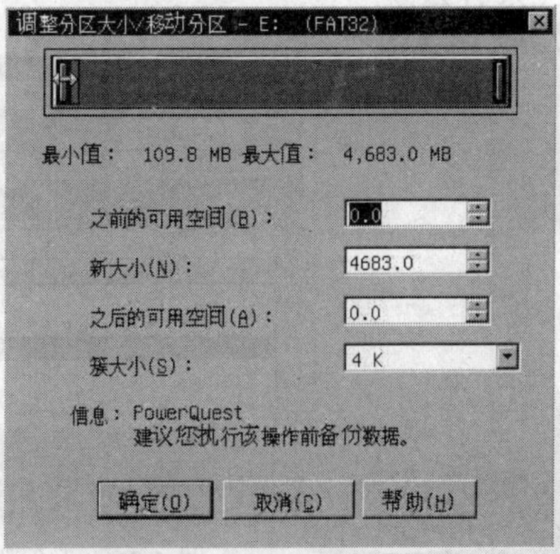

图 4-34　扩大 E 分区的空间

（4）完成后单击“确定”按钮，返回主界面，显示分区 D 和 E 的大小已经改变。

（5）在主界面中单击“应用”按钮，完成分区容量调整。

【说明】该方法同样可以用来扩大或缩小主分区容量。

4.3.4 合并分区

如果要将多个分区合并成一个分区，又不破坏分区中的数据，可以使用分区魔术师中的“合并分区”命令。例如将 D 和 E 分区合并成一个分区，操作如下：

（1）选取 D 分区，选择“操作”→“合并...”命令，弹出“合并相邻的分区”对话框。

（2）在图 4-35 中，选择 E 盘并将 E 盘中原有的文件存入 D 盘上的一个文件夹中，在文件夹名称输入框中输入文件夹的名称，如 E_area。

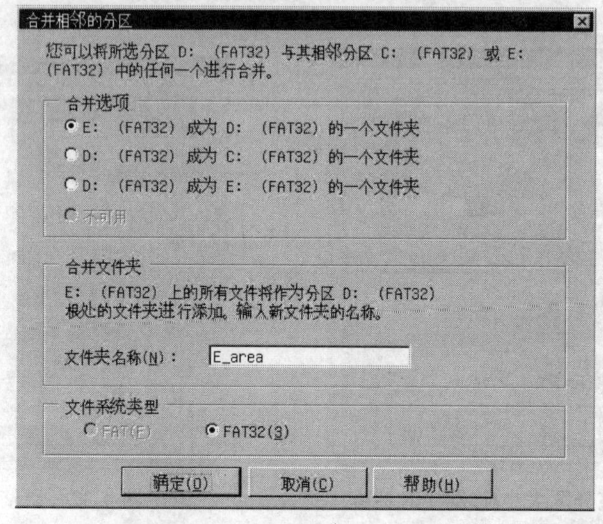

图 4-35 “合并分区”对话框

（3）单击“确定”按钮，返回主界面，如图 4-36 所示。原来的 D、E 两个分区已合并为一个 D 分区。

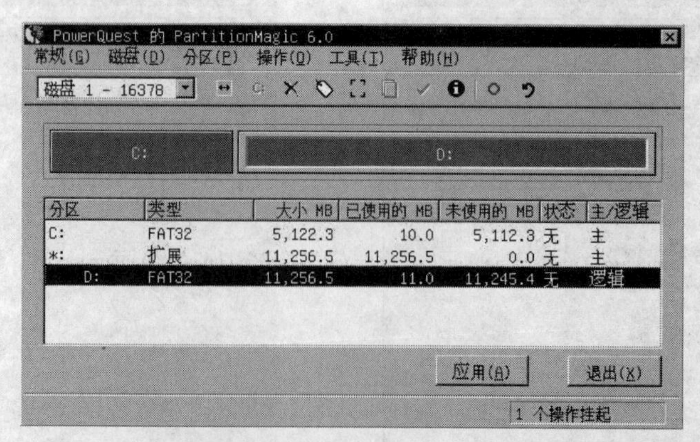

图 4-36 两个逻辑分区合并成一个逻辑分区

（4）单击“应用”按钮，完成操作。

4.3.5　其他操作

1．创建分区

选择“操作”→“创建”命令，可实现创建分区任务，方法与 Fdisk 类似。

2．删除分区

选择“操作”→“删除...”命令，可进行分区删除工作。

3．撤销修改

分区魔术师所有设定的操作任务在没有单击“应用”按钮以前，都处于所谓的“挂起”状态。因此，在单击“应用”按钮前，设定的操作任务都是可以撤销的，方法如下：在主界面中选择“常规”→“放弃所有操作...”命令，可以撤销所有设定的操作任务。

实训一　硬盘的识别与安装

1．实训目的

（1）观察硬盘外形、掌握外部结构，通过标签及自动检测获得硬盘技术参数。

（2）更进一步巩固及掌握硬盘的安装方法。

2．实训内容

（1）获取并记录硬盘参数。

（2）按不同要求，安装硬盘并连接电源与数据接口。

3．实训设备及准备工作

前述实训中已完成硬件安装的计算机及相应工具（硬盘采用 IDE 接口）。

可增选设备：SATA 硬盘（1 块）与 SATA 数据线（1 根）。

4．实训步骤

（1）记录硬盘参数　将硬盘从计算机中取出，观察外形、读懂标签上的文字说明，记录相应参数、画出 IDE 硬盘主从设置跳线图。

（2）安装 IDE 硬盘　本实训项目要求硬盘和光驱使用同一根数据线，操作如下：

1）按照硬盘标签，通过设置跳线位置将硬盘设置为主盘（Master）。用同样的方法，取出光驱，按照光驱上的标识通过设置跳线位置，将光驱设为从盘（Slave）。

2）按照第 2 章所学的方法将硬盘和光驱安装到机箱中。

3）连接数据线：把硬盘数据线（40 芯或 80 芯）一端接入光驱数据接口，中间连接器接入硬盘数据接口。注意将有颜色线的一侧与硬盘接口中第一针相对应，插入硬盘和光驱的 IDE 接口。

【技巧】硬盘 IDE 接口的第一针靠近电源接口一侧，插数据线时，只要将有颜色的一侧靠近电源接口就不会错了。

4）另一端接入主板的 IDE 接口。通常主板上有两个 IDE 接口，分别是 IDE0 和 IDE1，安装时一般将硬盘接在 IDE0 接口上。

5）连接电源。

（3）自动检测 IDE 硬盘参数　启动计算机，利用 BIOS 设置程序中的自动检测功能检测硬盘参数，并做好记录。

（4）安装 SATA 硬盘（可选项目）。

1）把 SATA 硬盘固定在机箱上的 3.5in 托架中，用螺钉将硬盘固定。

2）串口硬盘数据线一端接在硬盘数据端，一端接到主板 SATA 接口上。

3）连接电源线：通过专用电源转接线，把电源接到 SATA 硬盘上。

5．实训记录

（1）画出 IDE 硬盘及光驱主从设置跳线图。

（2）记录硬盘参数见表 4-1。

表 4-1　硬盘参数

参数名称	品牌	型号	硬盘容量	接口类型
参数值				
参数名称	磁头数	扇区数	缓存容量	转速
参数值				

实训二　使用 Fdisk 对硬盘分区

1．实训目的

理解硬盘分区概念；掌握 Fdisk 分区操作步骤。

2．实训内容

对新旧硬盘进行分区和格式化，为安装操作系统做好准备。

3．实训设备

上述实训中完成硬件安装的计算机；包含 Fdisk 程序的 Windows 98 启动光盘或软盘。

4．实训步骤及要求

（1）删除分区（模拟重新分区过程，先删除分区再重建，对于新硬盘，可先做第 2 步）

1）正确设置启动装置，从启动光盘或启动软盘启动计算机。

2）在命令行输入 Fdisk，启动 Fdisk 程序。

3）删除扩展分区中的所有逻辑驱动器。

4）删除扩展分区，再删除主分区。

5）退出 Fdisk 程序。

（2）创建分区和格式化

1）规划分区：根据硬盘容量规划好分区大小（至少建立 C、D、E 三个逻辑盘）。

分区及逻辑驱动器	C	D	E	F
规划容量（MB）				
实际容量（MB）				

2）正确设置启动装置，从启动光盘或软盘启动计算机。

3）运行 Fdisk 程序，按要求完成分区操作。

4）重新启动计算机，检查分区结果。

5）使用 FORMAT 命令格式化各磁盘（格式化 C 盘时带 s 参数）。

6）使用 DIR 命令，分别查看 C 盘、D 盘、E 盘及 F 盘的空间，记录在上表中。

7）取出光盘，重启计算机，检查计算机能否从硬盘启动 DOS 操作系统。

5. 实训总结

实训三　Partition Magic 应用

1. 实训目的

掌握应用 Partition Magic 软件实现对硬盘的分区管理。

2. 实训内容

调整分区大小、合并分区；删除分区及重新分区。

3. 实训设备

本章实训二中能从硬盘启动的计算机，或者安装好操作系统的计算机。

Windows 98 启动光盘或启动软盘、分区魔术师软件。

4. 实训步骤和要求

（1）检查计算机

从硬盘启动计算机，检查各磁盘的情况。

（2）调整分区容量

1）从硬盘启动计算机，检查各磁盘的情况。

2）从启动光盘启动计算机，进入 DOS 命令行，将含分区大师的光盘放入光驱。

3）将当前盘符切换到光盘，进入分区大师文件夹。

4）运行 mouse，加载鼠标驱动程序。

5）运行 PqMagic 程序，调整分区 C 分区容量。

6）应用上述操作后，从硬盘启动计算机，检查调整分区后的效果。

（3）合并分区

1）重新启动计算机，启动操作系统，进入 DOS 命令行。

2）把光驱中 PqMagic 文件夹中的所有文件分别复制到 D 盘和 E 盘。

3）运行 PqMagic 程序。

4）把 D 盘和 E 盘合并成一个分区。

5）完成操作后，重启计算机，进入 DOS 操作系统，用 DIR 命令查看原来 D 盘上的文件夹是否存在，原来 E 盘中的文件夹是否也在 D 盘中。

（4）删除分区

删除硬盘上的所有分区。

（5）创建硬盘分区

应用分区魔术师创建分区。

5．实训总结

比较 Fdisk 与 Partition Magic 这两个软件。

思考与习题四

1．简答题

（1）硬盘的主要性能指标有哪些？

（2）硬盘的数据存储结构是如何划分的？

（3）为什么新硬盘在使用前要进行分区及格式化操作？

（4）对一个旧硬盘重新进行分区，简述其操作步骤。

（5）上网搜索目前主流硬盘的品牌、主要技术指标和价格。

2．单项选择题

（1）目前硬盘接口分为 IDE 接口、（　　）接口和 SCSI 接口。

A．AGP　　B．PCI　　C．SATA　　D．ATA

（2）硬盘的主要作用是（　　）。

A．存储信息　　B．引导系统

C．扩充容量　　D．增加系统可靠性

（3）使用硬盘 Cache 的目的是（　　）。

A．增加硬盘容量　　B．提高硬盘读写信息的速度

C．实现动态信息存储　　D．实现静态信息存储

（4）一台电脑的配置清单是 PentiumⅢ667M/256M/40G/1.44M 等，硬盘的容量是（　　）。

A．667M　　B．40G　　C．256M　　D．1.44M

（5）（　　）指硬盘操作系统引导记录区。

A．DIR 区　　B．FAT 区　　C．MBR 区　　D．DBR 区

（6）标称容量为 20GB 的硬盘，其实际容量（　　）20480MB。

A．小于　　B．大于　　C．等于　　D．不确定

3．判断题（对打√；错打×）

（1）一根 SATA 数据线可以连接两个 SATA 硬盘。（　　）

（2）S-ATA1.0 硬盘的数据传输率是 133MB/s。（　　）

（3）IDE 硬盘的磁头数量肯定是偶数。（　　）

（4）Fdisk 程序可以在 Windows 状态下执行。（　　）

（5）可以用 FAT16 文件系统格式化 3GB 容量的磁盘分区。（　　）

（6）格式化硬盘某个分区或逻辑盘时，将删除存储在该分区或逻辑盘上的所有数据。（　　）

（7）“Set active partition”意为“建立主分区”。（　　）

（8）Partition Magic 能在不破坏原有数据的前提下实现调整分区大小。（　　）

第5章

安装操作系统

学习目标

1）掌握软件的分类。

2）了解操作系统的发展与功能，掌握其特点。

3）掌握安装 Windows 2000 的方法。

4）掌握安装 Windows XP 的方法。

5.1 计算机的操作系统

计算机如果在没有安装任何软件之前，被称为“裸机”，裸机是无法工作的。操作系统是直接运行在“裸机”上的最基本的系统软件，是系统软件的核心。

5.1.1 软件分类

计算机软件分为系统软件与应用软件两大类。

1．系统软件

（1）操作系统　操作系统是管理和控制计算机系统软件、硬件和系统资源的大型程序，是用户和计算机之间的接口。操作系统是系统软件的核心，其他软件都建立在操作系统的基础上，并得到它的支持和服务。操作系统管理计算机系统的全部硬件资源、软件资源及数据资源，使计算机系统所有资源最大限度地发挥作用，为用户提供方便、有效、友善的服务界面。

总之，操作系统是计算机资源的管理者，也是帮助用户使用计算机系统资源的服务者。可以说没有操作系统，计算机系统将无法工作。

（2）程序设计语言和语言处理程序　程序设计语言和语言处理程序就是用户用来编写程序的语言，它是人与计算机之间交换信息的工具。程序设计语言是软件系统重要的组成部分，一般分为机器语言、汇编语言和高级语言三类。

（3）数据库及管理系统　数据库系统 DBS（Data Base System）是一个实际可运行的存储、维护和应用系统提供数据的软件系统，是存储介质、处理对象和管理系统的集合体。目前主要用于档案管理、财务管理、图书资料管理及仓库管理等方面的数据处理，这类数据的特点是数据量大，数据处理的主要内容为数据的存储、查询、修改、排序、分类、统计等。

2．应用软件

应用软件是指计算机用户利用计算机及其提供的系统软件，为解决某一专门的应用问题而编制的计算机程序。由于计算机的应用已渗透到各个领域，所以应用软件繁多，包括科学计算、工程设计、文字处理、辅助教学、游戏等，其中一些常用的、解决各种类型问题的应用程序也在逐步标准化、模块化，并像计算机硬件一样作为商品出售。

5.1.2　操作系统分类

操作系统的分类方法有很多。按照计算机用户数目的多少可分为：单用户操作系统和多用户操作系统。按照操作系统在用户界面的使用环境和功能特征的不同，可分为：批处理系统、分时系统和实时系统。随着计算机技术和计算机体系结构的发展，新型的操作系统也将不断涌现，具体分类如下：

1．单用户操作系统

单用户操作系统是指一个用户占有计算机系统的全部硬、软件资源，换句话说，一次只能支持运行一个用户，计算机系统资源不能充分利用，如磁盘操作系统（DOS）。

2．批处理操作系统

批处理操作系统是将若干用户作业按一定的顺序排列，统一交给计算机系统，由计算机自动、有序地完成这些作业。

3．分时操作系统

分时操作系统也称为多用户操作系统，即一台计算机（作为主机）可以挂接多个终端，各终端按 CPU 分配给自己的时间，分时共享计算机系统资源。

4．实时操作系统

此系统是一种时间性强、反应迅速的操作系统，对信息的输入、处理及输出都有实时性的要求，常用于实时控制系统中。

5．网络操作系统

网络操作系统是基于计算机网络的，是在各种计算机操作系统上按网络体系结构协议标准开发的软件，包括网络管理、通信、安全、资源共享和各种网络应用，其目标是相互通信及资源共享。可以将分散独立的计算机系统通过通信设备和线路互联起来实现信息的交换、资源共享、互操作和协作处理。

6．分布式操作系统

大量的计算机通过网络被连结在一起，可以获得极高的运算能力及广泛的数据共享。分布式操作系统（Distributed System）是支持分布式处理的软件系统，负责管理分布式处

理系统资源和控制分布式程序运行，是在由通信网络互联的多处理机体系结构上执行任务的系统。

5.1.3 操作系统的作用与功能

1. 操作系统的主要作用

- 提高系统资源的利用率。
- 提供方便友好的用户界面。
- 提供软件的开发与运行环境。

2. 操作系统的主要功能

- 处理器管理：当多个程序同时运行时，解决处理器（CPU）时间的分配问题。
- 存储器管理：为各个程序及其使用的数据分配存储空间，并保证它们互不干扰。
- 设备管理：根据用户提出使用设备的请求进行设备分配，同时还能随时接受设备的请求（称为中断），如要求输入信息。
- 文件管理：负责文件的存储、检索、共享和保护，为用户提供文件操作的方便。
- 接口管理：为用户提供一个使用计算机的界面，使其方便地运行自己的作业，并对所有进入系统的作业进行调度和控制，尽可能高效地利用整个系统的资源。

5.1.4 Windows 操作系统的发展

DOS 操作系统是 20 世纪 80 年代非常流行的操作系统，是计算机上的传统的操作系统。其不美观的字符界面、采用命令行的工作方式、只能单任务运行这些缺点，已不能适应微机日益广泛应用的需要。

1983 年，美国微软公司（Microsoft）宣布开发图形用户界面（GUI）系统。1985 年，第一代窗口式多任务系统 Windows 1.0 版问世，标志着计算机进入了图形界面的时代。

接着陆续开发了 Windows 2.0 版等；直到 1990 年 5 月，引起轰动的 Windows 3.0 正式投入商业应用，该操作系统支持网络和工作站，提高了设备管理、CPU、内存管理能力，有大量应用软件在其上开发，如 Foxpro 等。

1992 年 4 月 Windows 3.1 版推出，采用 OLE 对象链接与嵌入技术，增加了对声音输入输出的基本多媒体的支持和一个 CD 音频播放器，以及支持 True Type 字体（矢量字库）；1993 年，升级到 Windows 3.2，以上都简称为 Windows3.X。它们运行在 DOS 之上，受到 DOS 操作系统的限制。

1995 年 8 月，Windows 95 面世。Windows 95 是一个脱离了 DOS 文字模式，实现了完整的图形化的操作系统，使工作的过程不再枯燥乏味，所见即所得，计算机的使用开始变得有趣。Windows 95 是一个独立的 32 位操作系统，同时带起了硬件的升级风潮。

1996 年 8 月，Windows NT 4.0 发布，增加了许多对应管理方面的特性，稳定性也相当高，这个版本的 Windows 软件至今仍被不少公司使用着。

1998 年 6 月，Windows 98 发布。这个新的系统是在 Windows 95 的基础上改进而成的，同时增加了新特性。它改良了硬件标准的支持，例如 MMX 和 AGP。后来又推出了 Windows

98 SE（第二版）与 Windows me。

2000 年 3 月，Windows 2000（起初称为 Windows NT 5.0）发布，它是一个纯 32 位图形的视窗操作系统。Windows 2000 是主要面向商业的操作系统，由四种产品组成。

- Windows 2000 Professional：即专业版，是为各种个人桌面计算机及便携机开发的操作系统，用于工作站及笔记本电脑。它的原名是 Windows NT 5.0 Workstation，可以在单机和小型网络或企业网上运行。
- Windows 2000 Server：即服务器版，面向小型企业的服务器领域。它的原名是 Windows NT 5.0 Server，是服务器专业的多用途操作系统，可为部门或中小型公司提供文件、打印、Web、通信和应用软件等各种服务。
- Windows 2000 Advanced Server：即高级服务器版，面向大中型企业的服务器领域。可承担起运行企业核心业务软件的重任，包括数据库、记录和通告、联机交易和处理企业资源管理（ERP）系统等。
- Windows 2000 Datacenter Server：即数据中心服务器版，面向最高级别的大型企业或国家机构的服务器领域。最高可以支持 32 位处理器，最低支持 256MB 内存，最高支持 64GB 内存。

2001 年 8 月，Windows XP 发布，字母 XP 表示英文单词的“体验”（experience）。微软最初发行了两个版本：专业版（Windows XP Professional）和家庭版（Windows XP Home Edition），后来又发行了媒体中心版（Media Center Edition）和平板电脑版（Tablet PC Editon）等。

2003 年 4 月，Windows Server 2003 发布，它对活动目录、组策略操作和管理、磁盘管理等面向服务器的功能作了较大改进，对.net 技术的完善支持进一步扩展了服务器的应用范围。Windows Server 2003 是目前微软最新的服务器操作系统。

Windows Vista 于 2006 年 11 月发布，是继 Windows XP 和 Windows Server 2003 之后的又一重要的操作系统。该系统具有许多新的特性和技术，属于下一代微软桌面操作系统。

5.2 项目一 安装 Windows 2000 操作系统

【项目任务】Windows 2000 是常用的操作系统之一，安装 Windows 2000 是我们经常要做的事情。

【项目分析】在前面的课程中，我们已经学会了计算机硬件的组装，并且已经成功地将系统点亮。同时也学会了 CMOS 基本设置及对硬盘的分区操作。具备了安装操作系统的条件。下面以 Windows 2000 专业版 SP4 作为计算机操作系统，以图解方式详述安装过程。

5.2.1 系统配置需求

Windows 2000 对系统硬件的要求并不是很高，建议系统的 CPU 主频不低于 550MHz（支持最低主频为 166MHz）；建议系统内存在 64MB 以上（最小支持 32MB，最大支持

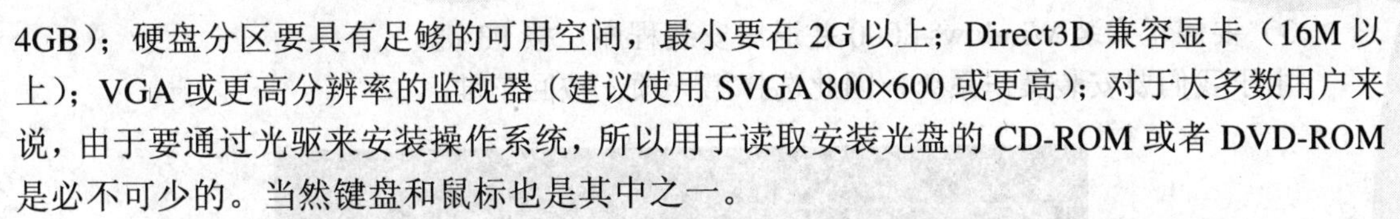

4GB)；硬盘分区要具有足够的可用空间，最小要在 2G 以上；Direct3D 兼容显卡（16M 以上）；VGA 或更高分辨率的监视器（建议使用 SVGA 800×600 或更高）；对于大多数用户来说，由于要通过光驱来安装操作系统，所以用于读取安装光盘的 CD-ROM 或者 DVD-ROM 是必不可少的。当然键盘和鼠标也是其中之一。

目前仍在使用中的绝大部分计算机皆能满足这个要求，新购置的计算机更是不在话下。需要注意的是遇到较陈旧的计算机时要检查配置情况后再安装。

5.2.2　系统安装前的准备工作

1. 安装光盘的准备

（1）准备好 Windows 2000 简体中文版安装光盘，并检查光驱是否支持自启动。

（2）将安装文件的产品密匙（安装序列号）记录在纸张上。

（3）准备好驱动程序光盘，当安装好操作系统后，将在下一章中学习安装驱动程序。

2. 新装计算机的准备

对于新配的计算机，必须确保计算机硬件没有问题，并且已经完成了计算机硬件的安装后方可进行。

3. 系统重装的准备

（1）由于格式化操作将彻底删除 C 盘上的数据，因此先备份好 C 盘上有用的数据（如果安装双操作系统请同时备份好 D 盘上有用的数据）。

（2）记下主板、网卡、显卡等主要硬件的型号及生产厂家。由于时间的原因，如果设备驱动程序丢失，可预先下载驱动程序备用。

（3）建议在重新安装操作系统前先格式化 C 盘，这样做有利于对 C 盘进行彻底整理；当然如果你想在安装过程中格式化 C 盘也是可行的。

5.2.3　项目实施：安装图解

1. 启动装置的设置

首先在启动计算机的时候进入 CMOS 设置，将第一启动装置设置为光盘，同时将安装光盘放入光驱，保存 CMOS 设置后计算机自动重新启动，确保计算机能从光盘启动（具体过程可参阅第 3 章相关内容）。

2. 安装程序的运行与欢迎界面

（1）安装程序的运行　从安装光盘启动后，运行光盘上的 Windows 2000 Setup 程序，在装载了必要的文件后（装载时系统提示“Setup is loading files”字样）自动出现安装程序欢迎界面。

（2）安装程序欢迎界面　这一步有三个选项，分别代表开始安装、修复与停止安装，如图 5-1 所示。具体如下：

1）要开始安装 Windows 2000，按回车键即可。

2）因系统损坏而重装时属于修复 Windows 2000 中文版的安装，可按 R。

3）要停止安装 Windows 2000 并退出安装程序，按 F3 键。

由于我们要安装操作系统，因此选择第一项，按回车键。

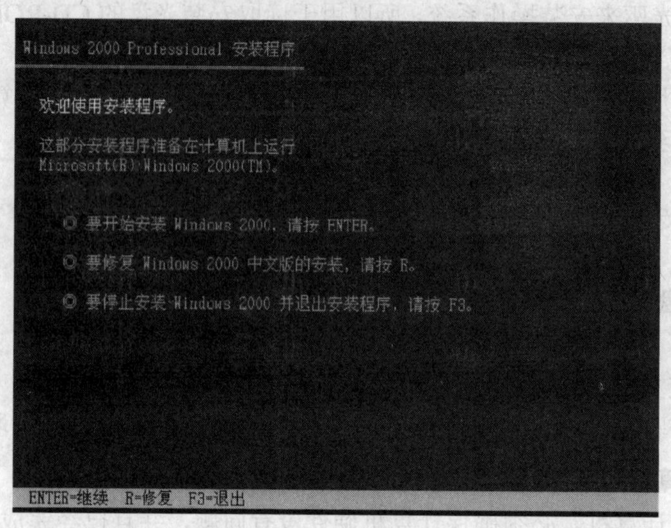

图 5-1　欢迎界面

（3）许可协议的选择　当选择了开始安装 Windows 2000 后，安装程序检查磁盘空间并进入了如图 5-2 所示的许可协议界面。其实这里没有选择的余地，只能按 F8 键。

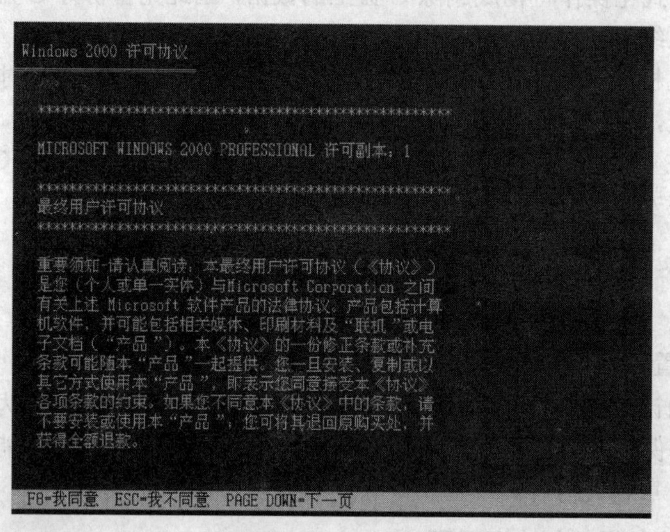

图 5-2　许可协议

3. 目标分区及文件系统选择

（1）目标分区的选择　同意许可协议后，进入了如图 5-3 所示的目标分区选择界面，这里可用“向下”或“向上”箭头键选择安装操作系统所用的分区。

图示中，可供选择的有 C、D 与 E 三个分区，但是这里只安装单个操作系统，只能选择 C 盘。选择 C 分区（使之高亮度）后按回车键，此时安装程序将检查所选分区。检查后将出现下述两种情况：

1）如果这个分区已经安装了一个操作系统，安装程序将提示在所选的硬盘分区上含有另一个操作系统，同时给出两种选择：

- 要用这个磁盘分区继续安装程序，请按C。
- 要选择不同的磁盘分区，请按Esc。

此时，面对上一步选择的C分区，如果我们想将已经安装了操作系统的C盘升级或重新安装操作系统，则可以按C键进入文件系统选择；其他情况则按Esc键回到目标分区选择。

2）对于如图5-3所示的已经格式化的C盘、不含有操作系统的、新装配的计算机，安装程序会进入如图5-4所示的文件系统选择界面。

（2）文件系统的选择与格式化　这里可以对所选分区进行格式化、转换文件系统格式或保持现有文件系统等操作，有多种选择的余地。对于Windows 2000系统，建议采用FAT32格式。主要选择分下述两种：

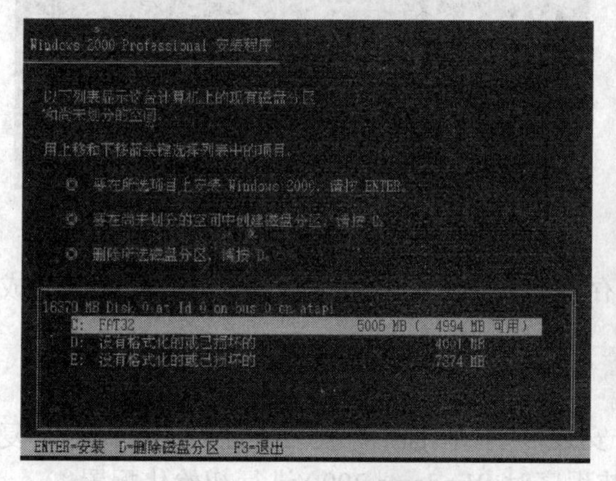

图5-3　目标分区选择

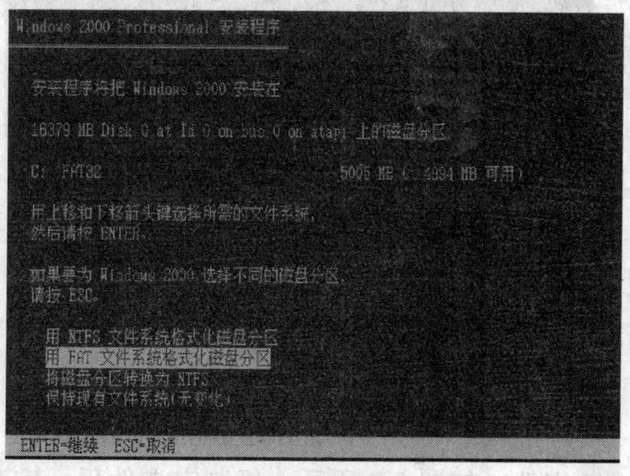

图5-4　选择文件系统

1）如果在安装操作系统前已经对所选择的C盘进行了格式化操作（从图5-3中可以同时看出其文件系统为FAT32），又不想将其转换为NTFS格式，可选择“保持现有文件系统（无变化）”，按回车键进入安装程序的下一步。

2）如果在安装操作系统前未对所选择的C盘进行格式化操作，则选择“用FAT文件系统格式化磁盘分区”，按回车键后进入如图5-5所示的格式化操作确认画面。

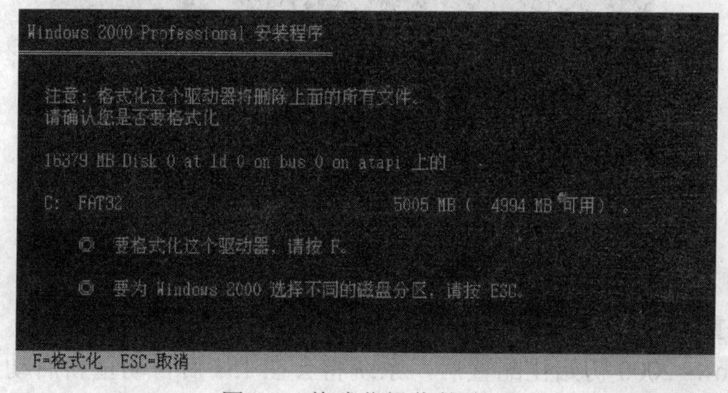

图5-5　格式化操作的确认

由于格式化操作将删除所选C盘上的所有文件，因此出现如图5-5所示的格式化警告界面，要求用户确认，按“F”键将准备格式化C盘，同时进入如图5-6所示的再次确认画面。

由于所选分区C的空间（5005MB）大于2048MB（即2GB），FAT（FAT16）文件系统不支持大于2048M的磁盘分区，所以安装程序自动选择FAT32文件系统对C盘进行格式化，按回车键后真正执行格式化操作，如图5-7所示。

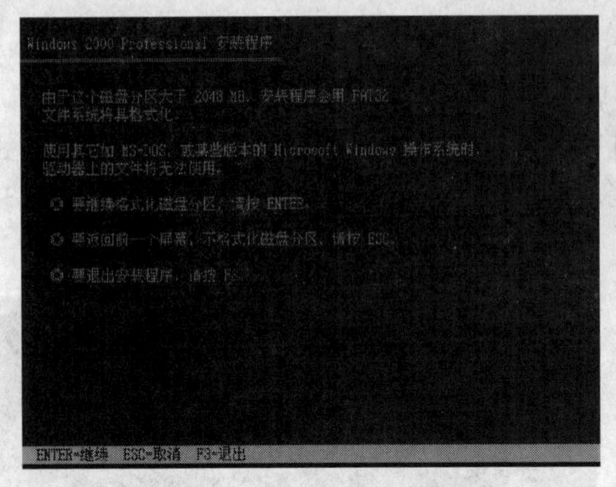

图5-6 再次确认格式化操作

图5-7 格式化过程

格式化过程所需的时间视CPU频率、内存容量及所选磁盘分区大小的情况而定，完成格式化操作后自动进入下一步。

4．复制文件

进入下一步“Windows 2000 Professional安装程序”画面后，安装程序开始从光盘中复制文件，如图5-8所示。复制完文件后，安装程序对Windows 2000进行初始化配置。

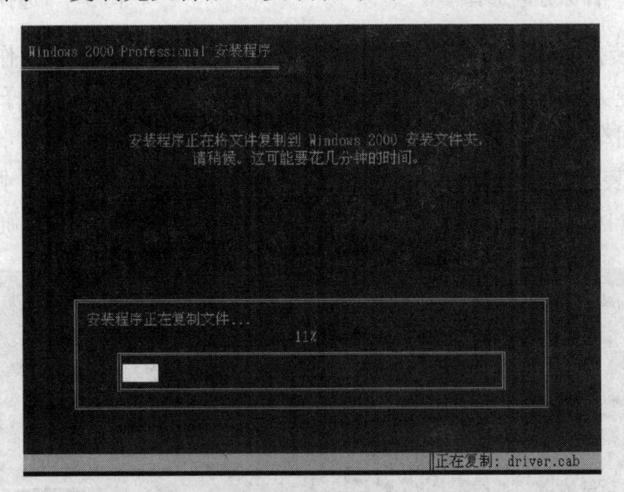

图5-8 复制文件

5．第一次重新启动阶段

完成Windows 2000初始化配置后，系统将会在15s后自动重新启动，如图5-9所示。

这时要注意：请在系统重启时将硬盘设为第一启动盘或者临时取出安装光盘等待启动后再放入，保证系统不至于进入死循环又重新启动安装程序。

重新启动计算机后，首次出现 Windows 2000 启动画面，如图 5-10 所示。

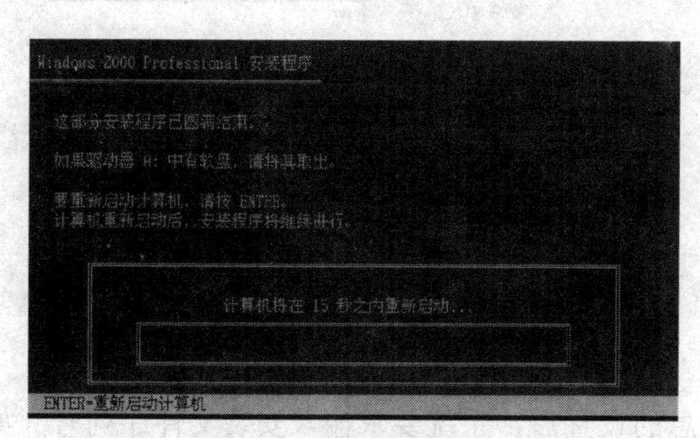

图 5-9　第一次重启提示

图 5-10　第一次重启界面

其实，此时仍处于“Windows 2000 Professional 安装程序”阶段，并不表示已经安装好了 Windows 2000 专业版操作系统，因此，光驱中仍然要保留 Windows 2000 操作系统安装光盘。

6. 安装设备阶段

在完成了第一次重新启动后，安装程序进入如图 5-11 所示的安装计算机设备阶段。

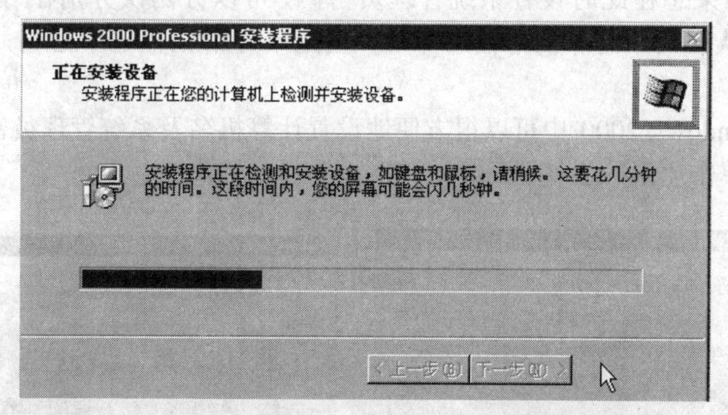

图 5-11　检测与安装设备

此时，安装程序开始检测设备并安装设备，其间会黑屏两次，这是正常现象。完成后自动进入如图 5-12 所示的区域设置画面。

7. 自定义信息设置

（1）区域设置　区域和语言设置选用默认值就可以了，直接单击“下一步”按钮，进入个人信息设置。

（2）个人信息设置　在设置个人信息时，姓名输入框不能为空，否则系统会弹出“只有输入您的姓名后，安装程序才能继续”的错误信息提示窗口；单位输入框可以为空。在图 5-13 中，用户姓名输入“user”，单位栏为空，单击“下一步”按钮。

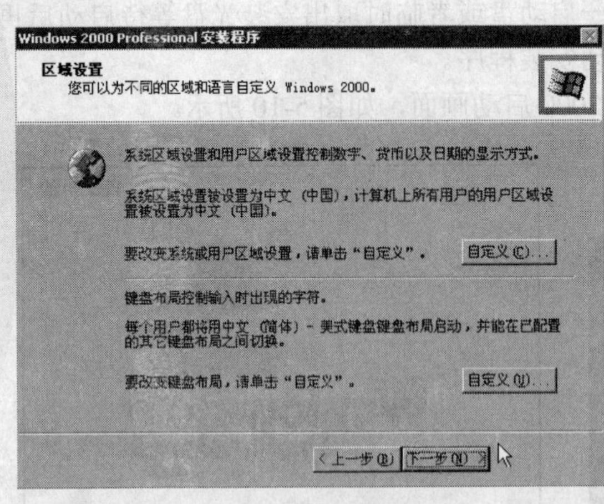

图 5-12　区域设置

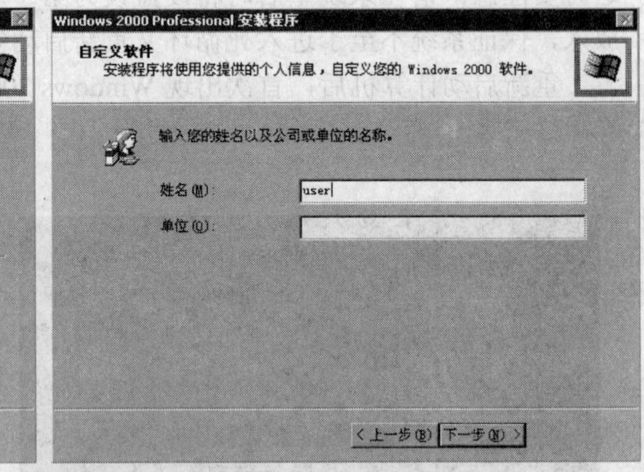

图 5-13　输入个人信息

（3）输入安装序列号　完成了个人信息的设置后，系统要求输入安装文件序列号（如图 5-14）。此时，就用上了在准备阶段记下的序列号。

输入由 25 个字母及数字组成的安装序列号（产品密钥）后，单击“下一步”按钮。如果输入信息错误，系统弹出“输入的 CDkey 无效”的提示窗口，确认后可以重新输入。安装程序核对了正确的安装序列号后，进入下一窗口。

（4）设置计算机名及系统管理员密码　在图 5-15 所示的窗口中，通过在计算机名输入框中输入信息，可以更改计算机名称。

同理，你如果想在此时设置系统管理员密码，可以分两次分别在“系统管理员密码”输入框及“确认密码”输入框中输入即可，但是千万请记住这个密码，否则无法正确登录。

由于在 Windows 2000 中可以很方便地设置计算机名及系统管理员密码，因此，一般情况下，直接单击“下一步”即可。

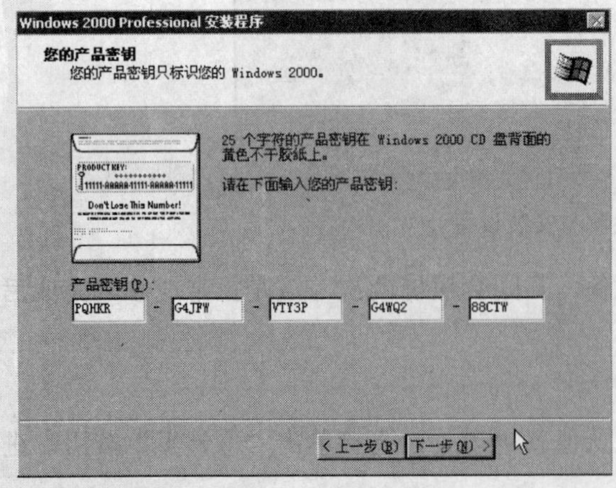

图 5-14　安装序列号图

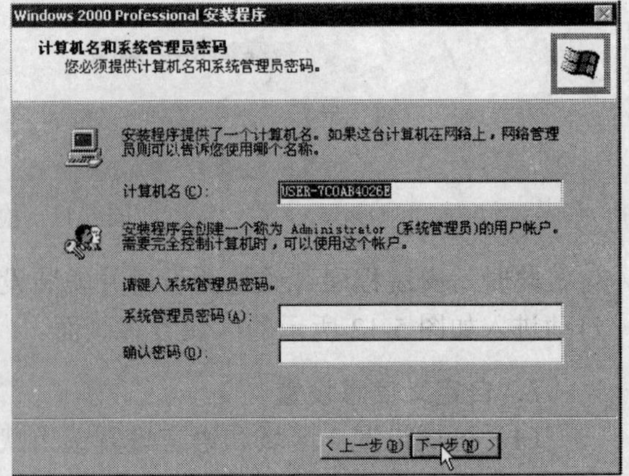

图 5-15　计算机名和系统管理员密码

（5）日期和时间设置　日期与时间设置比较简单，如果日期与时间与当前值一致，一般直接单击“下一步”即可，如图 5-16 所示。

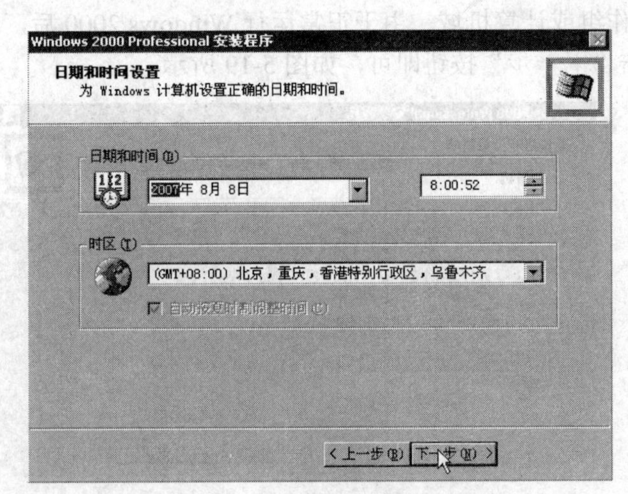

图 5-16　日期与时间

8. 网络安装与设置

(1)安装网络组件如图 5-17 所示　完成网络检测、组件安装后自动进入网络设置窗口。

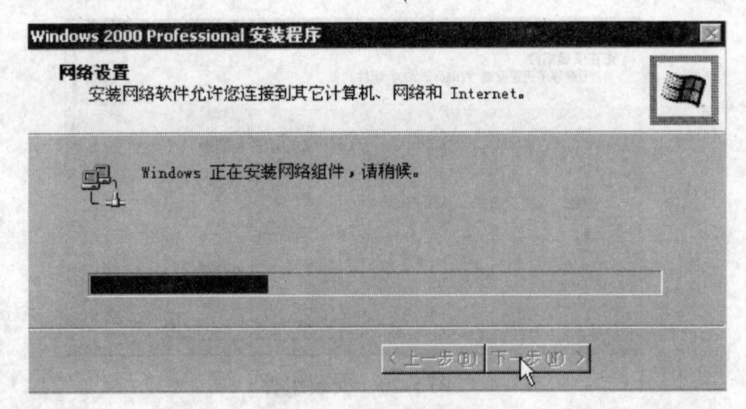

图 5-17　安装网络组件

(2) 网络设置如图 5-18 所示　通常使用默认值，即："典型设置"。单击"下一步"按钮。

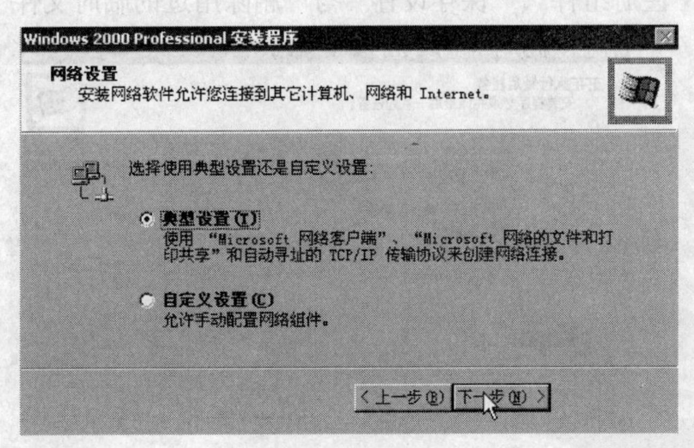

图 5-18　网络设置

（3）设置工作组或计算机域　由于正常运行 Windows 2000 后，可以完成相关设置内容，因此直接单击“下一步”按钮即可，如图 5-19 所示。

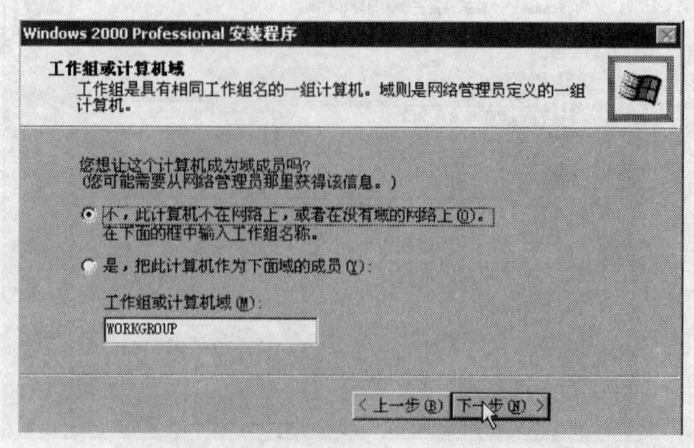

图 5-19　工作组或计算机域

9．安装组件

安装程序在完成必要的文件复制工作后，开始安装 Windows 2000 组件，如图 5-20 所示。

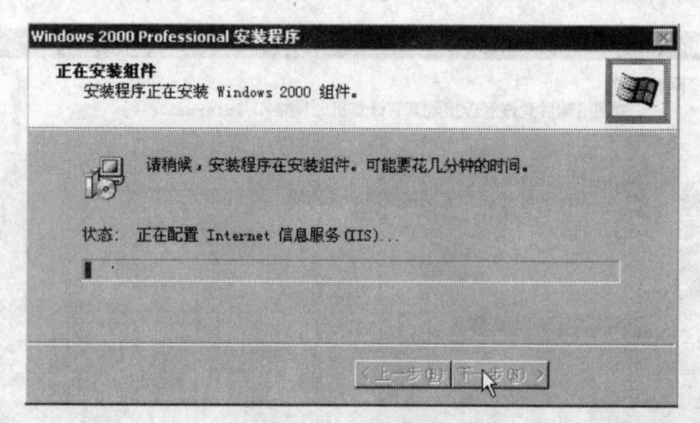

图 5-20　安装组件

10．最后任务阶段

在完成组件安装后，安装程序进入最后任务阶段，如图 5-21 所示。具体分“安装「开始」菜单项目”、“注册组件”、“保存设置”与“删除用过的临时文件”几个步骤。

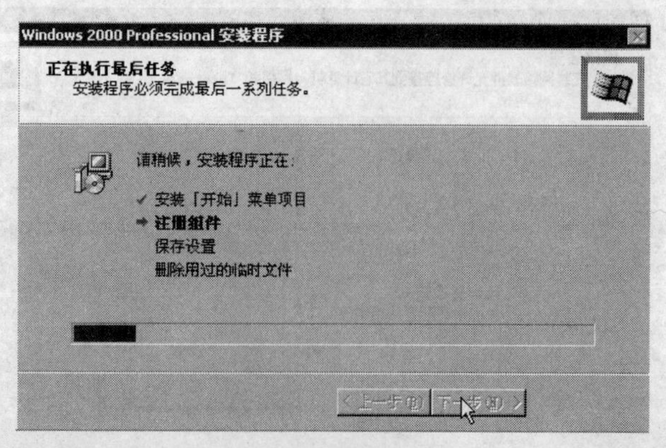

图 5-21　最后任务

11．完成安装

完成全部安装过程后，自动出现如图 5-22 所示的结束标志。先将光驱中的安装光盘取出，并保管好。然后再单击“完成”按钮，系统将重新启动。

图 5-22　完成安装

12．正常启动

正常启动计算机，在完成必要的网络标识设置后，出现登录窗口，如图 5-23 所示。

如果在网络标识向导中没有选择“要使用本机，用户必须输入用户名和密码”选项，将不出现登录窗口而直接进入如图 5-24 所示的 Windows 2000 桌面。

如图 5-24 所示，在首次出现的 Windows 2000 桌面中，将“启动时显示该屏幕”前面的勾取消，下次启动就不会出现该窗口了，再将该窗口关闭。

图 5-23　登录窗口

图 5-24　首次正常启动

5.2.4　系统补丁

俗话说“金无足赤”，任何一个软件产品都会有或多或少的毛病，Windows 操作系统也不例外，微软的补丁就是为了弥补操作系统存在的漏洞而建立的。为了增强系统安全性、提高系统可靠性和兼容性，在安装好系统后应该及时“打”好系统补丁。下面以 SP4 补丁为例：

1．启动补丁安装程序

补丁程序可以从微软公司网站或者其他站点上下载，双击使其运行。

2．补丁安装向导

（1）欢迎窗口　补丁安装程序在完成提取文件工作后，自动进入如图 5-25 所示的安装向导欢迎窗口，单击“下一步”即可。

（2）选择选项　如图 5-26 所示，通常选择“文件不存档”选项，单击“下一步”即可。

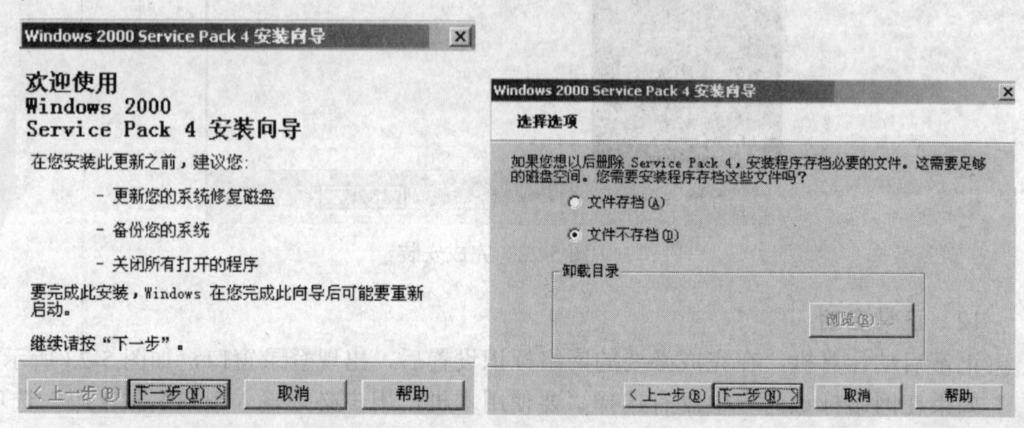

图 5-25　“安装向导”窗口　　　　图 5-26　选择“文件不存档”选项

（3）更新系统　更新系统时，对应如图 5-27 所示的窗口，完成安装后，自动进入如图 5-28 所示的窗口。

（4）完成安装　完成补丁安装后，进入如图 5-28 所示的窗口，选择“现在不重新启动”，单击“完成”按钮。

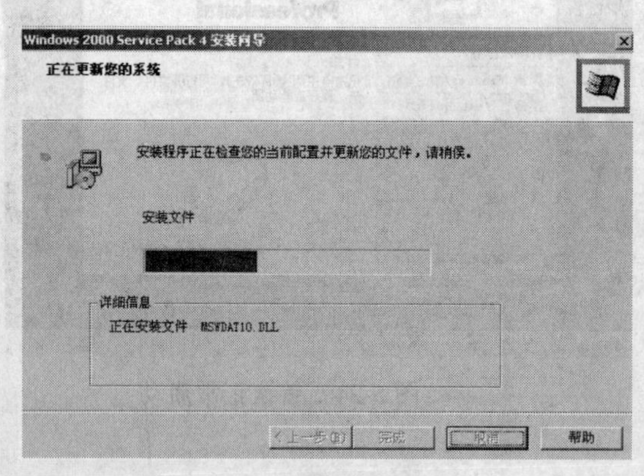

图 5-27　更新系统

图 5-28　完成安装向导

3．继续安装所有补丁

操作系统补丁有很多，及时注意微软发布的信息，将所有补丁程序安装到位。

4．重新启动计算机

在将相应补丁全部安装好后，应该重新启动计算机使之生效。

5.3　项目二　安装 Windows XP 操作系统

【项目任务】Windows XP 是目前流行的操作系统，学会安装 Windows XP 是我们必备的技能。

【项目分析】在上一个项目中，我们已经掌握了安装 Windows 2000 操作系统的技能。安装 Windows XP 操作系统的过程与安装 Windows 2000 系统类似。下面以安装 Windows XP SP2 专业版为例，以图解方式详述安装过程。同时，也请大家注意与 Windows 2000 安装过程作一比较，以便更好地掌握安装操作系统的要点与技巧。

5.3.1　系统配置需求

Windows XP 对系统硬件的要求较高，建议系统的最低配置为：CPU 为 Pentium 300MHz 或更高；最低 Pentium 266MHz；建议系统内存在 128MB 以上（最小支持 64MB）；硬盘分区要具有足够的可用空间，最小要在 2G 以上；Direct 3D（最小 16MB，推荐 32MB 显存）显卡；VGA 或更高分辨率的监视器、键盘和鼠标；用于读取安装光盘的 CD-ROM 或者 DVD-ROM。

5.3.2　安装前的准备工作

1．安装类型与安装光盘

（1）选择三种不同安装类型之一，即：升级、全新安装和多重引导安装。

（2）检查计算机是否达到系统配置的要求。

（3）准备好 Windows XP 中文版安装光盘，并检查光驱是否支持自启动。

（4）将安装序列号（产品密匙）记录好，安装过程中提示输入时要用到。

（5）准备好主要硬件的驱动程序，为安装好操作系统后的工作做好准备。

2．新装计算机的准备

对于新配的计算机，完成了计算机硬件部分的安装任务后，必须确保计算机硬件没有问题（点亮系统、硬盘、光驱检测结果正常）。

3．已用计算机的准备

（1）由于安装过程将损坏安装目标分区上的文件，因此先将目标分区（通常为 C 盘）上有用的数据进行备份。如果想安装双操作系统，请将 D 盘上有用的数据也进行备份。

（2）采用全新安装时，在备份好数据后，建议先格式化安装目标分区。

（3）如果采用升级方式，建议先对 C 盘进行彻底杀毒及整理。

5.3.3 项目实施：安装图解

接下来，以安装 Windows XP 操作系统作为示范。计算机配置适合 Windows XP 安装要求，硬件均正常运行。

1．从安装光盘启动计算机

将第一启动装置设置为光驱，将 Windows XP 安装光盘插入到 CD-ROM 或 DVD-ROM 驱动器中，确保计算机能从安装光盘启动。

重新启动计算机，计算机将从光驱引导，屏幕上显示“Press any key to boot from CD…”时，请注意及时按下任意键（这个界面出现时间较短暂）。如果计算机无法从光盘启动，则可以采用启动软盘的方式启动，然后运行光盘上 i386 文件夹中的 Winnt. exe 文件。

安装过程与从光盘直接启动基本相似，只是略有不同，按照屏幕上的提示操作即可。

2．安装程序的运行与欢迎界面

从安装光盘启动计算机后，表示已经运行了 Windows XP 的安装程序，安装程序首先检测计算机硬件配置，屏幕出现如图 5-29 所示的提示。

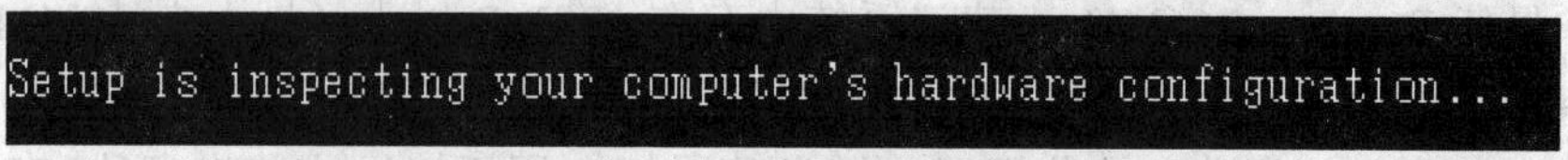

```
Setup is inspecting your computer's hardware configuration...
```

图 5-29 检测硬件配置

几秒后，开始从安装光盘装载必要的安装文件，如图 5-30 如示。

图 5-30 装载文件

提取了足够的安装文件后，自动出现欢迎使用安装程序菜单，如图 5-31 如示。

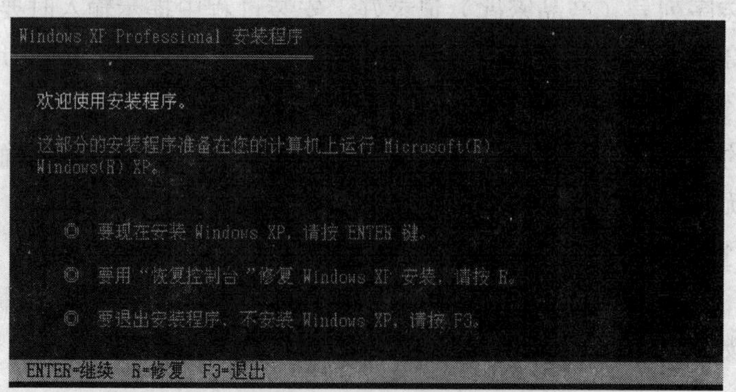

图 5-31 欢迎界面

这里有三种选择：如果想退出安装，按 F3 键；如果要修复操作系统，则按“R”键；如果想开始安装 Windows XP Professional，则按回车键。

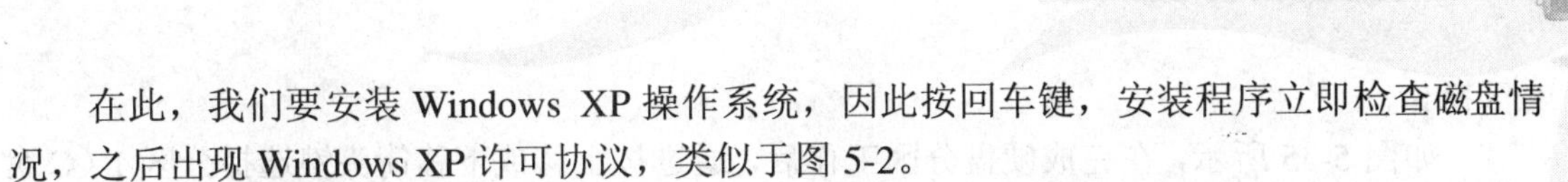

在此，我们要安装Windows XP操作系统，因此按回车键，安装程序立即检查磁盘情况，之后出现Windows XP许可协议，类似于图5-2。

在仔细阅读了Windows XP Professional许可协议后，如果你同意该协议，按F8键继续执行安装程序；如果不同意该协议，则按Esc键，同时退出安装。

3．目标分区与文件系统选择

（1）目标分区选择　安装程序在磁盘上搜索是否存在以前的不同版本后，自动进入操作系统目标分区选择界面。针对硬盘未分区、已经分区及重新分区硬盘三种情况分别说明如下：

1）硬盘未分区：可以利用安装程序内置的分区程序完成分区操作。

从图5-32可以看到整个硬盘没有划分，在分区前先根据硬盘容量规划好逻辑盘大小。对于如图所示的硬盘，这里规划第一个分区（C盘）为4GB，D盘为5GB，剩余容量为E盘。

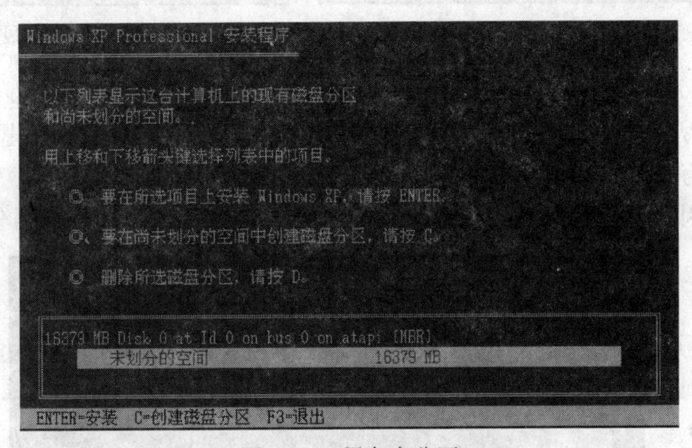

图5-32　硬盘未分区

选中未分区的整个磁盘空间，然后按C键。在如图5-33所示的分区窗口中输入第一个分区大小（也就是C盘总容量），图例中为4096（以MB表示），然后按回车键。

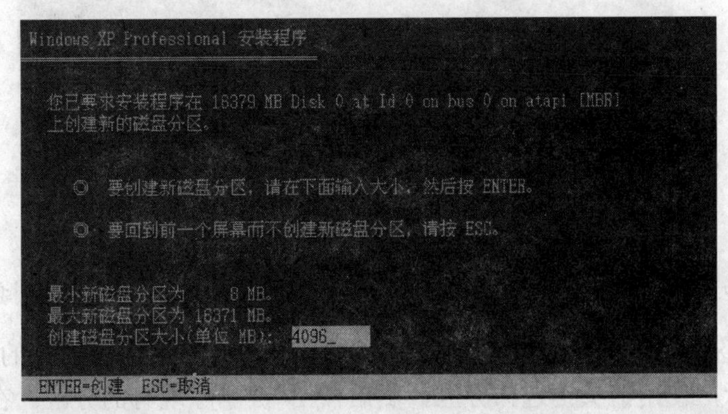

图5-33　输入分区大小

内置分区程序按要求创建第一个分区后进入如图5-34所示的窗口，从图中可以看到第一个分区已经建立。选中未划分的空间后继续创建其他分区直至完成整个硬盘的分区操作。

如图 5-35 所示，在完成硬盘分区工作后，通过按上移或下移箭头键选择分区 1（C 盘）作为安装操作系统的目标分区。按回车键后进入如图 5-37 所示的文件系统选择窗口。

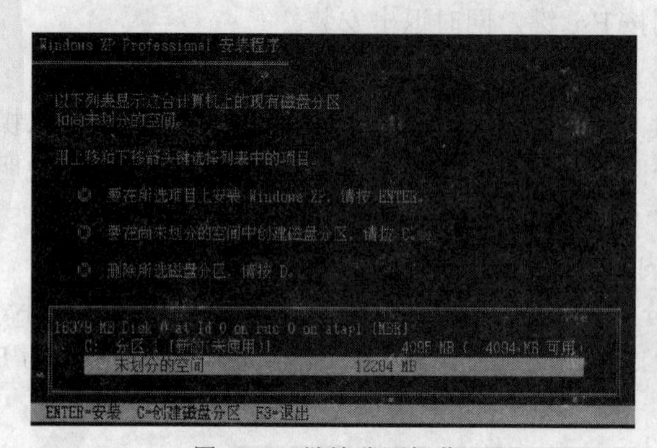

图 5-34　继续分区操作

图 5-35　完成硬盘分区

2）硬盘已分区：对于硬盘已经分区的情况，可直接选择目标分区。

如图 5-36 所示，物理硬盘上的所有现有分区和未分区空间都被列出，由于在准备阶段已经将硬盘分为 C、D 和 E 三个分区，因此显示上图所示的分区信息。由于这里采用全新的安装方式，因此通过按上移或下移箭头键选择分区 1（C 盘）后按回车键。

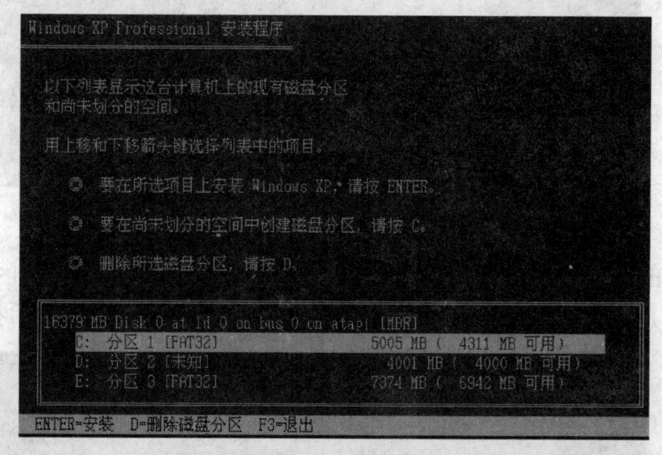

图 5-36　分区选择

注意：如果属于安装双操作系统（分区 1 保持原有操作系统），则请选择分区 2。

3）重新分区：如果想对硬盘重新分区，同样可以利用安装程序内置的分区程序来完成。如图 5-36 所示，使用箭头键选择分区，然后按 D 键删除现有的分区。在接下来的界面中按 L 键以确认要删除该分区。重复此过程，直至删除所有分区，然后再重新分区。

（2）文件系统选择　完成了目标分区选择后，进入如图 5-37 所示的文件系统选择界面，这里有 6 个选项。

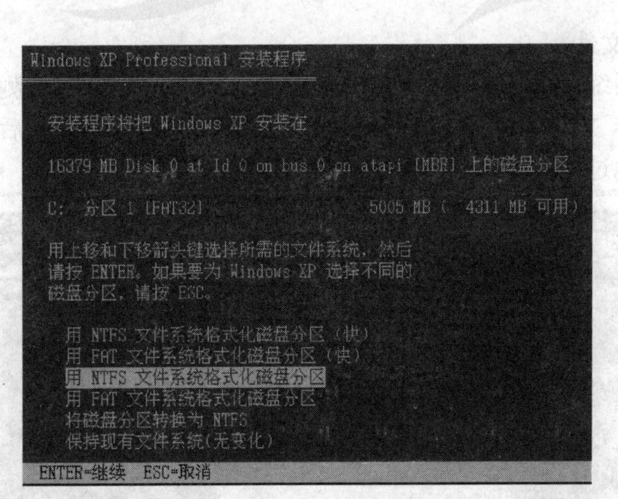

图 5-37　文件系统选择

如果所选分区没有格式化，此时必须对其进行格式化操作。由于 NTFS 格式可节约磁盘空间、提高安全性及减小磁盘碎片，安装 Windows XP 操作系统时最好采用 NTFS 格式。

用上移或下移箭头键选择“NTFS 文件系统格式化磁盘分区”选项，然后按回车键。当然，如果习惯于使用 FAT32 文件系统，则可采用“用 FAT 文件系统格式化磁盘分区”选项。

如果在准备阶段已经对目标分区进行了格式化操作，则选择“保持现有文件系统（无变化）”，回车后不进行格式化操作，直接进入第四步复制安装文件阶段（图 5-39）。

对于其他安装方式，如：采用升级安装方式（C 盘原有操作系统未删除），选择好 C 分区后，在图 5-37 出现之前，安装程序将出现“您所选择的磁盘分区上含有另一个操作系统”的提示，并要求进行确认。只有确认后才进入类似于图 5-37 的画面。此时同样选择“NTFS 文件系统格式化磁盘分区”选项。

（3）格式化目标分区　完成了目标分区选择并要求对该分区进行格式化操作后，安装程序进入真正的格式化过程，如图 5-38 所示。

Windows XP Professional 安装程序
请稍候，安装程序正在格式化
16379 MB Disk 0 at Id 0 on bus 0 on atapi [MBR] 上的磁盘分区
C: 分区 1 [未知] 4103 MB (4102 MB 可用)
安装程序正在格式化...
50%

图 5-38　格式化目标分区

4. 复制安装文件

在完成操作系统目标分区与文件系统选择后，安装程序开始检测硬盘。如果目标分区符合安装 Windows XP 操作系统的要求，安装程序在创建复制列表后，将从安装光盘复制文件到硬盘上，此过程大概持续十几分钟时间，如图 5-39 所示。

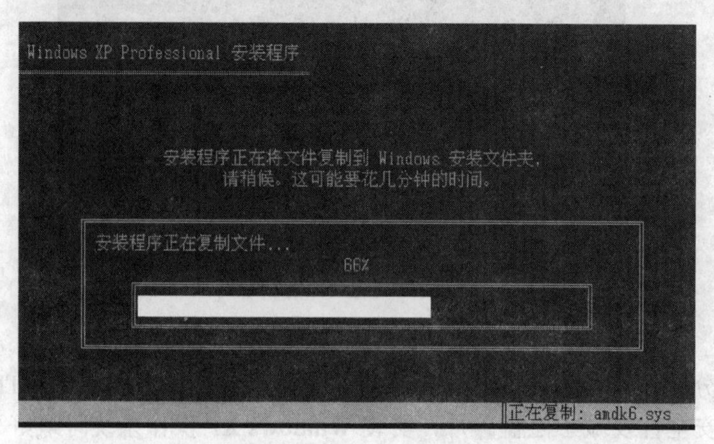

图 5-39　复制安装文件

完成安装文件的复制后，安装程序开始 Windows XP 初始化配置。

5. 第一次重新启动阶段

完成 Windows XP 初始化配置后，系统提示将在 15s 后自动重新启动，如图 5-40 所示。对于图中“如果驱动器 A：中有软盘，请将其取出”的提示，如果软驱中确实有软盘，同时启动装置设置中包含 Floppy 的话，则必须将其取出。在保证重启后从硬盘启动的前提下，光驱中的安装光盘是否取出可根据具体情况而定。

重新启动后，首次出现 Windows XP 画面，如图 5-41 所示。

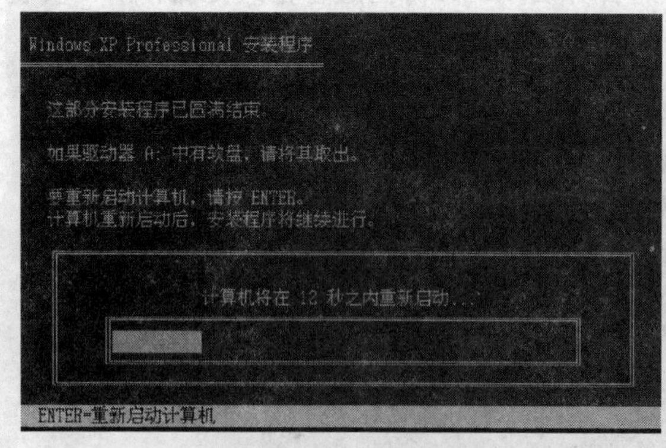

图 5-40　第一次重启提示

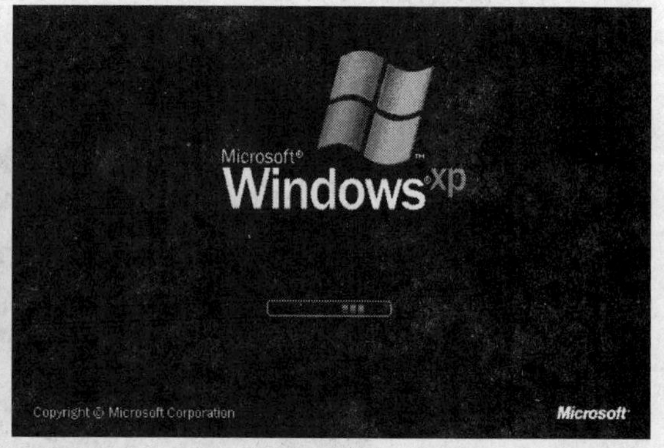

图 5-41　首次重启界面

【友情提示】由于此时仍处于安装 Windows XP 操作系统阶段，因此，光驱中仍然要保留 Windows XP 安装光盘。

6. 安装 Windows 阶段

有了前面的准备工作，重新启动计算机后，进入 Windows XP 操作系统真正的安装阶段，此时出现 Windows XP 安装窗口，并提示目前进程为“安装 Windows XP”。

此阶段主要分以下几步进行（说明：由于安装序列号、日期与时间设置部分与安装 Windows 2000 操作系统完全相似，这里不再单独介绍，请读者参阅项目一相关部分操作）：

（1）安装设备　安装程序将检测并安装设备，如图 5-42 所示，其间屏幕会黑屏并且闪烁几次，这是测试，不必惊慌。完成后自动进入如图 5-43 所示的区域设置画面。

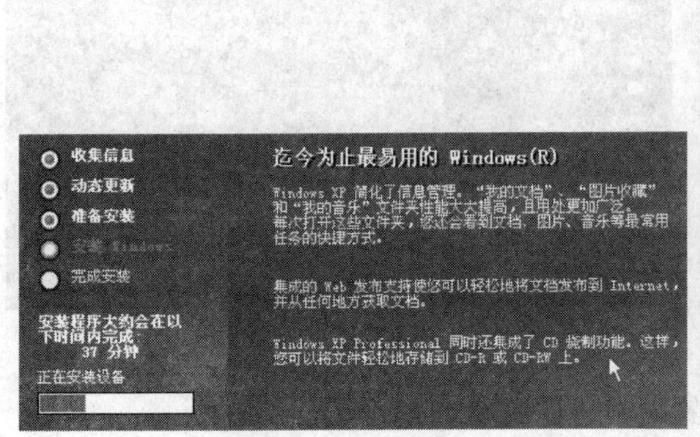

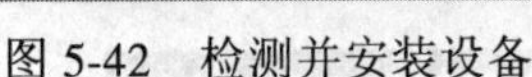
图 5-42　检测并安装设备

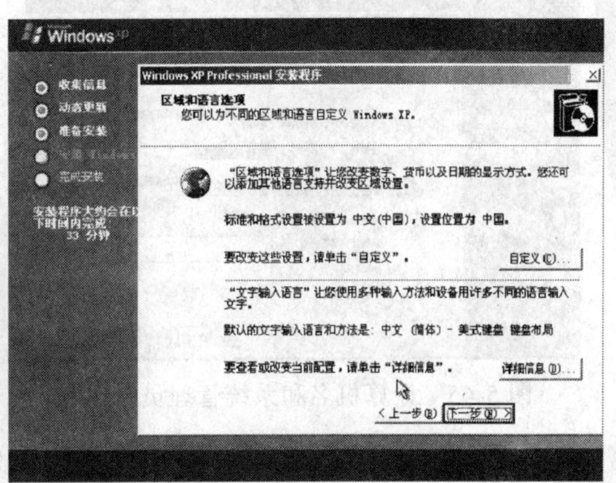

图 5-43　区域与语言选项

默认的标准和格式设置为中文（中国），默认的文字输入语言和方法是中文（简体），美式键盘布局。如果确定要改变这种设置，则单击自定义按钮。建议使用这种默认设置，单击“下一步”继续，进入个人信息设置窗口。

（2）设置个人信息　设置个人信息时，姓名输入框不能为空，单位输入框可以为空。图 5-44 中，输入的用户姓名为“user”，单位栏为空，单击“下一步”按钮。

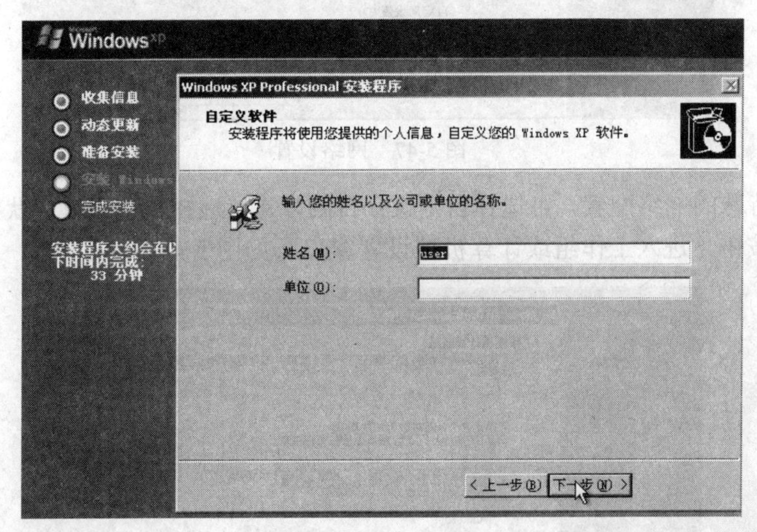

图 5-44　个人信息

（3）设置计算机名及系统管理员密码　如图 5-45 所示，可以进行的修改是：在计算机名输入框中，输入计算机的名字，可以由字母、数字或其他字符组成。在系统管理员密码输入框中输入管理员密码，并在确认密码输入框中重复输入相同的密码。

由于在 Windows XP 中可以很方便地设置计算机名及系统管理员密码，因此，通常情

况下，直接单击“下一步”按钮即可进入日期与时间设置。设置好日期与时间（略）后再单击“下一步”按钮。

（4）安装网络　安装网络过程持续时间较长，如图 5-46 所示。

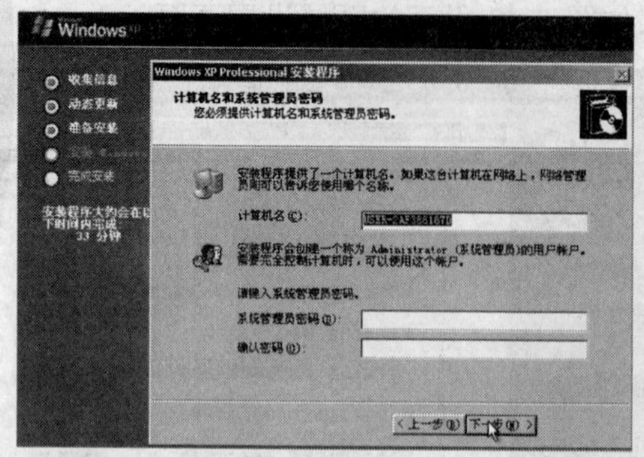

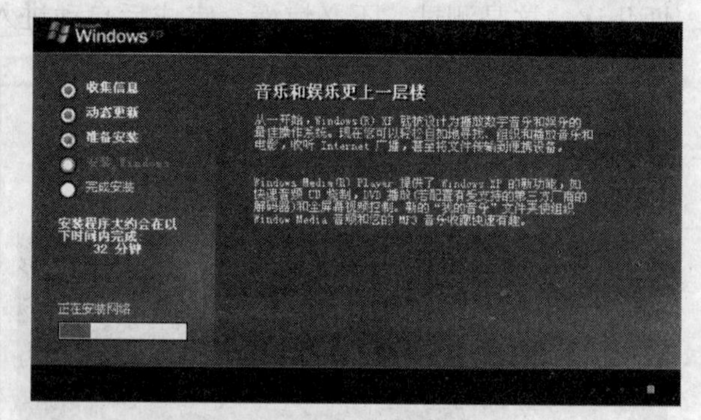

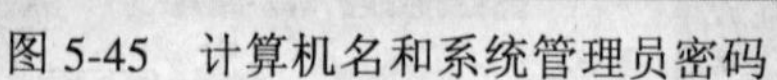
图 5-45　计算机名和系统管理员密码

图 5-46　安装网络

在安装网络的过程中，将出现网络设置窗口，如图 5-47 所示。

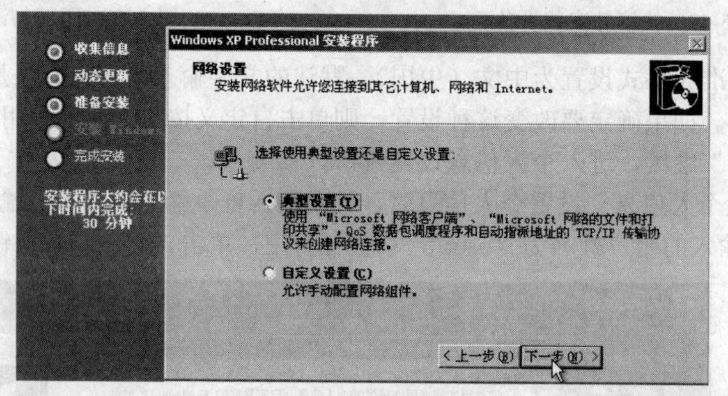

图 5-47　网络设置

如需要特殊的网络配置，可选择自定义；否则，建议选择典型设置（默认情况），单击“下一步”按钮，进入工作组或计算机域设置窗口，如图 5-48 所示。

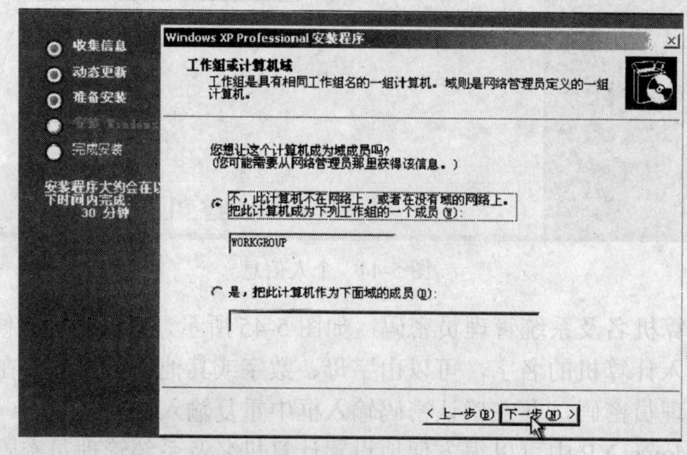

图 5-48　工作组或计算机域

通常情况下，选择默认的第一项选项，如图 5-48 所示，单击“下一步”即可。对于网络管理员，如果此时需要立即配置这台计算机成为域成员，则选择第二项。完成了上述设置后，安装程序开始对网络进行配置，并且复制相关文件，如图 5-49 所示。

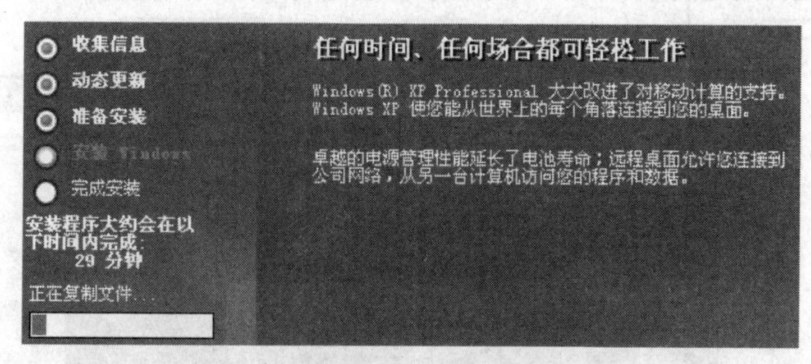

图 5-49　复制文件

安装程序完成网络安装后，自动进入“安装「开始」菜单项”，如图 5-50 所示。

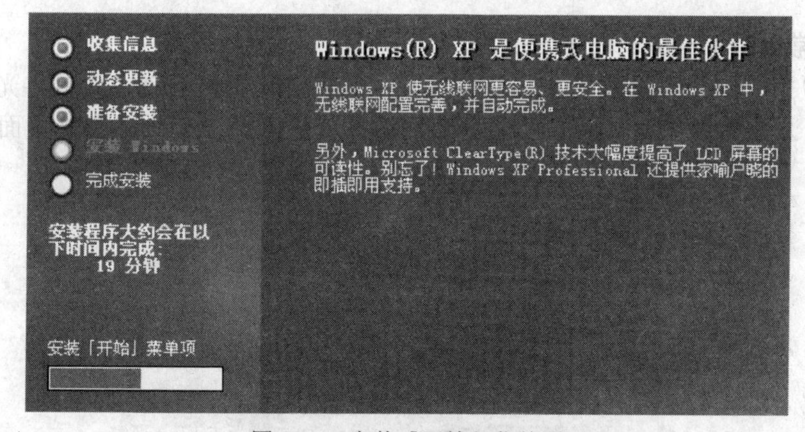

图 5-50　安装「开始」菜单项

完成开始菜单的安装后，自动进入注册组件环节，如图 5-51 所示。

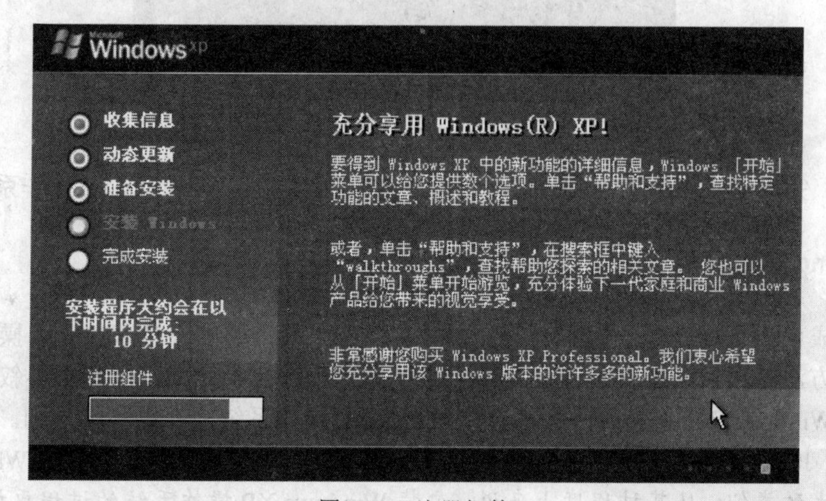

图 5-51　注册组件

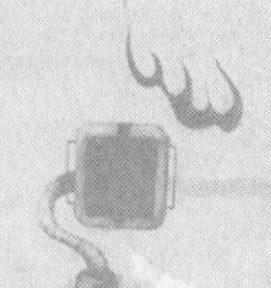

7. 完成安装阶段

结束了“安装 Windows”阶段任务后，自动进入“完成安装”阶段。此阶段由“保存设置”与“删除任何用过的临时文件”两个环节组成，其中“保存设置”环节如图 5-52 所示。

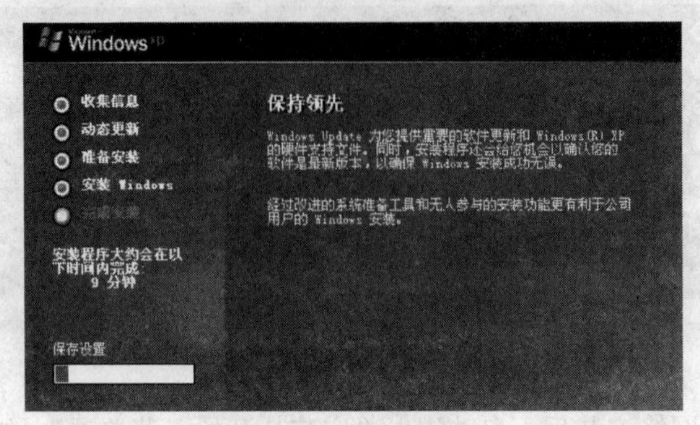

图 5-52　保存设置

8. 正常启动 Windows XP 操作系统

结束“完成安装”阶段的安装任务后，系统将自动重新启动。此时将光驱中的安装光盘取出，并妥善保管好。计算机重新启动后，就进入了 Windows XP 桌面，如图 5-53 所示。

图 5-53　Windows XP 桌面

至此，完成了操作系统的安装任务，接下来就可以体会 Windows XP 操作系统了。

5.3.4　Windows XP 补丁

在完成 Windows XP 操作系统的安装后，接下来最重要的一件事就是为操作系统打补丁。由于方法与项目一中安装 Windows 2000 操作系统补丁一样，因此不再叙述。需要指出的是，Windows 2000 补丁不能用于 Windows XP 操作系统，二者不能混同。

【项目小结】通过本项目的实施，会发现其实安装 Windows XP 与安装 Windows 2000 操作系统大致类似。从某种程度上来说，安装 Windows XP 操作系统的过程更加简单有趣。

实训　安装操作系统

1. 实训目的

掌握安装 Windows 2000 或 Windows XP 操作系统的技能。

2. 实训内容

根据实验室配置选择安装下列操作系统之一：

- Windows 2000
- Windows XP

3. 实训设备及工具

第 4 章实训中已经完成硬盘分区的计算机；

操作系统安装光盘、启动软盘、补丁程序。

4. 实训步骤

（1）清除 CMOS 设置。

（2）在 CMOS 中正确设置日期与时间、将光驱设置为第一启动装置。

（3）从安装光盘启动计算机。

（4）安装操作系统，并做好记录。

（5）完成操作系统安装后，打补丁。

（6）保管好安装源程序，查看安装以后的 C 盘信息。

5. 实训记录见表 5-1

表 5-1　安装操作系统记录表

序　号	名　称	参 数 记 录			
1	计算机配置	CPU	内存容量	硬盘总容量	C 盘容量
2	操作系统		满足安装条件？	□是　□否	
3	安装序列号				
4	启动装置设置	第一启动设备	第二启动设备	第三启动设备	
5	时间记录	开始时间	第 1 次重启	第 2 次重启	安装结束
6	系统补丁	补丁数量		重启情况	
7	目标盘文件概述				

6. 实训报告

思考与习题五

1. 简答题

（1）操作系统具有哪些功能与作用？

（2）目前最新的操作系统是什么？对硬件要求如何？

（3）在安装操作系统的过程中，不小心按了重新启动按钮，将对安装过程产生怎样的影响？

（4）安装 Windows 2000 与 Windows XP 操作系统的过程中有哪些共同点？

2．单项选择题

（1）下列软件中，属于操作系统的是（　　）。

A．Office 2000　　B．Word 2000　　C．Windows NT　　D．Photoshop

（2）在 Windows 运行时，若系统长时间不响应用户的请求，结束该任务应使用的组合键是（　　）。

A．Shift+Esc+Tab　　B．Crtl+Shift+Enter

C．Alt+Shift+Enter　　D．Ctrl+Alt+Del

（3）目前个人电脑最新的操作系统是（　　）。

A．Window 2000　　B．Windows 2003

C．Windows Vista　　D．Windows NT

3．判断题（对打√；错打×）

（1）影响安装操作速度的主要因素是 CPU 频率，与内存容量关系不大。（　　）

（2）为了防止病毒入侵，安装操作系统时应该开启病毒防范功能。（　　）

（3）大多数情况下，Windows 2000 采用 FAT32 文件系统较为合适。（　　）

（4）在重新安装操作系统前，一定要备份目标分区上有用的用户资料。（　　）

（5）安装好 Windows XP 操作系统后，目标分区根目录下容量最大的文件夹是 WINNT。（　　）

（6）凡是能安装 Windows 2000 操作系统的计算机皆能安装 Windows XP 操作系统。（　　）

第6章 驱动程序的安装与常用外设

1）了解 CRT、LCD 的组成及工作原理。

2）理解显卡、声卡及网卡的组成，掌握其主要性能指标。

3）理解驱动程序的概念，掌握安装显卡、声卡及网卡驱动程序的方法。

4）熟悉常用计算机外部设备，掌握安装打印机的方法。

6.1 显示卡与显示器

在前面的学习中，我们已经掌握了安装显卡、显示器、声卡及网卡等组件的方法，但是对基本组成及工作过程还不是很明确，下面就对这些计算机基本组件作进一步的了解。

6.1.1 显示卡

显示卡（Display Card）简称显卡，又称视频适配器、图形卡、图形适配器和显示适配器等，是计算机内主要的组件之一。它是主机与显示器之间的接口卡，显示器必须在显卡的支持下工作。

1．显卡概述

显卡的基本作用就是控制计算机的图形输出，负责将 CPU 送来的影像数据处理成显示器认识的格式，再送到显示器形成图像。它的工作流程是 CPU 将数字图像数据处理完毕后传送给显卡，显卡将数字信号转换成模拟信号传送到显示器，由显示器在屏幕上输出。现在，随着图像处理的数据量越来越大和显卡功能的增强，图像转换、贴图和光影的计算等都交给显卡来完成，从而使 CPU 能有更多的时间做其他工作。

2．显卡的组成

无论是何种品牌的显卡，主要是由显示主芯片、显示内存、数模转换器及显卡 BIOS 等组成。各个部件的作用如下：

（1）显示主芯片　显示主芯片是显卡的核心芯片，它的主要任务就是处理系统输入的视频信息并将其进行构建、渲染等工作。显示主芯片的性能直接决定了该显卡的档次和大部分性能。目前设计、制造显示芯片的厂家有NVIDIA、ATI、SIS、VIA等。由于其工作频率较高，一般通过加装风扇或者散热片的方式来降低温度。

（2）显存　通常，我们将显卡上的显示内存叫显存，顾名思义，就是用来暂时存放显示主芯片要处理的及已经处理完毕的数据。以前的显存主要是SDRAM的，容量也不大，而目前基本采用的都是DDR SDRAM规格的，在某些高端卡上更是采用了性能更为出色的DDRⅡ或DDRⅢ显存。

（3）数/模转换器（RAM-DAC）　大家知道计算机内部的信息全部是二进制数，同样在显存中存储的信息当然也是数字信息，然而显示器并不以数字方式工作，它工作在模拟状态下。数/模转换器的作用就是将数字信号转换为模拟信号使显示器能够显示图像。它的另一个重要作用就是提供显卡能够达到的刷新率，其工作速度越高，频带越宽，高分辨率时的画面质量越好。

（4）显卡BIOS　显卡BIOS主要用于存放显示主芯片与驱动程序之间的控制程序，同时还存放了型号、规格、生产厂商以及出厂日期等显卡信息。当我们启动计算机时，通常会看到一段关于显卡的信息，主要就是由存储在显卡BIOS内的一段控制程序来实现的。

3．显卡的接口类型

接口类型是指显卡与主板连接所采用的接口种类，不同的接口决定着主板是否能够使用此显卡，只有在主板上有相应接口的情况下，显卡才能使用。显卡发展至今主要出现过ISA、PCI、AGP、PCI Express等几种接口，所能提供的数据带宽依次增加。其中2004年推出的PCI Express接口已经成为主流，以解决显卡与系统数据传输的瓶颈问题，而ISA、PCI接口的显卡已经基本被淘汰。目前市场上的显卡一般是AGP和PCI-E这两种显卡接口。

4．显卡的主要性能指标

（1）显存容量　显存容量是显卡上本地显存的容量数，这是显卡的关键参数之一。显存容量的大小决定着显存临时存储数据的能力，在一定程度上也会影响显卡的性能。早期显存容量为8MB、16MB、32MB与64MB，目前主流容量为128MB、256MB和512MB，某些专业显卡甚至已经达到1GB的显存。

（2）最大分辨率　显卡的最大分辨率是指显卡在显示器上所能描绘的像素点的数量。通常以横向点数与纵向点数的乘积来表示，大家知道显示器上显示的画面是由一个个的像素点构成的，而这些像素点的所有数据都是由显卡提供的，最大分辨率就是表示显卡输出给显示器，并能在显示器上描绘像素点的数量。

（3）显存位宽　显存位宽指显存在一个时钟周期内所能传送数据的位数，位数越大则瞬间所能传输的数据量越大，这是显存的重要参数之一。目前市场上的显存位宽有64位、128位和256位三种，显存位宽越高、性能越好，价格也就越高，因此256位宽的显存更多应用于高端显卡，而主流显卡基本都采用128位显存。

（4）刷新频率　刷新频率指图像在屏幕上的更新速度，即屏幕上每秒钟显示全画面的

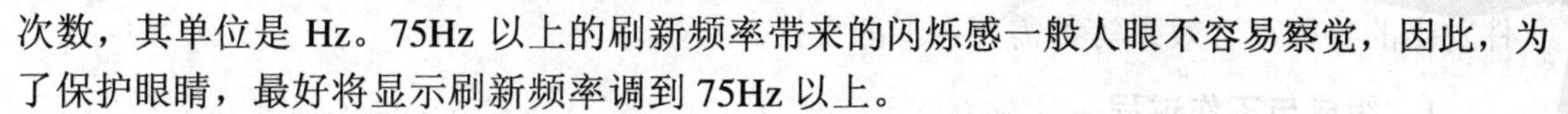

次数，其单位是 Hz。75Hz 以上的刷新频率带来的闪烁感一般人眼不容易察觉，因此，为了保护眼睛，最好将显示刷新频率调到 75Hz 以上。

(5) 色彩位数（彩色深度）　图形中每一个像素的颜色是用一组二进制数来描述的，这组描述颜色信息的二进制数长度（位数）就称为色彩位数。色彩位数越高，显示图形的色彩越丰富。通常所说的标准 VGA 显示模式是 8 位显示模式，即在该模式下能显示 256 种颜色；增强色（16 位）能显示 65536 种颜色；24 位真彩色能显示 1677 万种颜色。

(6) 显存频率　显存频率是指默认情况下，该显存在显卡上工作时的频率，以 MHz 为单位。SDRAM 显存通常都工作在较低的频率上，一般为 133MHz 和 166MHz，DDR SDRAM 显存则能提供较高的显存频率，主要有 400MHz、500MHz、600MHz、650MHz 等，高端产品中还有 800MHz、1200MHz、1600MHz，甚至更高。

6.1.2　显示器

显示器主要分为阴极射线管（CRT）与液晶显示器（LCD）两大类。

1. 彩色 CRT 显示器

彩色 CRT 显示器主要由电源电路、行扫描电路、场扫描电路、接口电路及显像管组成，其中的显像管如图 6-1 所示。彩色 CRT 显示器基于三基色原理，即红、绿、蓝按不同的比例可以配出不同的颜色。在 CRT 屏幕上涂有红、绿、蓝三种荧光粉，在 25000V 的高压下，激发阴极射线管电子枪的电子束等射向荧光屏，且在电子束射向荧光屏的通道上进一步加速与聚集，最后电子束打在荧光屏上，激发三色荧光粉成像，配以不同的亮度可以得到不同的颜色层次。

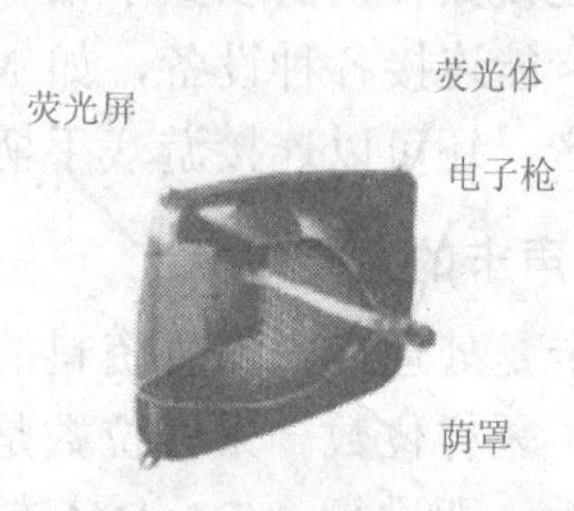

图 6-1　显像管

2. LCD 显示器

液晶显示器（LCD）英文全称为 Liquid Crystal Display，它是一种采用了液晶控制透光度技术来实现色彩的显示器。

液晶显示器的原理与阴极射线管显示器大不相同，是基于液晶电光效应的显示器件。液晶显示器是利用液晶的物理特性，在通电时导通，使液晶排列变得有秩序，使光线容易通过；不通电时，排列则变得混乱，阻止光线通过。

6.2　声卡与网卡

6.2.1　声卡

声卡又称为音效卡，是多媒体计算机的基本设备之一，计算机要发出声音必须要安装声卡，计算机中所有和声音有关的部分都由声卡来处理，播放音乐、玩计算机游戏以及软件发出的各种声音效果等都需要声卡的支持。

1. 组成与工作过程

声卡主要由声音处理芯片组、功率放大器、总线连接端口、输入输出端口、MIDI及游戏杆接口、CD音频连接器等主要部件组成，如图6-2所示。

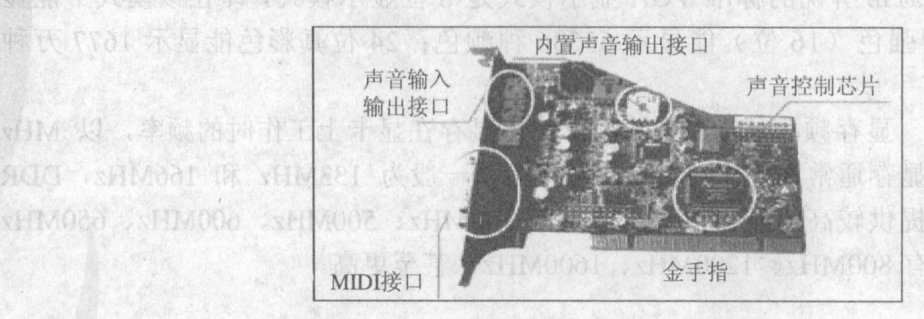

图6-2　声卡结构示意图

声音处理芯片组包括数模转换芯片（DAC），用来将数字信号转换成模拟信号；包括模数转换芯片（ADC），用来将模拟声音信号转换成计算机能识别的数字信号。

当要输出音乐时，声卡在接到CPU的指令后，将储存在计算机中的数字声音数据转换为模拟信号传送到音箱，从而发出声音。当要进行录音时，在CPU的指挥下，声卡将外部声音通过模数转换后以数字信号的方式存储于计算机中。

声卡能连接各种设备，如MIDI接口可以连接电子合成乐器，接收外部音源后进行录音或混音。还可以连接游戏手柄，让用户可以更加简便灵活地操作。

2. 声卡的主要指标

声卡是处理声音信息资料的设备，其性能指标主要有以下几个：

（1）采样位数　采样位数是指声卡在采集和播放声音文件时所使用数字声音信号的二进制位数，即进行A/D、D/A转换的精度。目前有8位、12位和16位三种，以后将发展到24位的DVD音频采样标准。位数越高，采样精度越高。

（2）采样频率　采样频率是指录音设备在一秒钟内对声音信号的采样次数，即每秒采集声音样本的数量。采样频率越高，声音的还原就越真实和自然。在当今的主流声卡中，采样频率一般共分为22.05kHz、44.1kHz、48kHz三个等级，22.05kHz只能达到FM广播的声音品质，44.1kHz则是理论上的CD音质界限，48kHz则更加精确一些。对于高于48kHz的采样频率，人耳已无法辨别出来了，所以在计算机上没有多少使用价值。

（3）复音数量　声卡中“32”、“64”的含义是指声卡的复音数，而不是声卡上的DAC（数模变换）和ADC（模数变换）的转换位数（bit）。它代表了声卡能够同时发出多少种声音，复音数越大，音色就越好，播放MIDI时可以听到的声部越多、越细腻。

6.2.2　网卡

网卡是计算机与局域网或广域网相连接的桥梁，通过网卡可使计算机与国际互联网相连接。

1．网卡的功能

网卡（Network Interface Card，简称 NIC），也称网络适配器，是计算机与局域网相互连接的接口。无论是普通计算机还是高端服务器，只要连接到局域网，就都需要安装一块网卡。如果有必要，一台计算机也可以同时安装两块或多块网卡。

计算机之间在进行相互通信时，数据不是以流而是以帧的方式进行传输的。可以把帧看作是一种数据包，在数据包中不仅包含有数据信息，而且还包含有数据的发送地、接收地信息和数据的校验信息。

网卡的功能主要有两个：一是将计算机的数据封装为帧，并通过网线（对无线网络来说就是电磁波）将数据发送到网络上去；二是接收网络上传过来的帧，并将帧重新组合成数据，发送到所在的计算机中。网卡接收所有在网络上传输的信号，但只接受发送到该计算机的帧和广播帧，将其余的帧丢弃。然后，传送到系统 CPU 做进一步处理。当计算机发送数据时，网卡等待合适的时间将分组插入到数据流中，接收系统通知消息是否完整地到达，如果出现问题，将要求对方重新发送。

2．网卡的分类

根据传输速率的不同，网卡可分为 10Mbit/s 网卡、10/100Mbit/s 自适应网卡、100Mbit/s 网卡以及千兆网卡。其中，10/100Mbit/s 自适应网卡是现在最流行的一种网卡，它的最大传输速率为 100Mbit/s，该类网卡可根据网络连接对象的速度，自动确定是工作在 10Mbit/s 还是 100Mbit/s 速率下。

按照放置位置，网卡可分为内置式与外置式两种。在内置式中，按主板上的接口类型分，网卡又可划分为 ISA、PCI 和 PCMCIA 三种。

ISA 网卡由于 CPU 占用率比较高，往往会造成系统的停滞，再加上 ISA 网卡的数据传输速度极低，使得这种接口的网卡在市面上已经很少见了。PCI 网卡是现在应用最广泛、最流行的网卡，它具有性价比高、安装简单等特点。PCMCIA 网卡是用于笔记本电脑的一种网卡，它是笔记本电脑使用的总线。

USB 接口网卡是外置式的，具有不占用计算机扩展槽的优点，因而安装更为方便，主要是为了满足没有内置网卡的笔记本电脑用户。

6.3　常用外设

6.3.1　打印机

1．打印机的类型及原理

打印机按其工作方式可分为击打式和非击打式两大系列，按有无色彩可分为单色和彩色两种。平常所说的打印机一般指针式打印机、喷墨式打印机和激光打印机三种。

（1）针式打印机　针式打印机（如图 6-3 所示）是典型的击打式打印机，是利用打印针撞击色带和打

图 6-3　针式打印机

印介质打印出点阵组成的字符和图形来进行工作的。它的特点是结构相对简单、耗材费用低、性价比好、纸张适应面广，其多份复制功能是喷墨、激光等非击打式打印机所不具备的；但它也具有噪声较高、分辨率低、打印针易损等缺点。针式打印机按针数可分为9针和24针两种。目前针式打印机主要应用于银行、超市等用于票单打印的地方。

（2）激光打印机　激光打印机（如图6-4所示）是一种非击打式打印机，利用电子成像技术实现打印，属于页式打印方式，打印速度范围从几页至上百页。激光打印机具有输出速度快、噪声低、成本低而且输出的文本质量高的特点，但它对打印纸张的要求比针式打印机严格，且不能多层复制复写。激光打印机在近几年发展很快，已是最主要的三类打印机之一，它在办公、印刷照排、网络打印等领域得以广泛应用。

（3）喷墨打印机　喷墨打印机（如图6-5所示）是继针式打印机之后发展起来的一种高速打印设备，通过喷嘴将很小的黑色或彩色的墨滴喷射到打印纸上，在强电场作用下把墨滴高速喷射在纸上形成图像或文字。喷墨打印机可以打印出高质量的文本、输出混合图像、文字以及请柬、贺卡等，可以输出与相片相媲美的图像等。现在的喷墨打印机分为单色和彩色两种，市场上彩色喷墨打印机占多数，可以打印出彩色的文本来，以吸引消费者。喷墨打印机和针式打印机是截然不同的，它在打印时悄然无声，而且速度快。随着技术的不断提高，分辨率也越来越高，成为现今市场上的宠儿。喷墨打印机按工作方式可以分为两种：一是佳能（CANON）公司生产的气泡式喷墨打印机；二是爱普生（EPSON）公司生产的微压电式喷墨打印机。

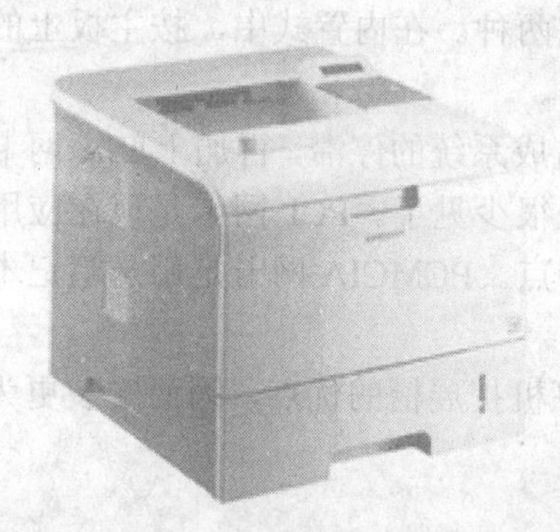

图6-4　激光打印机

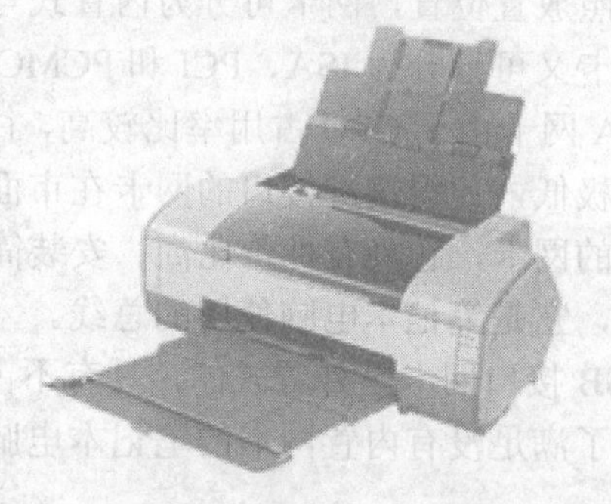

图6-5　喷墨打印机

2．打印机的性能指标

（1）分辨率　分辨率（dpi，即：dot per inch，点/英寸）是衡量图像清晰度最重要的指标，就是每平方英寸多少个点，分辨率越高，图像就越清晰，打印质量也就越好。打印分辨率一般包括纵向和横向两个方向，一般情况下我们所说的喷墨打印机分辨率就是指横向喷墨表现力。如2400×1200dpi，其中2400表示横向（水平）方向上的分辨率，1200则表示纵向（垂直）方向上的打印分辨率。

（2）打印速度　打印机的打印速度是用每分钟打印多少页纸（PPM）来衡量的，厂商在标注产品的技术指标时，通常用黑白和彩色两种打印速度进行标注。而在打印图像和文本时，打印速度也有很大不同，另外打印速度还与打印时的分辨率有直接的关系。

（3）打印幅面　打印幅面就是打印机所能打印的纸张的大小。打印机的打印幅面一

般以 A4 为主。普通家庭用户和中小型办公用户使用 A4 幅面的打印机，可以满足绝大部分应用要求。A3、A2 幅面的打印机一般用于 CAD、广告制作、艺术设计、印刷出版业等行业。

（4）色彩数目　彩色墨盒数越多，色彩就越丰富。现在有四色和六色打印机，能够更细致地表现色彩。

从目前市场来看，彩色喷墨打印机的代表厂商有：爱普生（EPSON）、佳能（CANON）、惠普（HP）和利盟（LEXMARK）公司等。激光打印机代表厂商有：爱普生（EPSON）、佳能（CANON）、惠普（HP）、利盟（LEXMARK）、富士通（FUJITSU）、松下（Panasonic）、施乐（Xerox）公司等。

6.3.2　数码相机

1．简介

数码相机是一种非胶片新型照相机，如图 6-6 所示。数码相机主要由镜头、光电转换器件、模/数转换器、微处理器、内置储存器、液晶屏幕、锂电池及接口等组成。

图 6-6　数码相机

光电转换器件接收从镜头传来的光信号，由光电转换器件把光信号转换成对应的模拟电信号，再经过模/数转换器转换数字信号，最后利用数码相机中固化的程序（压缩算法）按照指定的文件格式，将图像以二进制数码的形式存入存储介质中。存储在数码相机内存储卡上的数码图片影像，可以输出到计算机中保存或作进一步的处理。

2．主要性能指标

数码相机的性能指标有很多，这里介绍最主要的几个：

（1）数码相机的像素　像素是衡量数码相机的最重要指标，像素指的是数码相机的分辨率。数码相机的图像质量是由像素决定的，像素越大，照片的分辨率也越大。早期的数码相机都是低于 100 万像素的，现在常用的数码相机像素数通常在 200～800 万像素之间。

（2）存储能力　存储媒体的存储能力是用 MB 来表示的。同一存储能力的存储媒体，存储不同分辨率的影像文件，最大可存储的影像幅数是不同的，分辨率越高，可存的幅数就越少，而且还和采用的压缩方式有关。

（3）色彩深度　色彩深度也称色彩位数，它是用来表示数码相机的色彩分辨能力。数码相机的色彩位数越多，就意味着可捕获的细节数量也越多，就越有可能真实地还原画面细节。

（4）变焦倍数　数码相机镜头的变焦倍数直接关系到数码相机对远处物体的抓取水平。数码相机变焦越大，对远处物体拍得越清楚，反之亦然。因此，选择变焦大的数码相机，可以在您出门时有效摄取远处景色。数码相机变焦分为光学变焦（物理变焦）和数码变焦。其中真正起作用的是数码相机光学变焦。而数码相机数码变焦只是使被摄物体在取

景器中显示大，对物体的清晰程度没有任何作用，要注意区分。

6.3.3 扫描仪

扫描仪属于输入设备，如图6-7所示。扫描仪对原稿进行光学扫描，然后将光学图像传送到光电转换器中转变为模拟电信号，又将模拟电信号变换成为数字电信号，最后通过计算机接口送至计算机中。部分扫描仪配合识别系统后，可转换图像、表格及文字等。

图6-7 扫描仪

扫描仪主要由机械传动部分、光学成像部分和转换电路部分组成，这几部分相互配合，将反映图像特征的光信号转换为计算机可接受的电信号。

机械传动部分包括步进电机、扫描头及导轨等，主要负责主板对步进电机发出指令带动皮带，使镜组按轨道移动完成扫描。光学成像部分是扫描仪的关键部分，也就是通常所说的镜组。扫描仪的核心是完成光电转换的光电转换部件，目前大多数扫描仪采用的光电转换部件是电荷藕合器件（CCD），它可以将照射在其上的光信号转换为对应的电信号。然后由电路部分对这些信号进行A/D转换及处理，产生对应的数字信号输送给计算机。

扫描仪的接口通常分为SCSI、EPP、USB三种。

6.4 驱动程序及安装方法

目前，计算机的常用设备越来越多，包括计算机内部的一些硬件设备和外置的一些设备：显卡、声卡、网卡、打印机、扫描仪、数码照相机等。这些硬件安装到计算机内或者连接到计算机后，并不能马上使用，往往还需要安装其驱动程序。如果没有安装驱动程序，计算机就无法识别它们，这些设备也就无法正常工作。

6.4.1 驱动程序的概念

驱动程序是操作系统与硬件设备的接口，操作系统通过它识别硬件，硬件按操作系统给出的指令进行具体的操作。每一种硬件都有其自身独特的语言，操作系统本身并不能识别，这就需要一个双方都能理解的“桥梁”，而这个“桥梁”就是驱动程序。比如，当您要打印一个文档，先是由操作系统发出一系列命令给打印机驱动程序，然后驱动程序将这些命令转化为打印机本身能够明白的语言而打印该文档。如果没有相应的驱动程序或者驱动程序损坏，相关设备就不能正常使用了。

6.4.2 安装驱动程序的一般方法

驱动程序一般都与硬件设备一起提供，这些驱动程序的软盘或光盘都应好好保存，以

备以后重新安装系统时使用。

1．内置设备的安装方法

在 Windows 操作系统中，内置了许多常用硬件的驱动程序，在安装了新的硬件之后，如果 Windows 操作系统中有这个硬件的驱动程序，就会自动进行安装好驱动程序。

2．手动安装方法

尽管 Windows 操作系统内置了一些硬件的驱动程序，但是由于硬件设备不断更新，驱动程序也随之升级，因此大多数情况下，新安装好硬件后，系统并不认识，只有安装好驱动程序后才能使用该设备。设备厂家提供的驱动程序不同，驱动程序的安装方法也不完全相同，配件使用说明书上会给出驱动程序的安装方法。一般来说，包括以下几种：

（1）自动安装　在 Windows 环境下安装了新硬件，在重新启动系统后，系统即能发现新硬件，并自动搜索到此设备。选取相应的驱动程序进行安装，或手工指定软盘或光盘上驱动程序的目录，进行安装。

（2）运行安装程序　使用设备厂家提供的驱动程序磁盘上的 Setup 程序进行安装，一般执行完 Setup 后，系统会提示重新启动计算机，从而使新安装的硬件真正起作用。

（3）利用设备管理器　对于 Windows XP 操作系统，依次单击“开始”→“控制面板”→“系统”，在“系统属性”窗口中单击“硬件”选项卡上的“设备管理器”栏目，从中选取所要改变的设备进行刷新，并按照提示进行安装。

（4）使用添加硬件向导　在 Windows XP 操作系统中，依次单击“开始”→“控制面板”→“添加硬件”，按照添加硬件向导的提示进行自动检测或手工选取进行安装。

6.4.3　安装驱动程序的先后次序

驱动程序的安装顺序也是一件很重要的事情，它不仅跟系统的正常稳定运行有很大的关系，而且还会对系统的性能产生巨大影响。

1．准备阶段

安装操作系统后，首先应该装上操作系统的补丁。我们知道驱动程序直接面对的是操作系统与硬件，所以应该首先用补丁解决操作系统的兼容性问题，这样才能确保操作系统和驱动程序的无缝结合。

2．安装主板驱动

主板驱动主要用来开启主板芯片组内置功能及特性，主板驱动里一般是主板识别和管理硬盘的 IDE 驱动程序。

3．安装 DirectX 驱动

一般推荐安装最新版本，如果不支持时再采用旧版本。DirectX 是微软嵌在操作系统上的应用程序接口（API），DirectX 由显示部分、声音部分、输入部分和网络部分四大部分组成，显示部分又分为 Direct Draw（负责 2D 加速）和 Direct 3D（负责 3D 加速），所以说 Direct3D 只是它其中的一小部分而已。

4. 安装板卡类驱动

此时才可安装显卡、声卡、网卡等板卡类驱动程序。

5. 安装外设驱动程序

最后安装打印机、扫描仪、数码相机等外设的驱动程序。

6.5 项目一 安装主板、显卡与声卡驱动程序

【项目任务】在 Windows XP 操作系统下，依次正确安装主板、DirectX、显卡、声卡与网卡等驱动程序。

【项目分析】通过第 5 章项目二的实训，我们已经在计算机上安装了 Windows XP 操作系统，同时也已经打好了系统补丁。现在已经具备了安装驱动程序的条件。

有时人们并不注重主板驱动程序的安装，或者由于操作系统中内置了相应的驱动程序而忽略了相应板卡驱动程序的安装。为了更好地发挥主板及组件的作用，最好将这些在板卡购置时提供的驱动程序安装好。

6.5.1 准备工作

（1）检查操作系统及系统补丁程序是否已经正确安装。

（2）记录好主板、显卡、声卡及网卡等组件的型号及规格。

（3）准备好主板、显卡、声卡及网卡驱动程序安装源（通常保存于光盘或软盘中）。

（4）检查光驱或软驱能否正常工作。

6.5.2 安装主板驱动程序

不管是整机购置还是单独添置主板，其驱动程序肯定是随板一起提供的。通常驱动程序存放于光盘上，而且上面有明显的主板型号标识。

（1）运行安装程序　将光盘放入光驱后，大部分安装光盘会自动运行并且让你先选择主板型号。如果不属于此情况，则可以查找光盘上的安装文件夹，单击安装文件即可（一般名为 setup）。

（2）启动安装向导　执行安装程序后，通常进入如图 6-8 所示的安装向导，一般此过程时间较短。

（3）安装向导指示　上述过程结束后，自动进入如图 6-9 所示的欢迎界面。

图 6-8　启动主板安装向导

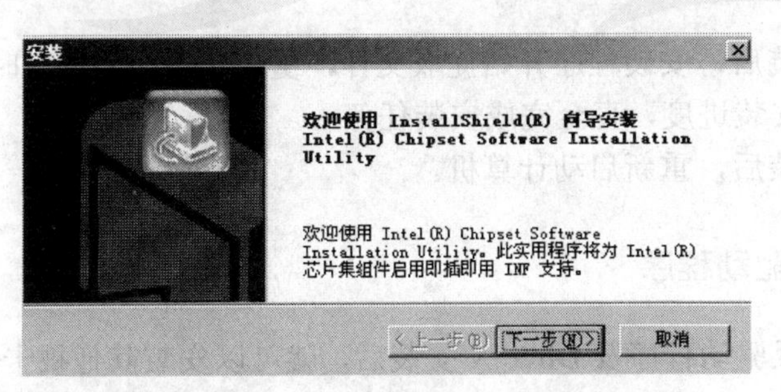

图 6-9　安装向导欢迎界面

（4）许可协议　单击“下一步”后，出现软件许可协议窗口，此处只有选择接受（同意）。

（5）自述文件信息　当接受或者同意了许可协议后，通常会显示一些自述文件信息，再接着单击“下一步”按钮。

（6）指示安装进度　当完成了前面的系列操作后，才真正进入主板驱动程序的安装，此时会出现表示安装进度的指示条。完成安装后，按窗口提示信息操作即可。

（7）完成安装　安装结束后，通常会要求重新启动计算机，取出安装光盘并保存好，重启计算机即可。

【友情提示】如果安装的驱动程序与主板的型号不一致，则会出现如图 6-10 所示的警告信息。

图 6-10　错误提示信息

6.5.3　安装 DirectX

在完成了主板驱动程序的安装后，接下来就可以安装 DirectX。安装要点如下：

（1）运行安装程序　双击 DirectX 安装源中的 Setup 程序，启动安装过程。

（2）接受许可协议　对于出现的软件许可协议窗口，只能选择接受。

（3）确认安装　同意许可协议后，安装程序要求用户确认，如图 6-11 所示，单击“下一步”即可。

图 6-11　启动安装

（4）确认安装后，安装程序开始提取文件，更新 DirectX 运行时组件等一系列过程，并以指示条显示安装进度，直至完成安装任务。

（5）结束安装后，重新启动计算机。

6.5.4 安装显卡驱动程序

在完成了主板驱动程序及 DirectX 安装后，就可以安装其他板卡的驱动程序了。通常，我们先安装显卡驱动程序。具体操作如下：

1. 观察安装前的显示属性

为了更好地理解驱动程序安装前后的变化及驱动程序的作用，首先在桌面的任意空白位置右击后选择“属性”，并在弹出的“显示属性”窗口中单击“设置”选项卡中的“高级”栏目，在弹出的“监视器和属性”窗口中选择“适配器”选项卡，如图 6-12 所示。

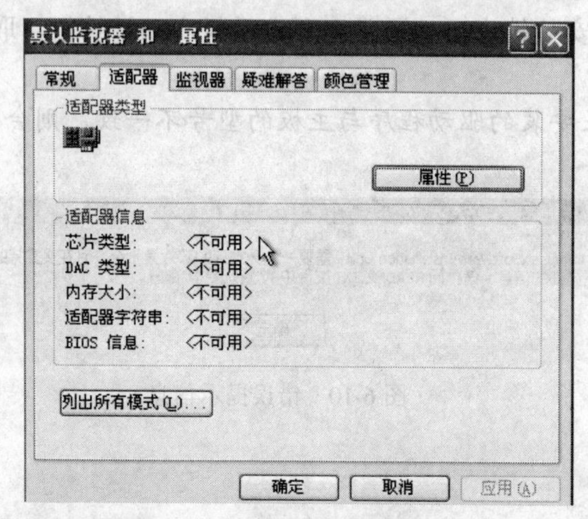

图 6-12　安装前的适配器信息

由于没有安装好显卡驱动程序，因此适配器选项卡中无相关信息。另外，我们还会发现“显示属性”窗口“设置”选项卡中的可供调节的屏幕分辨率及颜色质量范围较小，特别是当我们浏览一幅彩色图片时，会明显感到不舒服。

2. 安装过程图解

通常显卡驱动程序源文件保存于光盘中，将其放入光驱，找到安装程序后双击使其运行。

（1）启动安装向导　目前绝大部分安装程序以安装向导的方式指导你完成板卡驱动程序的安装，操作相对简单。启动安装向导后，首先是释放安装包中的相应文件。

（2）欢迎窗口　完成解压后，自动进入如图 6-13 所示的欢迎界面，单击“下一步”进入真正的安装过程。

（3）安装进程　在安装过程中，自动弹出进程指示窗口显示安装进度。

（4）完成安装　驱动程序安装成功，弹出如图 6-14 所示的窗口，要求重新启动计算机。

图 6-13　欢迎界面

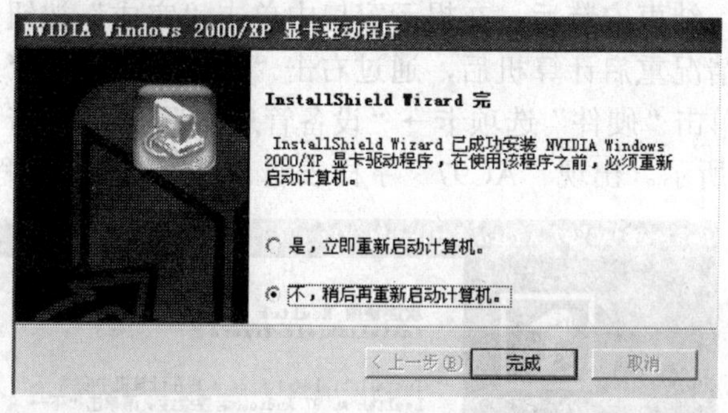

图 6-14　安装完成

（5）设置显示属性　重启计算机后，显卡才真正生效，此时可以通过如图 6-15 所示的显示属性窗口进行多项参数的设置。由图 6-15 可以看到，此时显卡提供的颜色质量参数有：中（16 位）与最高（32 位）；同理，屏幕分辨率调节范围扩大。此时浏览一幅彩色图片会感觉很自然。

单击图 6-15 中的“高级”按钮，弹出监视器与显卡窗口，单击“适配器”选项卡。如图 6-16 所示，此时，我们可以清楚地看到显卡的所有信息。对照图 6-12，可以发现显卡安装前后的明显变化。

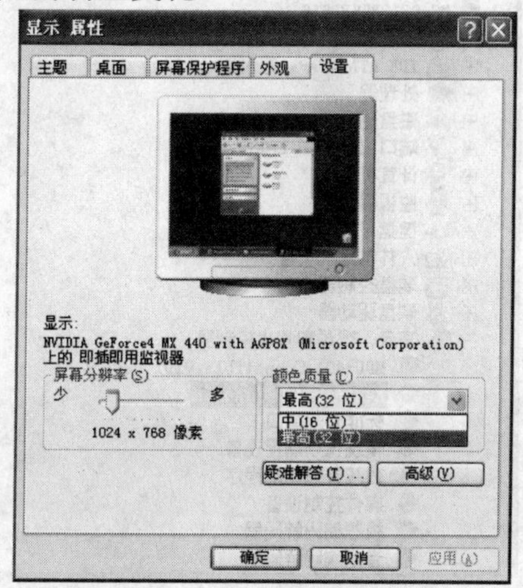

图 6-15　显示属性

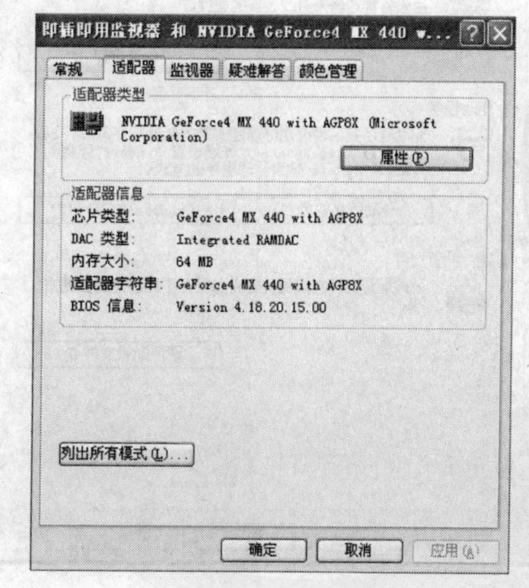

图 6-16　显卡信息

另外，单击图 6-16 中的“监视器”选项卡，可以通过调整屏幕刷新频率来完成对监视器的设置。

6.5.5 安装声卡驱动程序

声卡驱动程序的安装过程与显卡大致相同，在安装前一定要清楚计算机中声卡的型号，正确运行安装源中对应的安装程序，下面以常用的 AC97 声卡为例，简述驱动程序安装过程。

（1）启动安装向导　首先运行安装程序，出现如图 6-17 所示的安装向导欢迎窗口。单击“下一步”，进入安装过程。

（2）安装进程　进入安装过程后，自动弹出进程指示窗口显示安装进度。

（3）完成安装　结束安装后，在提示窗口中单击“完成”按钮，重新启动计算机。

（4）检查安装情况重启计算机后，通过右击“我的电脑”→“属性”，在图 6-18 所示的系统属性窗口中单击“硬件”选项卡→“设备管理器”，展开声音、视频和游戏控制器项目内容，如图 6-19 所示。出现“AC97”字样表明 AC97 声卡驱动程序已经安装成功。

图 6-17　AC97 声卡安装向导

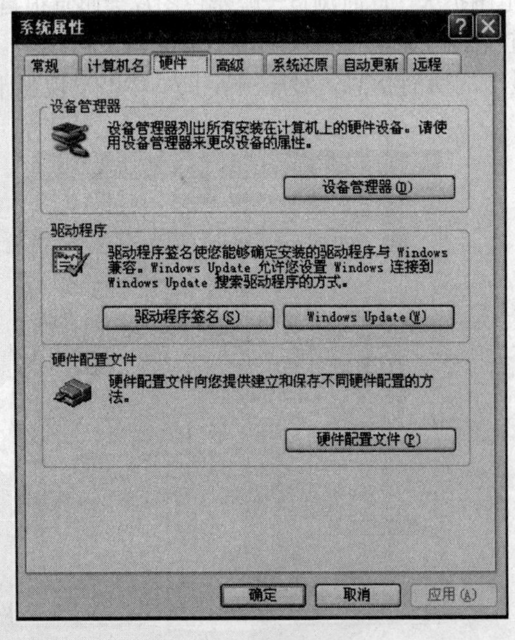

图 6-18　硬件选项卡

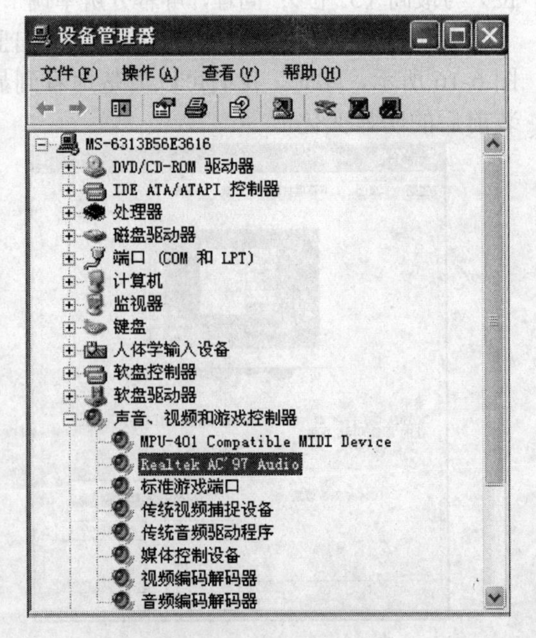

图 6-19　设备管理器

6.5.6　安装网卡驱动程序

网卡驱动程序的安装过程与显卡、声卡基本相同，在安装前一定要清楚计算机中网卡的型号。通常网卡驱动程序以软盘的形式与网卡一起出售，由于操作系统安装盘中内置了部分常用网卡驱动程序，因此你可能在安装好操作系统的同时会发现网卡驱动已经安装好了。

检查网卡是否已经正确安装的方法是：通过右击“我的电脑”→“属性”，在图 6-18 所示的系统属性窗口中单击“硬件”选项卡→“设备管理器”，如果能展开网卡项目内容，并且在具体的网卡型号前面没有黄色的问号，就表示已正确安装了，如图 6-20 所示。

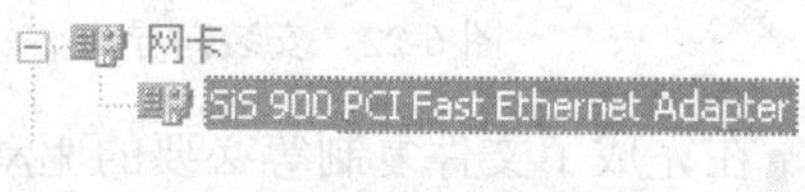

图 6-20　网卡型号

6.6　项目二　安装打印机

【项目任务】正确安装打印机硬件及驱动程序，使之正常工作。

【项目分析】通过本章项目一的操作，大家已经掌握了计算机内部板卡驱动程序的安装方法，也充分理解了驱动程序的作用。这里，我们以打印机为例，说明常用外部设备的安装方法。

其实，不管是计算机内部的组件还是外部设备，安装方法大致相同，无非是正确安装硬件设备与驱动程序两个方面。

6.6.1　准备工作

（1）检查操作系统是否正确安装；检查内部板卡是否正确运行。

（2）记录好打印机品牌及具体型号。

（3）准备打印机驱动程序安装源。

（4）放置好打印机。

6.6.2　安装打印机

以佳能 S200 为例，介绍安装过程：

1．安装驱动程序

（1）运行安装程序　通常驱动程序保存于随机的光盘中，光盘上有明显的品牌及型号字样。将光盘放入光驱后，通常会自动运行，并出现如图 6-21 所示的界面。

单击“安装”后进入打印机驱动程序安装向导。

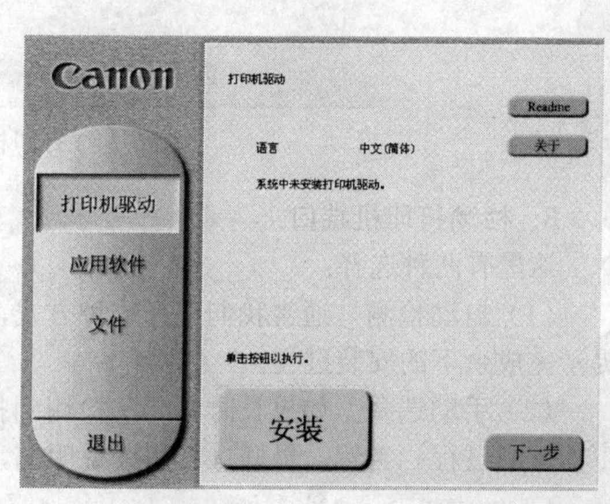

图 6-21　安装打印机驱动程序

（2）安装向导　有了安装向导的指导后，整个安装过程显得轻松多了。如图 6-22 及 6-23 所示。

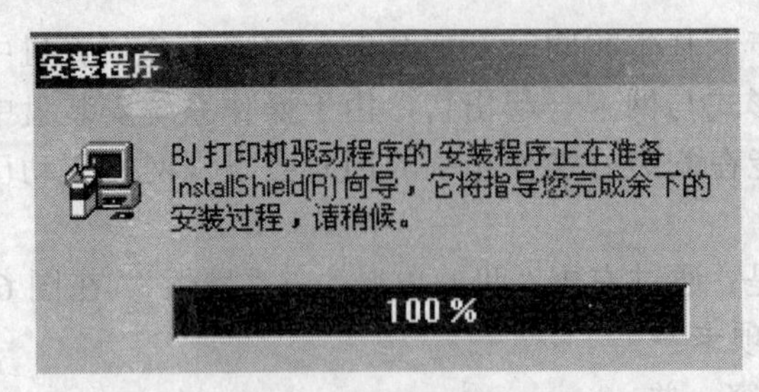

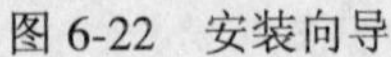
图 6-22　安装向导

图 6-23　复制文件

在完成了文件复制等必要的驱动程序安装工作后，系统提示将打印机连接至计算机。

2．安装打印机硬件

（1）连接数据线与电源线　首先要清楚打印机的接口类型，本例中为常用的 USB 方式。将数据线的一头与打印机相联，另一头与计算机的 USB 接口连接。同时将一根电源线插入打印机的电源插座。

（2）打开打印机电源　检查打印机与计算机已经正确连接后，按照图 6-24 所示的提示开启打印机电源。

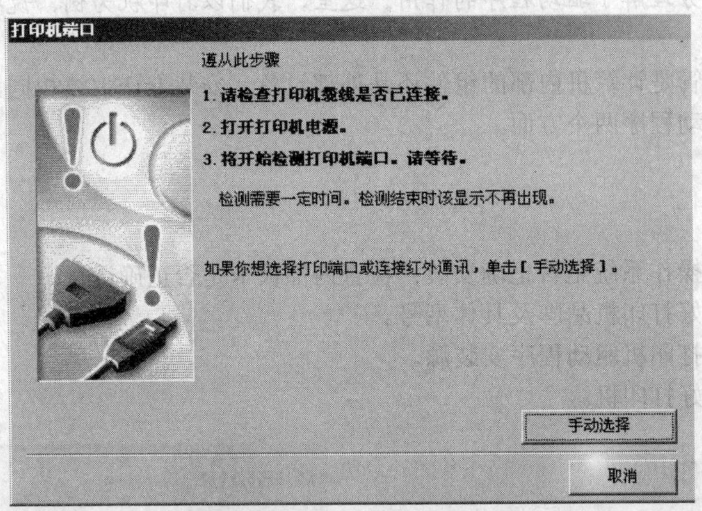

图 6-24　打印机硬件安装步骤

3．检测打印机端口

这里有两种选择：

（1）自动检测　通常我们选择这种方式，让计算机自动检测打印机的端口，并按窗口提示完成余下的安装过程。

（2）手动选择　如果长时间无法检测到打印机，则可以选择手动设置的方式来完成余下的安装过程。当然，最好认真阅读说明书，并根据讲述的方法来操作。

4．完成安装

在安装向导提示已经正确安装了打印机后，单击“我的电脑”→“控制面板”→“打

印机和传真”，会看到安装好的打印机图标，如图 6-25 所示。

5．打印测试与设置

选中打印机，右击后选择“属性”，弹出如图 6-26 所示的打印机属性窗口。在此窗口中可以通过单击“打印测试页”来检查刚才的安装工作是否已经完全成功；同时也可以使用其中的 7 个选项卡对打印机进行设置及维护。

图 6-25　打印机图标

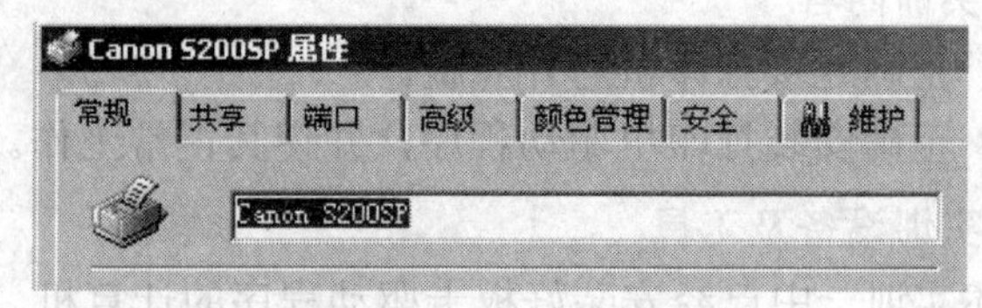

图 6-26　打印机属性窗口

实训一　安装板卡驱动程序

1．实训目的

理解驱动程序作用，掌握主板、显卡、声卡及网卡驱动程序的安装方法。

2．实训内容

（1）正确安装主板驱动程序，安装 DirectX。

（2）正确安装显卡驱动程序。

（3）正确安装声卡驱动程序。

（4）正确安装网卡驱动程序。

3．实训设备及工具

第 5 章实训中安装好操作系统的计算机，板卡驱动程序安装源（软盘或光盘）。

4．实训步骤

（1）识别并记录主板、显卡、声卡、网卡的型号及规格。

（2）阅读主板、显卡、声卡、网卡说明书，检查这些组件的驱动程序是否齐全。

（3）再次检查计算机硬件是否正确安装好，启动计算机进入 Windows 操作系统。

（4）依次安装主板、DirectX 及显卡驱动程序。

（5）安装声卡及网卡驱动程序。

（6）妥善保管好上述组件的驱动程序安装源。

5．实训记录见表 6-1

表 6-1　安装驱动程序记录表

序	组件	品牌（生产厂商）	型号及规格	驱动程序存储介质	安装结果
1	主板			□软盘　□光盘　□其他	
2	显卡			□软盘　□光盘　□其他	
3	声卡			□软盘　□光盘　□其他	
4	网卡			□软盘　□光盘　□其他	
5					

实训二 安装打印机

1．实训目的

掌握打印机的安装方法。

2．实训内容

（1）正确连接打印机与计算机。

（2）正确安装打印机驱动程序，并使其正常工作。

3．实训设备及工具

上述实训一中已经安装好板卡驱动程序的计算机、打印机。

4．实训步骤

（1）记录打印机品牌、型号及规格。

（2）阅读打印机说明书，检查驱动程序是否齐全。

（3）将打印机构件安装好，并连接到位（不通电）。

（4）启动打印机驱动安装程序，按安装向导完成软件及硬件的安装。

（5）打印测试页。

（6）妥善保管好打印机驱动程序及说明书。

5．实训记录

打印机品牌：____________型号及规格：____________

主要性能指标：________________________

驱动程序存储介质：□软盘 □光盘 □其他

测试页情况：□正常 □无法打印

思考与习题六

1．简答题

（1）显卡由哪几个部分组成？其主要性能指标有哪些？

（2）声卡是如何工作的？其主要性能指标有哪些？

（3）常用外部设备有哪些？其作用（用途）分别是什么？

（4）驱动程序的作用是什么？通常按何种次序安装各种组件的驱动程序？

2．填空题

（1）目前，常用显卡一般分为________与________两种接口方式。

（2）声卡的主要技术参数包括：________、________和复音数量等。

（3）按照接口类型，网卡可分为：________、________和 PCMCIA 三种类型。

（4）扫描仪目前采用的接口方式主要是________、________和 SCSI 三种类型。

3．单项选择题

（1）在显示器中，组成图像的最小单位是（ ）。

A．栅距　　B．分辨率　　C．点距　　D．像素

（2）下列打印机中，打印速度最快的是（　　）。

A．激光打印机　　B．喷墨打印机　　C．铅字打印机　　D. 针式打印机

（3）计算机标准输出设备指（　　）。

A．鼠标　　B．卡片阅读机　　C．键盘　　D．显示器

（4）下列设备中属于输入设备的是（　　）。

A．打印机　　B．扫描仪　　C．显示器　　D．绘图仪

第7章

安装常用应用软件

学习目标

1）了解常用应用软件的分类和作用。

2）理解病毒防治基本知识、掌握病毒分类与特点。

3）掌握安装 Office 软件的方法。

4）掌握常用杀毒软件（瑞星）及工具软件（WinRAR）的安装方法。

7.1 常用应用软件

常用应用软件在我们日常办公及生活中发挥了不可替代的作用，特别是进入信息时代的 21 世纪，各种应用软件发展很迅速。下面从日常使用频率的角度作简单分类与介绍：

1. Office 软件

Microsoft Office 软件随着操作系统的不断升级而提高，大家可能对 Office 97 有些陌生了，可是当你从实际的应用中感觉到 Office 2000 已经成为你日常办公与生活的助手时，功能更加强大的 Office 2003 版本已经发布了。Office 软件主要由 Word、Excel、PowerPoint、Access 及 Outlook 组成。

2. 杀毒软件

随着网络的普及，在人们感受到网络带来的便利和效率的同时，计算机病毒也成为大家日常谈论的话题。文件损坏与丢失、计算机运行速度变慢以及操作系统崩溃差不多已经成为用户判断计算机中毒的依据，瑞星、江民、金山毒霸以及卡巴斯基等各种查杀毒软件也随之成为计算机查毒、杀毒的重要手段。

3. 常用工具软件

目前，常用工具软件多种多样，有压缩工具、下载工具、图像浏览、系统设置、光碟工具等，比如说当你想对文件或者文件夹进行压缩时，首先想到的肯定是 WinRAR 与 WinZIP 压缩工具；如果想对所拍的数码照片进行浏览或者简单处理，则肯定会想到操作简单的 ACDSee 图像浏览软件；当你想刻录光盘时，肯定会应用 Nero 来进行制作。

4．网络通信软件

当想进行网络通信时，MSN 与 QQ 软件肯定是你的首选。MSN Messenger 是微软公司推出的即时消息软件，可以与他人进行文字聊天、语音对话、视频会议等即时交流。腾讯 QQ 已经成为国内最为流行、功能最强的即时通信软件，可以与好友进行信息即时发送和接收，语音视频面对面聊天，功能非常全面。

MSN 比较适于企业使用，腾讯 QQ 侧重于娱乐。

5．影视播放软件

常用的影视播放软件有 Windows Media Player、豪杰超级解霸和 RealPlayer 等。其中 RealPlayer 和 Windows Media Player 相比，在播放同一个. avi 文件时在视觉效果上 RealPlayer 要稍好一点。豪杰超级解霸除了播放音频、视频功能外，还带有许多工具，具有对各种音频、视频的格式转换和抓轨功能等。

6．设计软件

设计软件因应用范围的不同，其区别也较大，往往由工作性质所决定。例如：从事图片处理肯定要安装 Photoshop、从事制图工作肯定要安装 AutoCAD、从事网页设计的肯定要安装网页三剑客等。

7.2　病毒防治

1988 年 11 月 2 日下午，美国康奈尔大学的计算机科学系的一位研究生将其编写的蠕虫程序输入计算机网络，致使这个拥有数万台计算机的网络被堵塞。这件事在计算机界引起了巨大反响，震惊全世界，从而也更进一步促使人们加强了对计算机病毒的防治工作。

7.2.1　计算机病毒的定义

计算机病毒是一个程序，一段可执行码，它对计算机的正常使用进行破坏，使计算机无法正常使用甚至整个操作系统或者计算机硬盘损坏。就像生物病毒一样，计算机病毒有独特的复制能力。计算机病毒可以很快地蔓延，又常常难以根除。它们能把自身附着在各种类型的文件上。当文件被复制或从一个用户传送到另一个用户时，它们就随同文件一起蔓延开来。这种程序不是独立存在的，而是隐蔽在其他可执行的程序之中，既有破坏性，又有传染性和潜伏性。轻则影响机器运行速度，使机器不能正常运行；重则使机器处于瘫痪，会给用户带来不可估量的损失。通常就把这种具有破坏作用的程序称为计算机病毒。

7.2.2　计算机病毒的特点

1．破坏性

一般来说，凡是由软件手段能触及到计算机资源的地方均可能受到计算机病毒的破坏。其表现为：占用 CPU 时间内存开销，从而造成进程堵塞；对数据或文件进行破坏；打乱屏幕的显示等；严重时，病毒能够破坏数据或文件，使系统丧失正常的运行能力。

计算机病毒寄生在其他程序之中，当执行这个程序时，病毒就起破坏作用，而在未启动这个程序之前，它是不易被人发觉的。

2．传染性

计算机病毒不但本身具有破坏性，而且还具有传染性。一旦病毒被复制或产生变种，其速度之快令人难以预防。

3．潜伏性

计算机病毒的传染性是指其依附于其他媒体而寄生的能力。病毒程序大都混杂在正常程序中，有些病毒像定时炸弹一样，让它什么时间发作是预先设计好的。比如黑色星期五病毒，不到预定时间一点都觉察不出来，等到条件具备的时候一下子就爆炸开来，对系统进行破坏。

4．隐蔽性

计算机病毒具有很强的隐蔽性，有的可以通过病毒软件检查出来，有的根本就查不出，有的时隐时现、变化无常，这类病毒处理起来通常很困难。

7.2.3 计算机病毒的分类

根据病毒存在的媒体，可以将病毒划分为网络病毒、文件病毒、引导型病毒。网络病毒通过计算机网络传播感染网络中的可执行文件；文件病毒感染计算机中的文件（如 COM、EXE 与 DOC 等）；引导型病毒感染启动扇区（Boot）和硬盘的系统引导扇区（MBR）。

根据病毒破坏的能力可划分为无害型、无危险型、危险型和非常危险型。无害型病毒除了传染时减少磁盘的可用空间外，对系统没有其他影响。无危险型病毒仅仅是减少内存、显示图像、发出声音及同类影响。危险型病毒在计算机系统操作中造成严重的错误。非常危险型病毒删除程序、破坏数据、清除系统内存区和操作系统中重要的信息。

7.2.4 病毒防治的一般方法

病毒的入侵必将对系统资源构成威胁，因此防止计算机病毒的入侵往往比病毒入侵后再去查找和清除来得重要。不管是单位还是家庭用户，应树立预防为主、查杀为辅的指导思想，养成好的习惯，从根本上将病毒拒之门外。基本的防治方法简单介绍如下。

1．常识性判断

对于来历不明的文件（邮件、图片等）及信息不要因为好奇心而单击它。

2．安装并定时升级杀毒软件

购置正版杀毒软件，在首次安装后花一定时间对计算机进行一次彻底的病毒扫描，并清除发现的病毒。开启保护功能并定期升级软件，至少每周一次以保证防毒软件最新并且有效。

3．规范存储介质的使用

- 软盘与 U 盘：外来磁盘等首先要查毒、杀毒，重要软盘要防写，重要数据要备份。
- 硬盘：在安装及升级杀毒软件的基础上，将资料保存于 C 盘之外。
- 光盘：使用正版光盘软件。

4．养成良好的操作习惯

设置 Windows 登录密码并定期进行必要的更换。安装网络应用软件时不可使用默认值。

不要从任何不可知的渠道下载任何软件或资料。这一点较难做到，因为通常我们无法判断什么是不可知的渠道，但是从有一定知名度的网站下载是较为明智的选择。对于下载的软件或资料先进行病毒扫描，然后再打开或安装。对于不良站点，及时举报。

7.2.5　常见杀毒软件

1．瑞星杀毒软件（2007 版）

瑞星杀毒软件 2007 版，是基于第八代虚拟机脱壳引擎（VUE）研制开发的新一代信息安全产品，能够准确查杀各种加壳变种病毒、未知病毒、黑客木马、恶意网页、间谍软件、流氓软件等有害程序，在病毒处理速度、病毒清除能力、病毒误报率、资源占用率等主要技术指标上实现了新的突破。同时用户可以免费下载安装包，具有免费查毒和实时监控功能。

2．金山毒霸杀毒软件（2007 版）

金山毒霸 2007 版可扫描操作系统及各种应用软件的漏洞，当新的安全漏洞出现时，会下载漏洞信息和补丁，经扫描程序检查后自动帮助用户修补。具有个人网络防火墙功能，提供对黑客程序、木马和间谍软件以及其他恶意程序的拦截查杀，对网络进行全方位攻击防护。系统中一旦有木马、黑客或间谍程序访问网络，会及时拦截该程序对外的通信访问，然后对内存中的进程进行自动查杀，保护用户网络通信的安全。

3．江民杀毒软件（2007 版）

江民杀毒软件 KV2007 具有反黑客、反木马、漏洞扫描、垃圾邮件识别、硬盘数据恢复、网银网游密码保护、IE 助手、系统诊断、文件粉碎、可疑文件强力删除、反网络钓鱼等功能。新增流氓软件清理功能，KV2007 新推出第三代 BOOTSCAN 系统启动前杀毒功能，支持全中文菜单式操作，使用更方便，杀毒更彻底。

4．卡巴斯基杀毒软件（V7.0）

这里仅介绍卡巴斯基中文单机版。它是俄罗斯著名数据安全厂商 Kaspersky Labs 专为我国个人用户量身定制的反病毒产品。这款产品的主要功能包括：病毒扫描、驻留后台的病毒防护程序、脚本病毒拦截器以及邮件检测程序，时刻监控一切病毒可能入侵的途径。产品采用强有力的启发式分析技术、iChecker 实时监控技术和独特的脚本病毒拦截技术等多种最尖端的反病毒技术。

7.3　项目一　安装 Office 软件

【项目任务】正确安装 Office 软件（本项目要求安装 Office 2003）。

【项目分析】在前面的实训中我们已经成功地安装好了操作系统及驱动程序，为安装 Office 软件创造了条件。对于安装好 Windows 2000 SP4 或 Windows XP 操作系统的计算机来说，硬件条件肯定同时满足。安装不同版本的Office软件方法大致相同，下面以Office 2003为例，叙述安装要点。

7.3.1 准备工作

- 确保操作系统、系统补丁、设备驱动程序已经安装好。
- 准备好Office 2003安装盘，记录好安装序列号。
- 查看磁盘空间，选择好安装目标磁盘。

7.3.2 项目实施

1．启动安装程序

一般情况下，将Office 2003安装盘直接放入光驱后，在Windows 2000或者Windows XP操作系统中，光驱会直接读盘中的autorun文件，选择Office 2003就可开始安装。

如果不能自动运行安装程序，则先打开“我的电脑”再打开“光盘”最后双击Setup安装文件，同样可以启动安装程序。

2．安装过程

（1）输入序列号　在图7-1所示的产品密钥框中输入25个字符及数字组成的系列号（产品密钥），并单击“下一步”，继续执行安装。

图7-1　输入产品密钥（序列号）

（2）输入用户信息　在如图7-2所示的对话框中输入用户名、缩写和单位，完成后单击“下一步”。

图7-2　输入用户信息

（3）接受许可协议　对于如图 7-3 所示的软件许可协议，我们只能无条件接受其条款才能继续安装，所以记住一定要在单选框中点击打勾，再单击“下一步”。

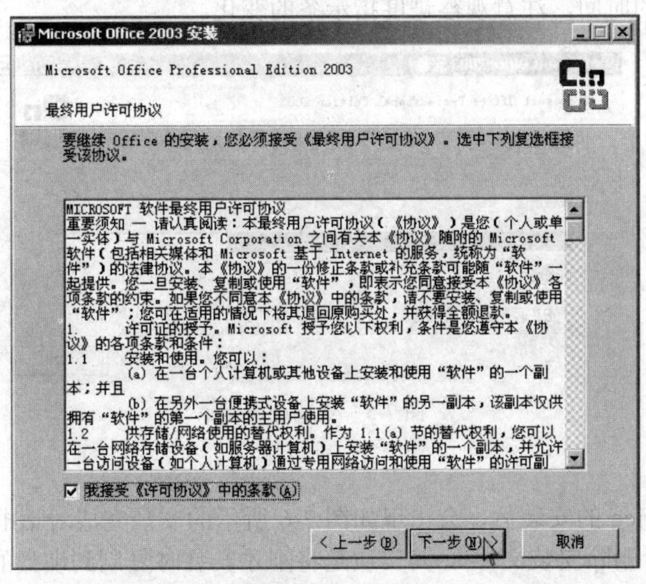

图 7-3　许可协议

（4）选择安装方式及目标文件夹　对于如图 7-4 所示的安装选项，要根据自己硬盘的大小和要求，选择一种合适的安装类型，其中最小安装需要 691MB，典型安装 1109MB，完全安装 1386MB。在图中的四个选项中点击一项，再单击“下一步”就可以了。如果需要将 Office 2003 安装到其他分区中，则单击“浏览”按钮，查找及选择好合适的分区即可。为了节省空间或其他原因，有时不需要安装其他 Office 组件，就可以通过自定义的方式来安装。

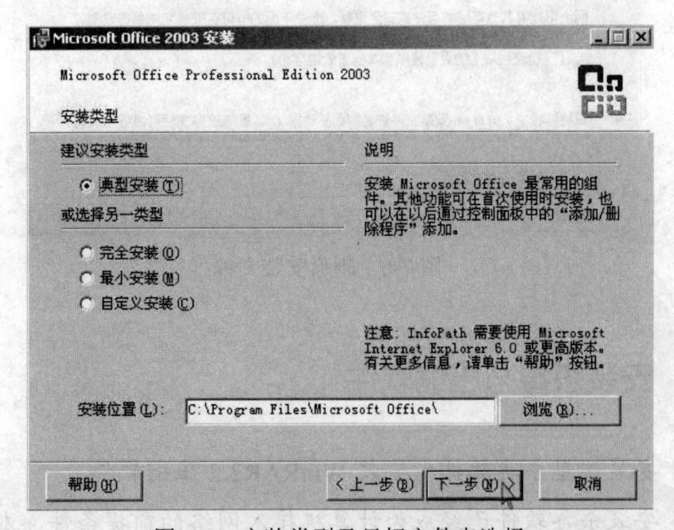

图 7-4　安装类型及目标文件夹选择

目前情况下，由于硬盘容量足够大，只要分区合理，一般选择默认值“典型安装”，直

接单击“下一步”即可。（建议在分区时考虑 Office 软件安装空间）

（5）安装进程　在完成了一系列的选择后，真正进入了如图 7-5 所示的安装进程。安装进程需要一定的时间，注意观察进度指示条的变化。

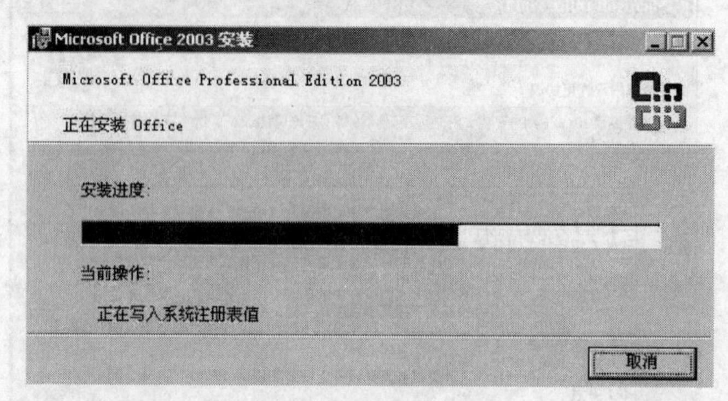

图 7-5　安装进程指示

3. 完成安装

在完成了 Office 的安装后，会出现如图 7-6 所示的安装完成对话框。为了节省硬盘空间，一般要选择“删除安装文件”，其实质是将刚才安装时复制到硬盘的临时文件删掉，不会影响系统运行。单击“完成”按钮后，我们就可以正常使用 Office 2003 了。当然，记得将放在光驱中的安装光盘取出并保存好。

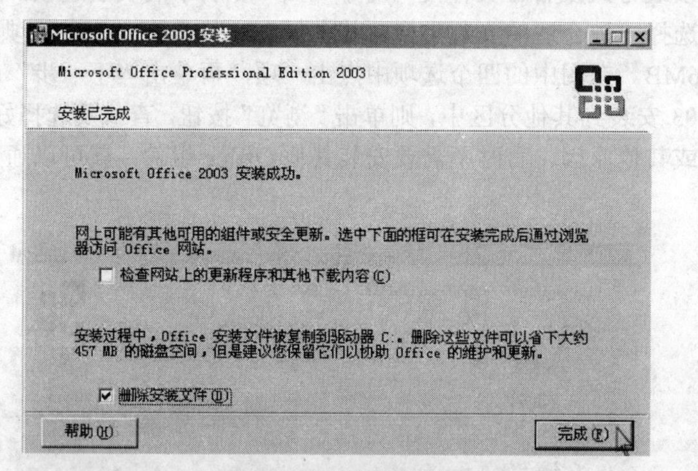

图 7-6　删除安装文件

7.4　项目二　安装杀毒与压缩软件

【项目任务】安装瑞星杀毒软件；安装 WinRAR3.2 压缩软件。

【项目分析】安装杀毒软件已经成为计算机接入网络的前提条件，本项目以瑞星 2007 为例介绍安装要点。压缩软件在人们日常办公与生活中使用频率较高，这里以 WinRAR3.2 为例加以说明。

7.4.1　准备工作

- 检查操作系统、系统补丁、驱动程序等是否已经安装好。
- 购置正版瑞星杀毒软件，准备好 WinRAR3.2 中文版安装程序。
- 查看磁盘空间，选择好安装目标磁盘（此类软件建议安装到 C 盘）。

7.4.2　安装瑞星杀毒软件

1．运行安装程序

安装前关闭所有其他正在运行的应用程序，将瑞星杀毒软件光盘放入光驱，系统会自动显示安装界面（如图 7-7 所示），单击“安装瑞星杀毒软件”。

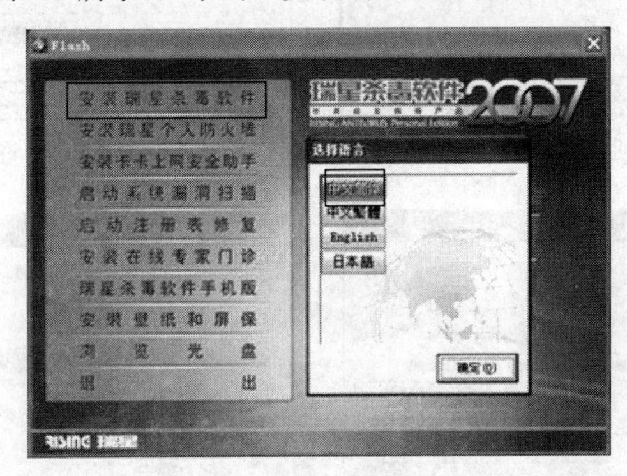

图 7-7　启动及语言选择

2．选择语言

如图 7-7 所示，在弹出的语言选择对话框中选择“中文简体”，单击“确定”按钮。

3．安装向导欢迎界面

进入瑞星杀毒软件安装向导后，出现欢迎界面。为了避免安装过程中可能产生的相互冲突，安装程序再次提示关闭所有其他正在运行的程序。如图 7-8 所示，单击“下一步”继续。

4．许可协议

阅读最终用户许可协议，如图 7-9 所示，选择“我接受”，按“下一步”继续。

5．产品序列号与用户 ID

根据使用手册上用户身份卡的信息，在如图 7-10 所示的验证产品序列号和用户 ID 窗口中，正确输入产品序列号和 12 位用户 ID，单击“下一步”继续。

【友情提示】请购置正版杀毒软件并妥善保管好序列号和用户 ID。

6．选择组件

在如图 7-11 所示的窗口中，选择需要安装的组件。分全部安装与最小安装两种模式。

全部安装表示将安装瑞星杀毒软件的全部组件和工具程序，需要 125MB 磁盘空间；

最小安装仅选择安装瑞星杀毒软件必需的组件，只需 98MB 空间。也可以在列表中勾选需要安装的组件，完成选择后单击“下一步”。

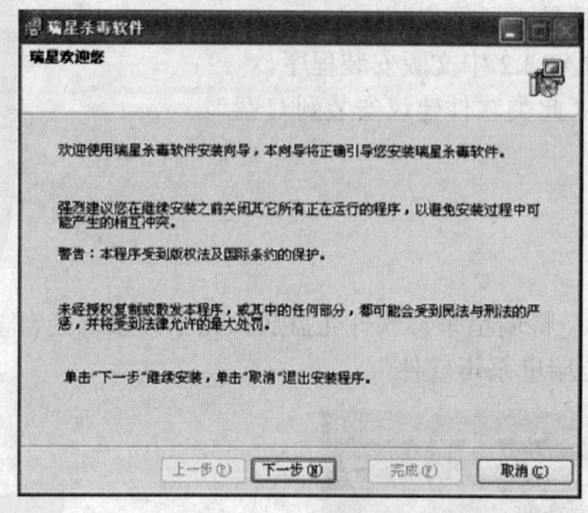

图 7-8 欢迎界面

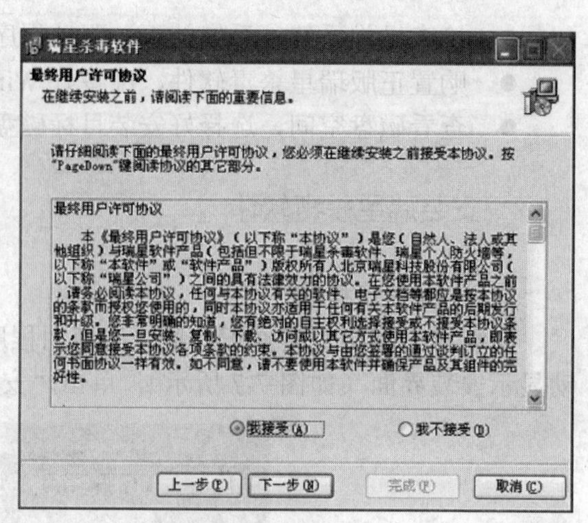

图 7-9 许可协议

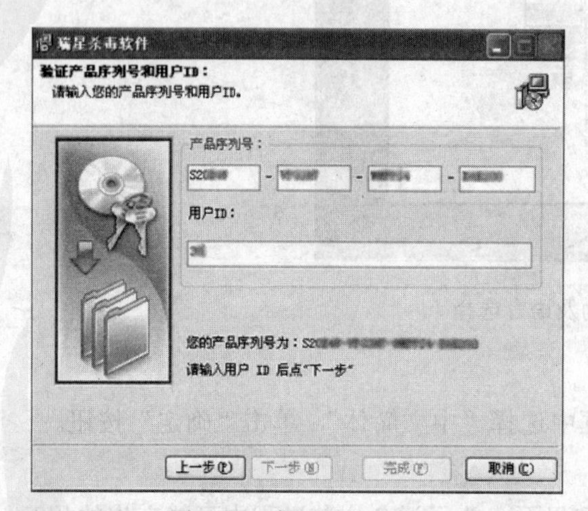

图 7-10 序列号与用户 ID

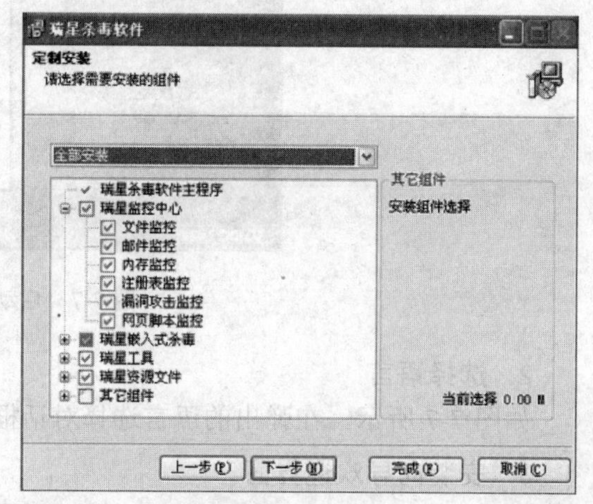

图 7-11 组件选择

7．安装目标选择

根据安装向导的提示，接下来选择好目标文件夹、开始菜单文件夹等选项。这些选项只要使用默认值就可以了，不必更改。为了确保在一个无毒的环境中安装瑞星杀毒软件，可以选择在安装之前执行内存病毒扫描。

8．安装进程

经过上述各步的准备后，系统才进入真正的安装过程，如图 7-12 所示。文件复制完成后，出现如图 7-13 所示的结束窗口，单击“完成”结束整个安装过程。

9．运行及升级

完成必要的运行设置后，尽快连接到瑞星网站完成产品注册。运行瑞星杀毒软件并及时升级软件，如图 7-14 所示。

【经验交流】其他杀毒软件的安装过程与安装瑞星基本类似，需要指出的是：不要在

同一台计算机上同时运行两个杀毒软件。

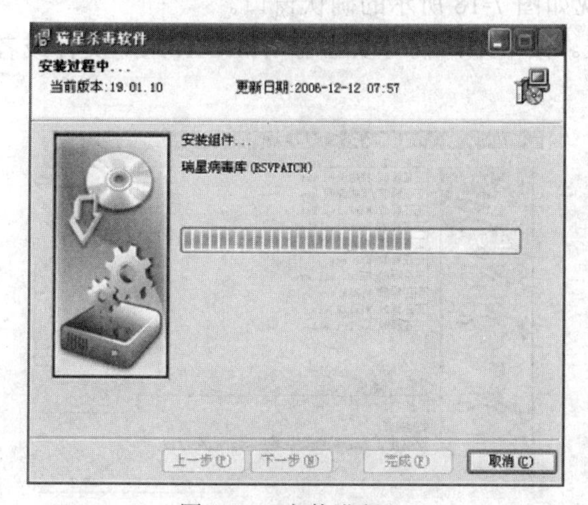

图 7-12　安装进程

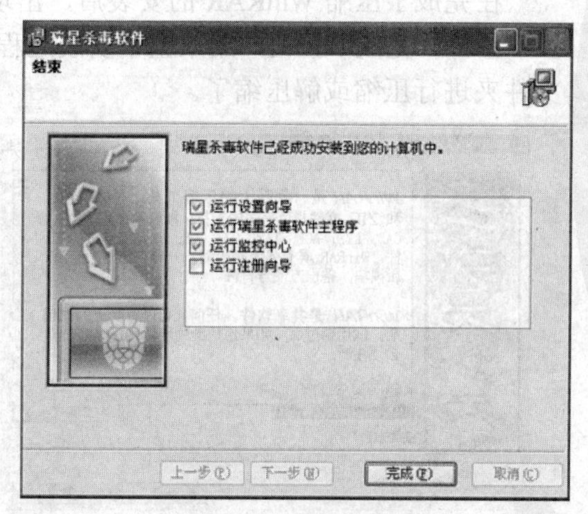

图 7-13　完成安装

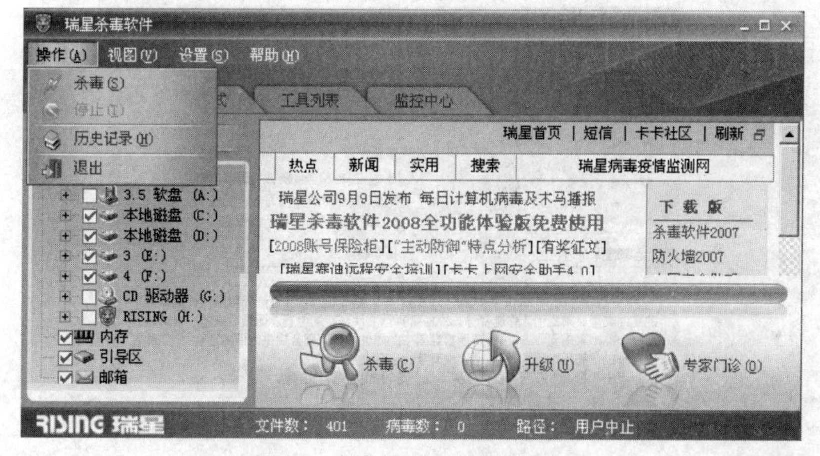

图 7-14　瑞星杀毒软件主程序

7.4.3　安装压缩软件

1．运行安装程序

双击 WinRAR 安装程序图标，出现如图 7-15 所示的选择目标文件夹对话框。如果想安装在默认目录中，单击“安装”即可；如果想更改，则单击“浏览”进行选择。

2．安装进程

选择好目标文件夹并单击“安装”后，安装程序开始安装该软件，并以如图 7-16 所示的形式显示安装进程。完成此进程后，自动进入下一窗口。

3．关联文件及界面选择

在如图 7-17 所示的选择窗口中，可以对关联文件及 WinRAR 窗口作出调整，当然，一般情况下单击“确定”即可。

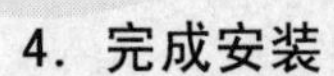

4．完成安装

在完成了压缩 WinRAR 的安装后，出现如图 7-18 所示的确认窗口。

单击“完成”按钮，结束整个安装过程。接下来，就可以应用 WinRAR 来对文件或者文件夹进行压缩或解压缩了。

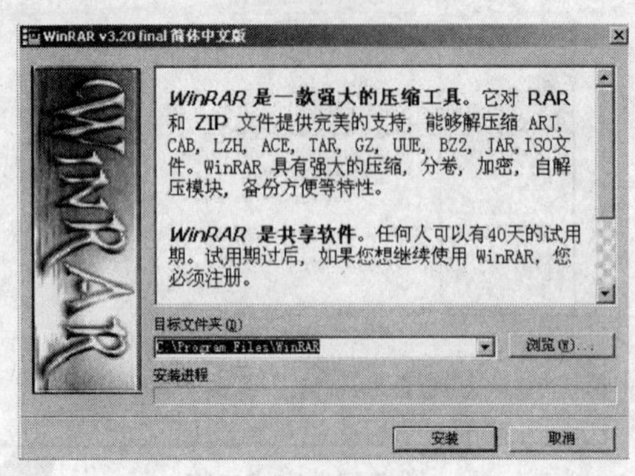

图 7-15　选择安装目标文件夹

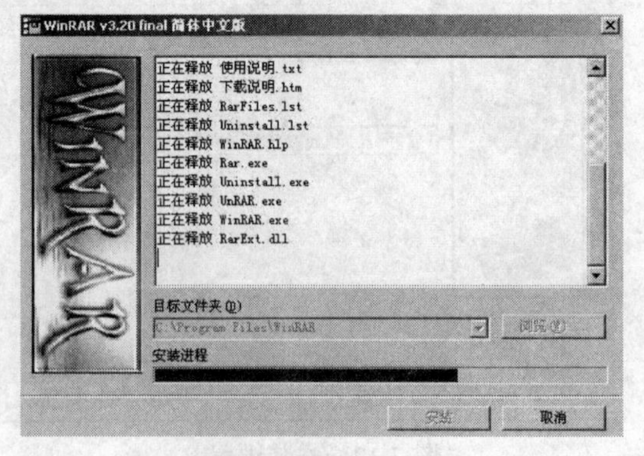

图 7-16　安装进程

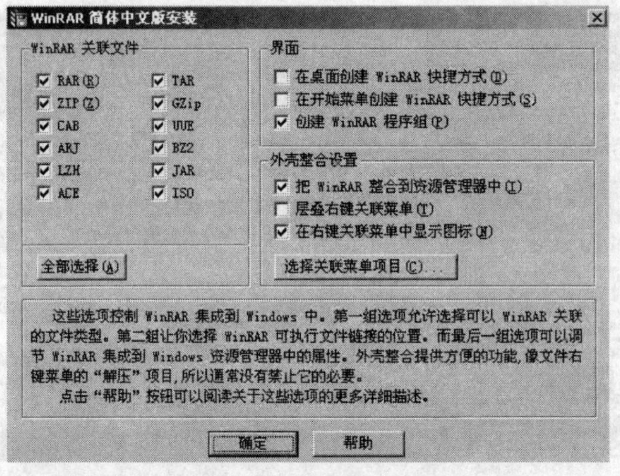

图 7-17　参数选择窗口

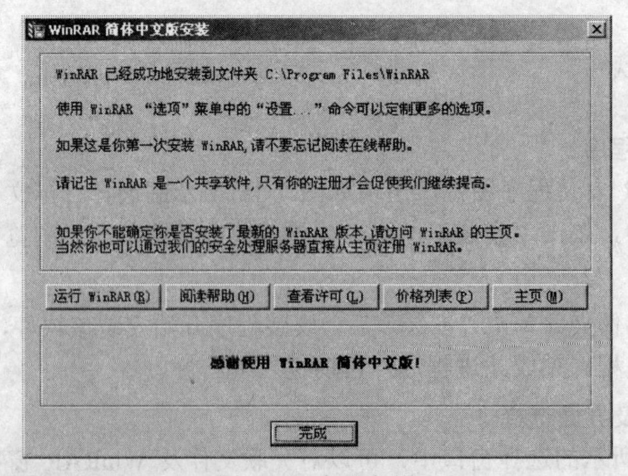

图 7-18　完成安装

实训　安装 Office 应用软件

1. 实训目的

通过 Office 软件的安装，掌握常用应用软件的安装要点。

2. 实训内容

安装 Office 软件。

3. 实训设备及工具

第 5 章实训中已安装好操作系统的计算机；准备 Office 安装光盘。

4. 实训步骤

（1）正常启动计算机（已安装好操作系统）。
（2）检查 C 盘、D 盘容量及剩余空间，并确定安装目标文件夹。
（3）将 Office 安装光盘放入光驱中，启动安装程序。
（4）完成安装过程。
（5）运行 Office 软件。

5. 实训记录见表 7-1

表 7-1　安装 Office 应用软件记录表

<table>
<tr><td rowspan="2">1</td><td rowspan="2">安 装 源</td><td>系 列 号</td><td colspan="2">版 本 号</td><td colspan="2">是否自动运行？</td></tr>
<tr><td></td><td colspan="2"></td><td colspan="2"></td></tr>
<tr><td rowspan="2">2</td><td rowspan="2">目标文件夹</td><td>目标盘总容量</td><td colspan="2">目标盘剩余空间</td><td colspan="2">路　径</td></tr>
<tr><td></td><td colspan="2"></td><td colspan="2"></td></tr>
<tr><td>3</td><td>安 装 过 程</td><td>开始时间</td><td></td><td>结束时间</td><td colspan="2"></td></tr>
<tr><td>4</td><td>Office 组成</td><td colspan="5"></td></tr>
</table>

思考与习题七

1. 简答题

（1）到目前为止学过的应用软件有哪些？其用途分别是什么？
（2）计算机病毒具有什么特征？它的危害有多大？
（3）目前，主要的杀毒软件包括哪些？
（4）上网搜索近期病毒预报。

2．判断题（对打√；错打×）

（1）杀毒软件都具有查、杀任何计算机病毒的能力。（　）

（2）计算机病毒会感染到用户人体。（　）

（3）Office 2000 属于系统软件。（　）

（4）安装应用软件，一般是执行安装盘上的 Setup 文件。（　）

（5）安装计算机软件的流程，通常是先安装应用软件再安装操作系统。（　）

第 8 章

使计算机最优化

学习目标

1）进一步了解及掌握 CMOS 设置项目。
2）了解计算机常用优化方法，掌握最基本优化设置步骤。
3）了解注册表的概念，掌握注册表的备份与恢复。
4）掌握通过优化大师软件对计算机进行优化的方法。

8.1 CMOS 设置详解

通过前几章的学习及实际操作，特别是安装计算机所必须完成的 CMOS 参数的设置，我们已经对 BIOS 和 CMOS 有了最基本的理解。在这一节，我们将以第 3 章的内容为基础，介绍更多有关 CMOS 设置方面的内容。

8.1.1 高级 BIOS 功能设置

	Quick Boot	[Enabled]
	Anti-Virus Protection	[Disabled]
▶	Boot Sequence	[Press Enter]
	CPU L1 & L2 Cache	[Enabled]
	CPU L2 Cache ECC Checking	[Enabled]
	Swap Floppy	[Disabled]
	Seek Floppy	[Disabled]
	Boot Up Numlock Status	[on]
	Typematic Rate Setting	[Disabled]
	Typematic Rate Setting	[Disabled]
*	Typematic Rate (Chars/Sec)	6
*	Typematic Delay (Msec)	250
	Security Option	[System]
	APIC Mode	[Enabled]
	MPS Table Version	[1.4]
	HDD S. M. A. R.T. Capability	[Disabled]

图 8-1 高级 BIOS 功能设置

对于上图，我们在第 3 章中设置开机启动装置时已经接触过，现在进一步介绍其中的主要内容：（注：下述选项中的第一项为默认值）

（1）Quick Boot（快速加电自检）。选项：Enabled/Disabled。

允许缩短开机自检（POST），使系统启动得更快。当设为 Enabled 时，系统在开机自我测试时会缩短或跳过某些检查。只有确认硬件系统运行稳定后才可以开启此项。

（2）Anti-Virus Protection（病毒保护）。选项：Disabled /Enabled。

如果设置此项为 Enable，每当启动时或启动后，任何企图修改系统引导扇区或硬盘分区表的动作都会使系统暂停并出现错误提示信息，这样用户可以用杀毒软件检测或消除病毒；可在安装系统时把本项设置为 Disabled，其余时间都应设置为 Enabled。

（3）CPU L1 & L2 Cache（中央处理器一级和二级高速缓存）。选项：Enabled/Disabled。

设置是否打开处理器 L1 和 L2 高速缓存，为了获得更好的性能，一般设置为 Enable 值，通常只有在检测系统出故障时才会将其设为 Disabled。

（4）CPU L2 Cache ECC Checking（CPU 二级缓存 ECC 校验）。选项：Enabled/Disabled。

设置是否打开 CPU 二级缓存奇偶校验（ECC：Error Checking and Correction）。

（5）Swap Floppy（交换软盘驱动器号）。选项：Disabled /Enabled。

（6）Seek Floppy（启动时寻找软盘驱动器）。选项：Disabled/Enabled。

（7）Boot Up NumLock Status（启动时键盘上数字锁定键的状态）。选项：On/Off。

（8）Typematic Rate Setting（键入速率设定）。选项：Disabled/Enabled。

用来控制字元输入速率，设置包括 Typematic Rate（字元输入速率）和 Typematic Delay（字元输入延迟）。

（9）Security Option（检查密码方式）。选项：Setup/System。

选择 Setup 值，只有在进入 CMOS SETUP 时才要求输入密码；选择 System 值，无论是开机还是进入 CMOS SETUP 都要输入密码。

（10）APIC Mode（APIC 模式）。选项：Enabled/Disabled。

此项是用来启用或禁用 APIC（高级程序中断控制器）。

（11）HDD S.M.A.R.T.Capability。选项：Disabled/ Enabled。

S.M.A.R.T.(Self-Monitoring，Analysis，and Reporting Technology)系统指驱动器运行监听预报的诊断技术，用于自我监控硬盘驱动器。

8.1.2 集成设备设定

在 CMOS 主菜单中，选择“Integrated Peripherals（集成设备设定）”子菜单，进入如图 8-2 所示的界面。

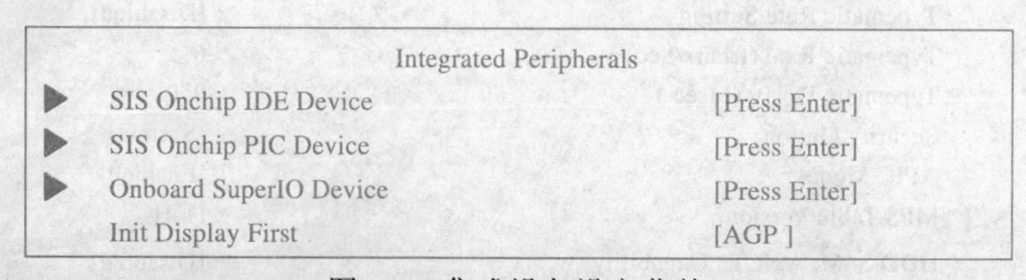

图 8-2 集成设备设定菜单

1. SIS Onchip IDE Device（主板集成 IDE 设备）

该项目前带有箭头符号，说明包含子菜单。选择后按回车键，打开如图 8-3 所示的界面。

Internal PCI/IDE	[Both]
IDE Primary Master PIO	[Auto]
IDE Primary Slave PIO	[Auto]
IDE Secondary Master PIO	[Auto]
IDE Secondary Slave PIO	[Auto]
Primary Master UltraDMA	[Auto]
Primary Slave UltraDMA	[Auto]
Secondary Master UltraDMA	[Auto]
Secondary Slave UltraDMA	[Auto]

图 8-3 主板集成 IDE 设备

（1）Internal PCI/IDE（内部 PCI/IDE 控制器）。选项：Both/Disable/Primary/Secondary。设定是否开启 PCI 及 IDE 控制器。

（2）IDE Primary/Secondary Maste/Slave PIO（第一/第二个主/从控制器下的 PIO 模式）。每个 IDE 通道支持主、从两个驱动器，这四个选项定义 IDE 设备的可编程输入输出类型。默认设为 Auto，让系统自动检测设备 PIO 类型，或者设置 PIO 模式从 0～4 中选择。选项：Auto/Mode 0/Mode 1/Mode 2/Mode3/Mode 4。

（3）IDE Primary/Secondary Master/Slave UltraDMA（第一/第二个主/从控制器下的 UDMA 模式）。选项：Auto/Disabled。

设置第一、二组主从 IDE 设备是否支持 Ultra DMA。

2. SIS Onchip PIC Device（主板集成 PIC 设备）

在图 8-2 中选择“SIS Onchip PIC Device”后按回车键，打开如图 8-4 所示的界面。

SIS USB Controller	[Enabled]
USB 2.0 Supports	[Enabled]
USB Keyboard Support	[Enabled]
USB Mouse Support	[Enabled]
SIS AC'97 AUDIO	[Auto]
SIS 10/100M ETHERNET	[Enabled]
Onboard Lan Boot ROM	[Disable]

图 8-4 集成 PIC 设备

（1）SIS USB Controller（USB 控制器）。选项：Enabled/Disabled。

（2）USB 2.0 Supports（USB2.0 支持）。选项：Enabled/Disabled。

（3）USB Keyboard/Mouse Support（支持 USB 键盘/鼠标）。选项：Enabled/Disabled。

（4）AC'97 Audio（集成 AC'97 声卡）。选项：Auto/Disabled。

设置 Auto，自动检测并启用板载 AC'97 音频设备；设置 Disabled，关闭集成声卡。

（5）SIS 10/100M ETHERNET（集成 10/100M 以太网卡）。选项：Enabled/Disabled。

用这个选项可以打开或关闭在主板上集成的10/100M以太网卡。

（6）Onboard Lan Boot ROM（内置网络开机引导）。选项：Disabled/Enabled。

3．“Onboard SuperIO Device”主板集成超级I/O设备

在图8-2中选择“Onboard SuperIO Device”后按回车键，进入如图8-5所示的界面。

Onboard FDC Controller	[Enabled]
Onboard Serial Port 1	[3F8/IRQ4]
Onboard Serial Port 2	[2F8/IRQ3]
Onboard Parallel Port	[378/IRQ7]
Parallel Port Mode	[ECP]
Game Port Address	[201]

图8-5　集成超级I/O装置

（1）Onboard FDC Controller（内置软驱控制器）。选项：Enabled/Disabled。

（2）Onboard Serial Port 1（内置串行口1设置）。

- Auto　　由BIOS自动设定。
- 3F8/IRQ4　指定内置串行口1为COM1且使用3F8/IRQ4地址。
- 2F8/IRQ3　指定内置串行口1为COM2且使用2F8/IRQ3地址。
- 3E8/IRQ4　指定内置串行口1为COM3且使用3E8/IRQ4地址。
- 2E8/IRQ3　指定内置串行口1为COM4且使用2E8/IRQ3地址。
- Disabled　关闭内置串行口1。

（3）Onboard Serial Port 2（内置串行口2设置）。同串行口1，默认值为2F8/IRQ3。

（4）Onboard Parallel Port（并行端口选择）。使用并指定内置并行端口地址。

选项：378/IRQ7、278/IRQ5、3BC/IRQ7、Disabled。

（5）Parallel Port Mode（并行端口模式）。

设置并口数据传输协议类型，可选参数为SPP（标准并行端口）、EPP（增强并行端口）、ECP（扩展性能端口）和ECP+EPP。SPP仅允许数据输出，ECP和EPP支持双向的模式。

（6）Game Port Address（游戏端口地址）。选项：201/209/ Disabled。

4．Init Display First（开机显示设备）

这个项目可选择当系统开机时首先对AGP或是PCI插槽上的显卡做初始化工作，由于目前大都采用AGP显卡，所以默认值为AGP。可选项是：AGP/PCI Plot。

8.1.3　电源管理设定

计算机在平常操作时，是工作在全速模式状态，而电源管理程序会监视系统的图形、串并口、硬盘的存取、键盘、鼠标及其他设备的工作状态，如果上述设备都处于停顿状态，则系统会进入省电模式。当有任何监控事件发生时，系统即刻回到全速工作模式的状态。

在CMOS主菜单中选择“Power Management Setup”后按回车键，进入如图8-6所示的界面。

Sleep State	[S1/POS]
Power Management	[User Define]
Suspend Mode	[1 Min]
MODEM Use IRQ	[AUTO]
Hot Key Function As	[Power off]
HDD Off After	[Disabled]
Power Button Function	[Power off]
After AC Power Lost	[Power off]
▶ PM Wake Up Events	[Press Enter]

图 8-6　电源管理设定

（1）Sleep State（睡眠状态）。选项：S1/POS、S3/STR。

（2）Power Management（电源管理）：选择该项，按回车键后出现以下三个选项：

- Uers Define：用户自定义。
- Min Saving：停用一小时进入省电功能模式。
- Max Saving：停用 1 分钟进入省电功能模式。

（3）Suspend Mode（挂起方式）。选项：1 分钟～1 小时、Disabled。

电源管理处于用户自定义模式时，设定 PC 多久没有使用时，便进入 Suspend 省电模式，将 CPU 工作频率降到 0MHz。

（4）MODEM Use IRQ（调制解调器的中断值）。选项：Auto/3/4/5/7/9/10/11。

决定 MODEM 所采用的 IRQ 号，以便远程唤醒时发出合适的中断信号。

（5）Hot Key Function As。（设置热键功能）。选项：Disabled（关闭热键功能）/Power Off（关闭电源）/Suspend（挂起模式）。

（6）HDD Off After（硬盘电源关闭模式）。如果在 Power Management 项中设置为 User Define，即可设置进入硬盘省

电模式的等待时间，从一分到十五分钟。如果在设置的这段时间内硬盘没有任何活动，硬盘将降低转数进入省电模式。选项：1Min～15Min/
Disabled。

（7）Power Button Function：设定电源按钮的作用。选项：Power Off/Suspend。

尽管 BIOS 类型及版本的不同，菜单及选项参数等表现形式存在差异，但是其基本内容大同小异。仔细阅读主板说明书是完成 CMOS 设置的关键，也是从事组装与维修的基础。

8.2　常用优化方法

计算机优化方法种类繁多，这里从 CMOS 优化、优化软件环境、优化软件等方面入手。

8.2.1　优化 CMOS

所谓优化 CMOS 参数设置，指根据主板 BIOS 版本和计算机实际硬件配置情况，对开机

速度、系统性能、安全稳定性作适当调整。方法有很多，这里略作介绍：

（1）根据硬件配置将不存在的设备设置成“无”，例如：当两个 IDE 接口上只安装了一个硬盘及一个光驱时，将其他两个项目设置为“None”。

（2）加快系统启动速度

● 正常使用时启动装置次序（Boot Sequence）设置为只从硬盘（HDD-0）启动，需要时再改为先从 CD-ROM 或 Ploppy 启动。

● 启动时不寻找软盘，也就是将 Seek Floppy 设置成 Disabled。

● 加速加电自检过程，将 Quick Boot 项设置为 Enabled。

（3）通过启用一级、二级高速缓存等方法，充分发挥 CPU 在当前主频下的运行速度。

（4）安全性方面：当结束硬件及软件安装后，设置用户及管理员开机密码、设置 CPU 报警温度、开启病毒警告等。

当然，还可以从提高内存的访问速度、提高硬盘及光驱的访问速度等多方面进行考虑。

8.2.2 优化软件环境

在软件环境方面，为了提高系统运行速度与性能，主要从设置虚拟内存、减少启动时加载项目、优化操作系统与应用软件及备份注册表方面入手。

1. 正确设置虚拟内存

（1）虚拟内存的作用　计算机中所有运行的程序都需要经过内存来执行，如果执行的程序很大或很多，就会导致内存消耗殆尽。为了解决这个问题，Windows 中运用了虚拟内存技术，即拿出一部分硬盘空间来充当内存使用，当内存占用完时，电脑就会自动调用硬盘来充当内存，以缓解内存的紧张。

（2）虚拟内存的设置　对于虚拟内存主要设置两点，即内存大小和分页位置，内存大小就是设置虚拟内存最小为多少和最大为多少；而分页位置则是设置虚拟内存应使用哪个分区中的硬盘空间。虚拟内存的最大值和最小值通常设定为物理内存的 2~3 倍的相同数值。在 Windows XP 操作系统下，在“我的电脑”上单击“鼠标右键”，选择“属性”，弹出系统属性窗口；再选择“高级”选项卡，在“性能”栏中单击“设置”按钮，弹出性能选项窗口；再选择“高级”选项卡，如图 8-7 所示。在图中单击“虚拟内存”栏中的“更改”按钮，弹出虚拟内存设置窗口，如图 8-8 所示。先单击“设置”按钮，再选择虚拟内存使用的硬盘分区（如 C 盘，尽量选较大剩余空间的分区）；然后单击“自定义”单选按钮，并在“最小值”和“最大值”文本框中输入合适的范围值。如果感觉很难进行设置，则可以选择“系统管理的大小”。完成更改后，单击“确定”按钮，系统提示要使改动生效，必须重新启动计算机。

2. 减少启动时加载项目

许多应用程序在安装时都会自作主张添加至系统启动组，每次启动系统都会自动运行，这不仅延长了启动时间，而且启动完成后系统资源已经被占用不少。

操作方法：选择“开始”菜单的“运行”，键入“msconfig”启动系统配置实用程序，单击“启动”选项卡，如图 8-9 所示。此窗口中列出了系统启动时加载的项目及来源，仔细查看是否真正需要它自动加载，否则清除项目前的复选框，加载的项目愈少，启动的速度自然愈快，新的配置在重新启动后方能生效。

图 8-7　性能选项

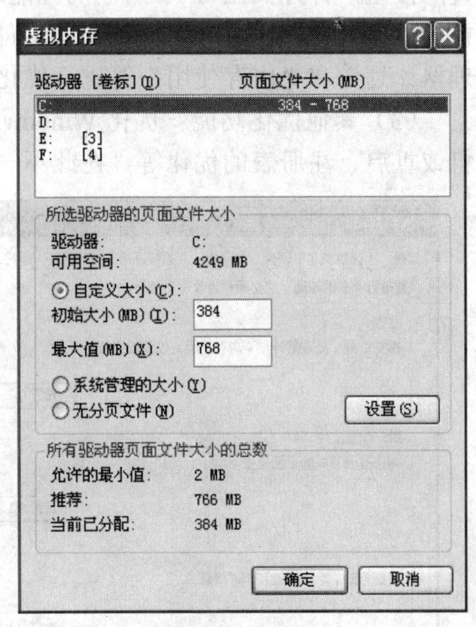

图 8-8　设置虚拟内存

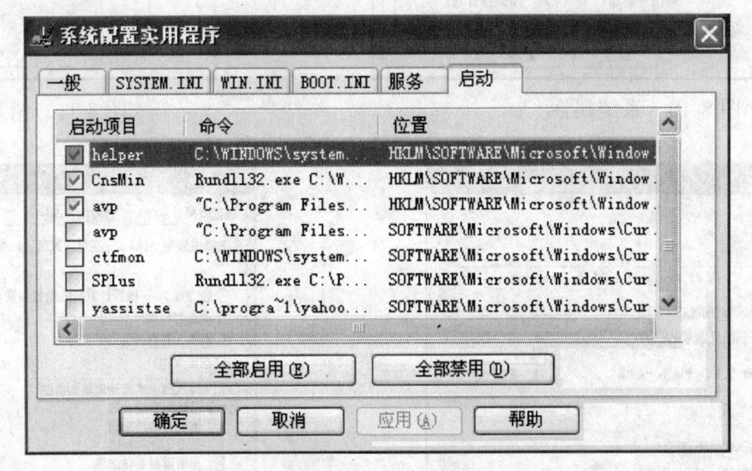

图 8-9　启动项目

3．优化操作系统

（1）优化启动设置　以 Windows XP 为例，在“我的电脑”上单击鼠标右键，选择“属性”，单击“高级”标签，如图 8-10 所示。再单击“错误报告”按钮，弹出如图 8-11 所示的错误汇报窗口。

在此窗口中勾选“禁用错误汇报”和“但在发生严重错误时通知我”复选框。另外，在图 8-10 中单击“启动和恢复故障”栏下的“设置”按钮，在弹出的对话框中取消对“将事件写入系统日志”、“发送管理警报”、“自动重新启动”项的勾选。如图 8-12 所示。

（2）优化系统性能　右击“我的电脑”→“属性”→“高级”，在性能栏下单击“设置”按钮，打开如图 8-13 所示的性能选项窗口，系统默认设置为“让 Windows 选择计算机的最佳设置”。选择“调整为最佳性能”即可。此时，我们还可以通过“高级”标签对“处理器计划”和“内存使用”等进行优化。

（3）其他优化功能　优化 Windows XP 操作系统还包括：优化系统还原功能、快速关机或重启、注册表的优化等，在此不一一介绍了。

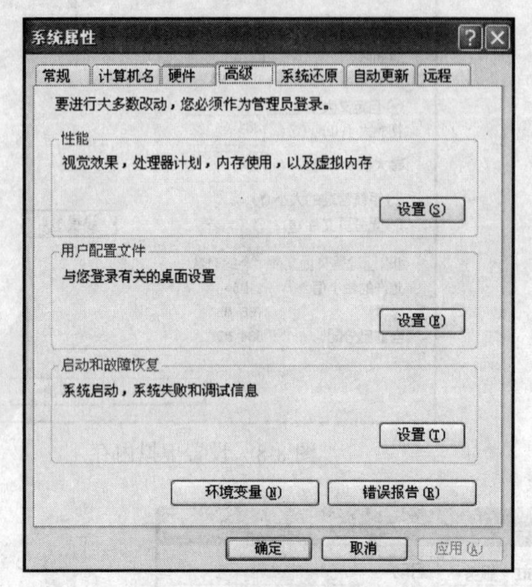

图 8-10　系统属性

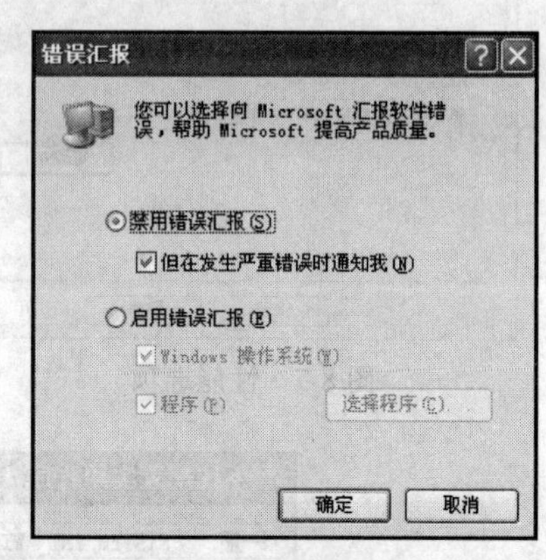

图 8-11　错误汇报

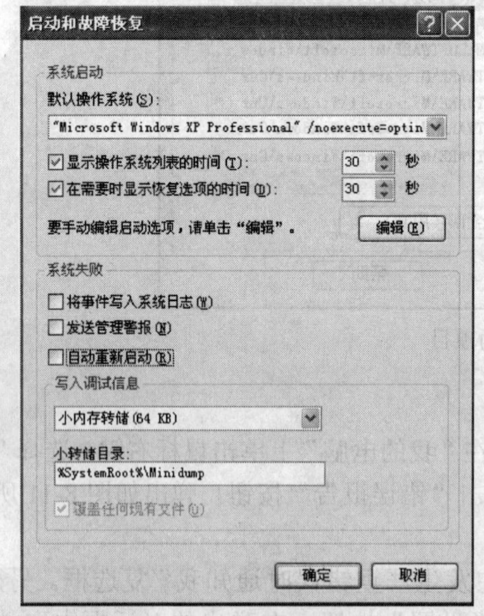

图 8-12　启动与故障恢复窗口

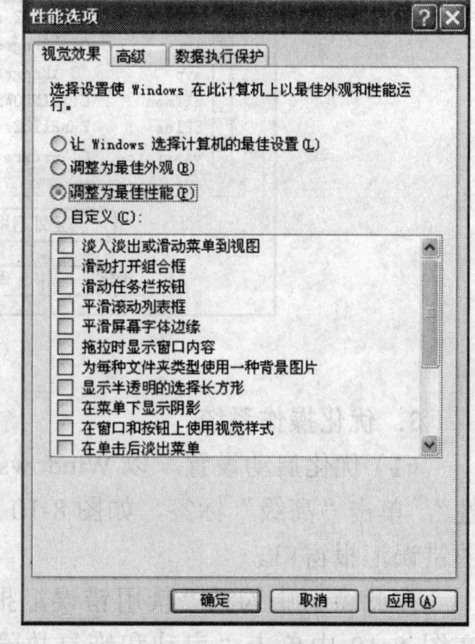

图 8-13　性能选项

4. 注册表的备份与恢复

注册表作为计算机的灵魂，一旦出现问题可能引起系统工作不正常甚至瘫痪，会对日

常的工作和学习带来很大的影响。如果我们在日常的使用中能够注意对注册表进行有效的备份处理，当注册表出现问题时也就能够及时解决了。

（1）打开注册表编辑器 注册表的打开方式很简单，单击“开始”菜单中的“运行”选项，在弹出的运行对话框中键入“regedit”，如图 8-14 所示，再单击“确定”按钮即可。

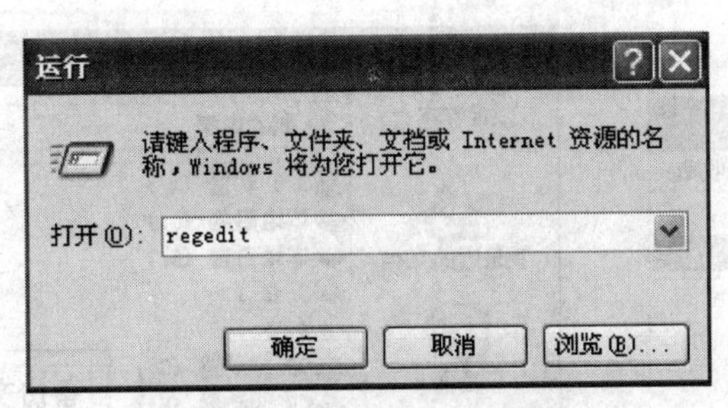

图 8-14 启动注册表编辑器

通过图 8-15，我们可以看到在注册表中，所有的数据都是通过一种树状结构以键和子键的方式组织起来的，十分类似于目录结构。每个键都包含了一组特定的信息，每个键的键名都是和它所包含的信息相关的。

（2）注册表的组成 如图 8-15 所示，注册表由字符串、二进制数据和 DWORD 值三个部分组成。

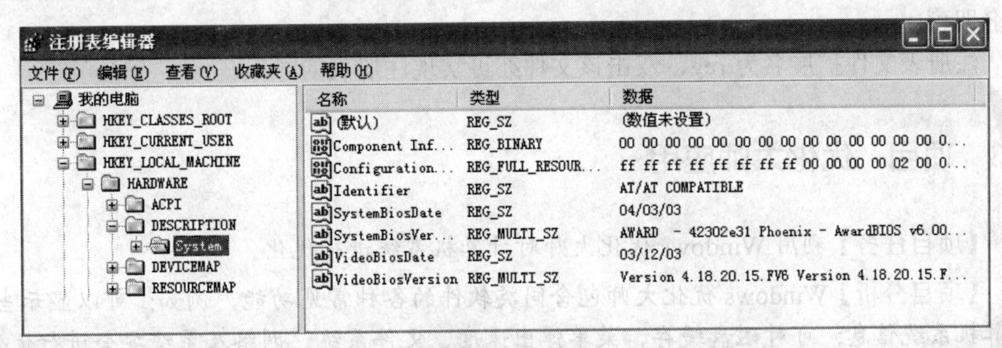

图 8-15 注册表

1）字符串。字符串是用于表示文件的描述、硬件的标识等信息，由字母和数字组成，是可变化的一种字符集，其最大长度不能超过 255 个字符。我们在编辑区（注册表编辑器的右半窗口）内单击鼠标右键，在出现的选择菜单中就可以新建一个字符串。

2）二进制数据。在注册表中，二进制数据是没有长度限制的，可以是任意字节长。在编辑区（注册表编辑器的右半窗口）内单击鼠标右键，在出现的选择菜单中就可以新建一个二进制数据。

3）DWORD 值。DWORD 值是一种 32 位长度的数值，而在注册表中则可以选择十进制或者十六进制来表示该数值。并且在显示的时候以十六进制为首，括号后面就是十进制表示值。

（3）注册表的备份与恢复

1）注册表的备份。打开“开始”菜单中的“运行”命令，键入“regedit”，按“确定”

按钮，打开注册表编辑器。在注册表编辑器菜单中选择“文件”→“导出”命令，如图 8-16 所示。

接着在弹出的“导出注册表文件”对话框（图 8-17）中，选择备份注册表的路径，然后在文件名文本框中输入注册表备份文件的名称，单击“保存”按钮，这样就完成了备份注册表文件的操作。

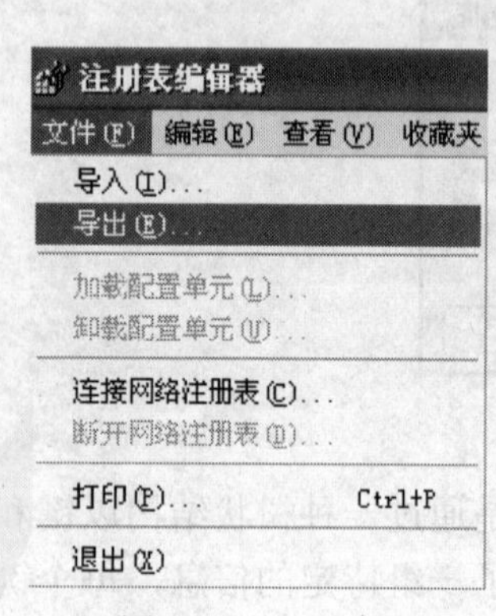

图 8-16　导出命令

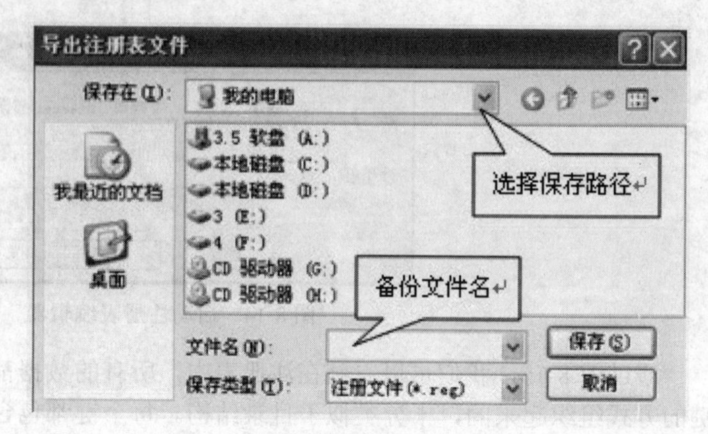

图 8-17　导出注册表

2）注册表恢复。导入注册表的操作正好与导出相反，打开注册表编辑器后，在“文件”菜单中选择“导入”命令，然后在弹出的“导入注册表文件”对话框中正确选择路径及文件名即可。

注册表文件扩展名为.reg，双击该文件亦可实现注册表的导入。

8.3　项目　优化大师应用

【项目任务】利用 Windows 优化大师对计算机系统进行优化。

【项目分析】Windows 优化大师包含同类软件的各种常见功能，例如：可以显示当前计算机系统信息；可对磁盘缓存、菜单弹出速度、文件系统、网络及系统安全进行优化；可以整理注册表；可以清理文件以及对机器进行个性化设置等。

【项目实施】下面介绍优化大师在 Windows XP 操作系统下的操作要点。

8.3.1　准备工作

- 购置或从网上下载优化大师软件。
- 安装优化大师软件。

8.3.2　运行优化大师

运行优化大师后出现如图 8-18 所示的窗口，默认窗口为“系统信息检测”下的“系统信息总览”菜单，所以从图中可以清楚地看到计算机配置的总体信息。

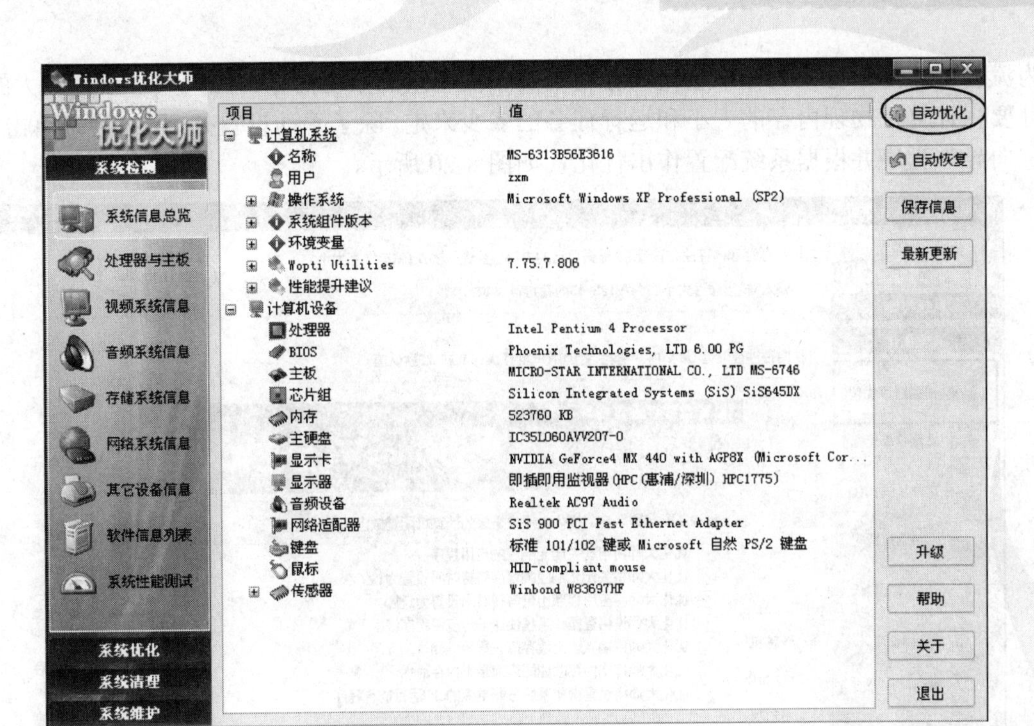

图 8-18　优化大师主菜单

8.3.3　优化操作

1. 自动优化

在如图 8-18 所示的主菜单中，单击“自动优化”按钮，在弹出的“自动优化”向导的指引下，将根据用户的配置自动完成优化过程，如图 8-19 所示。

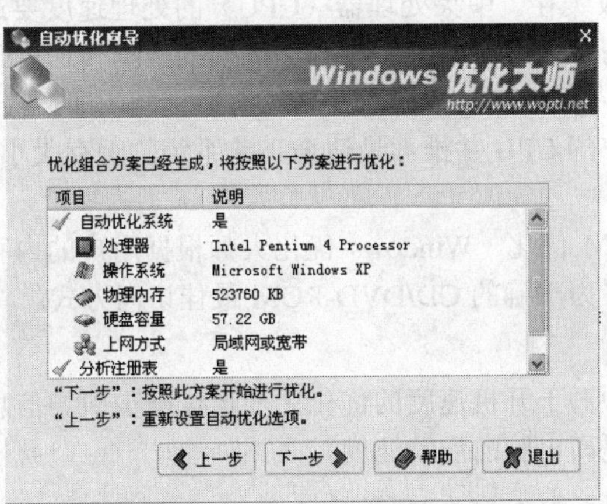

图 8-19　自动优化向导

2. 磁盘缓存优化

Vcache 是 Windows 的磁盘缓存，它对系统的运行起着至关重要的作用。输入输出系统是设备和中央处理器（CPU）之间传输数据的通道，当扩大其缓冲尺寸时数据传递将更

为流畅。但是，过大的输入输出缓存将耗费相同数量的系统内存，因此具体设置多大的尺寸要视计算机物理内存的大小和运行任务的多少来定。除了手动设置外，可以通过单击“设置向导”程序并根据系统配置作出优化，如图 8-20 所示。

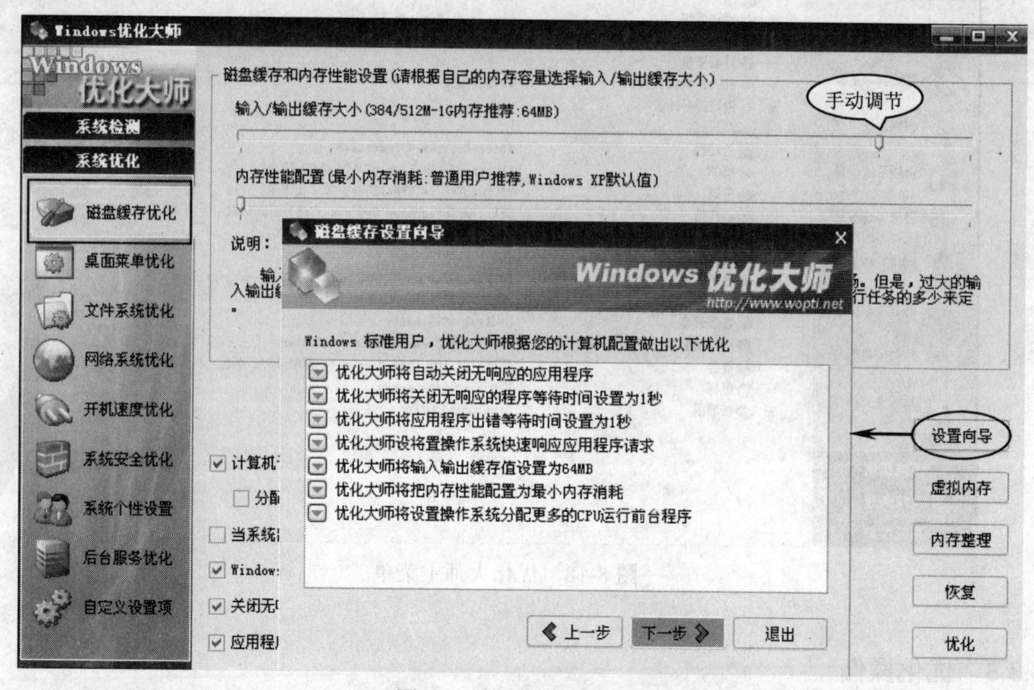

图 8-20　磁盘缓存优化

3. 文件系统优化

文件系统优化功能内容较多，这里仅简单介绍两个：

（1）二级数据高级缓存　中央处理器（CPU）的处理速度要远大于内存的存取速度，而内存又要比硬盘快得多，这样 CPU 与内存之间的数据传送就形成了影响性能的瓶颈。CPU 为了能够迅速从内存中获取数据而设置了缓冲机制，即二级缓存（L2 Cache）。优化大师能够自动检测用户的 CPU 并推荐最适合当前系统的缓存大小，现在使用者只需移动调节棒到推荐位置即可。

（2）CD/DVD-ROM 优化　Windows 优化大师根据用户的内存大小、硬盘可用空间等自动为使用者提供了最为准确的 CD/DVD-ROM 最佳访问方式。

4. 开机速度优化

Windows 优化大师对于开机速度的优化主要通过减少引导信息停留时间和取消不必要的开机自运行程序来提高电脑的启动速度。

5. 系统安全优化

屏蔽 Windows 2000 登录漏洞、禁止光盘自动运行、禁止 Windows 2000/XP/2003 自动登录功能等。这是 Windows 优化大师中相当有用的一类功能，为了保护计算机的安全，不妨尝试一下启用防止匿名用户使用 Esc 键登录、开机后自动进入屏幕保护、退出系统后自动清除文档历史记录等功能。

实训　优化大师应用

1. 实训目的

掌握通过优化大师软件对计算机进行优化的方法。

2. 实训内容

（1）注册表的导出与导入。

（2）安装及运行优化大师。

（3）熟悉优化大师功能；利用优化大师软件对计算机进行优化。

3. 实训设备及工具

第 7 章实训中已经完全安装好硬件与软件的计算机。

4. 实训步骤

（1）打开注册表编辑器，将注册表导出到指定文件、然后将该文件导入到注册表中。

（2）准备优化大师软件安装优化大师应用软件。

（3）运行优化大师，熟悉优化大师主菜单构成；对系统进行优化操作。

5. 实训记录

- 打开注册表编辑器的命令是：________________；
  注册表文件保存路径：______________________、文件名：______。
- 优化大师软件容量：_______________、版本：______________；
  安装目标文件夹：_______________________。

思考与习题八

1. 简答题

（1）虚拟内存的作用是什么？

（2）注册表由哪几个部分组成？如何打开注册表编辑器？

（3）为何要对计算机进行优化操作？

2. 单项选择题

（1）在默认的情况下，并行端口的地址是（　　）。

A．3F8/IRQ4　　B．2F8/IRQ3　　C．278/IRQ5　　D．378/IRQ7

（2）通过 Windows 2000 导出的注册表文件的扩展名是（　　）。

A．.sys　　B．.reg　　C．.txt　　D．.bat

（3）下列存储器中，速度最快的是（　　）。

A．Cache　　B．IDE 硬盘　　C．SATA 硬盘　　D．CD-ROM

第9章

硬件选购与性能测试

学习目标

1）了解选购硬件的基本方法。

2）掌握按用户要求合理配置电脑硬件的流程。

3）了解辨别硬件的基本方法，掌握常用硬件性能测试软件的使用。

9.1 计算机选购指南

9.1.1 摩尔定律

“摩尔定律”是以 Intel 公司的奠基人戈登·摩尔的名字命名的。戈登·摩尔认为，每隔 18 个月，CPU 的集成度会增加一倍，性能也将提升一倍。大致而言，若在相同面积的晶圆下生产同样规格的 IC，随着制程技术的进步，每隔一年半，IC 产出量就可增加一倍。换算为成本，即每隔一年半成本可降低五成，平均每年成本可降低三成多。

在过去的几十年里，计算机特别是微型计算机，它的微处理器以及许多新技术的发展速度均遵循摩尔定律的法则。摩尔定律现在已经被“移植”到许多新领域，如媒体传播领域。Internet 的发展也遵循了摩尔定律的规律。

9.1.2 基本原则

随着计算机知识的不断普及和计算机应用领域的不断延伸，越来越多的计算机已经或是即将摆到寻常百姓的书桌上，相信不久的将来，家用电脑会像电视机一样成为每个家庭不可缺少的一员。那么，如何才能选择一台称心如意的计算机呢？不管是家庭还是单位，其实选购计算机的关键是满足生活与工作的需求，这是前提。抛开这个大前提去谈计算机性能的优略、价格的高低、服务的好坏等具体问题都是毫无意义的。

1．选购原则

够用、耐用是选购计算机的两个最基本的原则：用户在购买计算机前一定要明确计算机的用途，也就是说用户究竟让计算机做什么工作、具备什么样的功能。只有明确了这一

点，才能有针对性地选择不同档次的计算机。

所谓够用的原则，具体说就是在满足使用的同时节约投入。购买的计算机能够满足需求就可以了，不必花大价钱去选那些配置高档、功能强大的机器。这些机型的一些功能也许根本没有用，买了也是浪费，比方说，如果只是打字、上网、听音乐、学习之类的，三、四千元的中低档机器足以满足需求，选七、八千的高档机器就显得太奢侈了。

耐用，是指在精打细算的同时，必要的花费不能省，特别是选择关键配件时应将稳定性放在第一位，当然也要适当考虑一定的前瞻性。另外，产品的售后服务也是一个重要的因素，出问题时能享受优质的售后服务即使多花一些钱也是合算的。

在选购计算机时，还要防止以下两种错误观点：

- 一步到位的观点：一些单位及家庭，购置计算机时总想买最先进的、最高档的，且不知今天的先进技术出不了一年半载也成了落后的技术；今天的落后技术同样也是昨天的先进技术。计算机领域遵循的自然规律是“摩尔定律”，今天大家看不上眼的 PⅡ、PⅢ 也曾经身价不菲。
- 计算机贬值快，等等再买更划算：虽然计算机贬值快，迟一些买可能买到性能更好、价格更低的机器，但是低价和高价只是相对的。计算机是一种工具，只要需要就可以买了。

2．注意事项

- 不可重价格、轻品牌：一些用户，在选购家用机时过分地看重价格因素而忽视计算机的品牌。选择知名品牌的产品，尽管价格上贵一些，但是无论是产品的技术、品质性能还是售后服务都是有保证的。
- 不可重配置、轻品质：大多数用户过多关注诸如 CPU 的档次、内存的多少、硬盘的大小等硬件的指标，对于整机性能却很少有人问津。
- 不可重硬件、轻服务：计算机的服务显得更为重要，谁也不敢保证计算机永不出问题。用户选购计算机，售后服务问题应该放到重要位置上来考虑。应该说，计算机的综合性能是集硬件、软件和服务于一体的，服务在无形地影响着计算机的性能，用户在购机前，一定要问清售后服务条款后再决定购买。

9.1.3　用户群体

1．学习与娱乐群体

随着信息化时代的来临，现在有越来越多的家庭已经或准备购买一台计算机了，从目前的情况来看，大多数家庭的购机目的就是用来编辑文本和表格、观看影碟、上网、聊天、玩游戏等。选购用于学习与娱乐用途的计算机的侧重点应该是：计算机使用的舒适度、稳定性、速度与价格。对于这些用户来说，购买一台价格在 4000 左右的计算机完全能胜任这些任务。

2．单位群体

对于学校、政府机构、公司及网吧来说，计算机基本上是整天开着的。虽然计算机只是处理一些并不特别复杂的数据、传递一些必要的文件，但是它的稳定性是第一位要考虑的。不然，文件丢失、数据损坏等现象的发生是件令人头疼的事。

对于这样的用户，稳定性是第一要素，当然外观形象也不可忽视。

3．特殊群体

对于艺术设计、视频制作及电脑发烧友来说，一般的配置肯定无法满足他们较高的要求。除了基于奔腾系列处理器外，内存与显卡也相当讲究。

9.2 计算机硬件选购要点

CPU、主板和内存直接决定着计算机的性能和稳定性，另外，硬盘、显卡和电源等部件的选购也同样至关重要。

9.2.1 CPU 的选购

1．认识 CPU 标识信息

从 CPU 的外壳上可以看到许多标识信息，如图 9-1 所示。

图 9-1 CPU

第 1、2 行：Intel Pentium 4，既 P4 处理器。

第 3 行：1.7GHz/256/400/1.75V，分别表示处理器工作频率/L2 缓存大小/前端总线频率/工作电压，即：主频是 1.7GHz、L2 缓存有 256KB、400MHz 前端总线、工作电压 1.75V。

第 4 行：SL57V MALAY，SL57V 表示处理器的 S-Spec 编号，从这个编号也可以查出处理器的其他指标，是否盒装也是靠这个编号来识别的。S-Spec 编号后面是生产的产地，这个处理器是马来西亚生产的，此外还有 COSTARICA（哥斯达黎加）等其他地区。

第 5 行：L118A981-0023，表示产品的序列号，这是一个全球唯一的序列号，每个处理器的序列号都不相同，区域代理在进货时会登记这个编号。

第 6 行：产品注册标志（Intel）。

2．选购指南

目前，CPU 主频越来越高，选择的范围也越来越大，高端有 Intel 的 P4 系列、Pentium D 系列和 Core 2 系列，以及 AMD 的 Athlon 64 系列和 Athlon 64 X2 系列。实用的有 Intel 的赛扬 D 系列和 AMD 的 Sempron 系列。在明确了计算机的用途后才能选择一款合适的 CPU。从包装方式来讲，CPU 分为盒装与散装两种，盒装 CPU 内含质量保证书和一个 CPU 散热器。

（1）学习与娱乐用户　也就是通常所说的初级用户，对 CPU 的要求不是很高，没有必要购买价格很高的 CPU。从 2.2GHz 的 AMD Sempron 3800+、3.0GHz 的 Intel PD925 至 3.2GHz 的 Celeron D 352 的 CPU 皆能满足这类用户写文章、编程、做网页、学软件、玩一般的游戏的需求。

（2）公司、学校与网吧用户　对于通常所说的这些中级用户，也就是最大的用户群体

来说，建议配置目前市场销量排名靠前的 CPU，如：Intel Core 2 Duo E6550（盒）或 AMD Athlon64 X2 4000 等。

（3）特殊用户　对于专业图形处理及视频加工者、超级游戏玩家和超级 DIY 爱好者这一用户群来说，一般选择目前最佳的 CPU。这里所说的最佳并不是指最快，通常指高档及性能优越的 CPU 芯片。

9.2.2 主板的选购

选购主板主要考虑三个因素，首先是品牌；其次是主板的技术指标；第三是主板的做工。

1．关注品牌

目前，主板市场上的知名品牌较多，如：华硕（ASUS）、技嘉（GIGABYTE）、微星（MSI）等。使用知名品牌的主板代表了高质量的产品和良好的服务。

2．技术指标

通常，先选择 CPU 再选择主板。因此，主板支持的 CPU 类型成为选购主板的首要技术指标，选择什么样的 CPU，就要选择与之相匹配的主板。

其次，芯片组是主板的关键，它决定了主板的主要技术指标。目前，主流主板采用的都是 Intel 公司或 NVIDIA 公司的芯片组。

主板技术指标还包括：内存插槽类型及数目、总线接口类型、硬盘接口类型、是否集成声卡和网卡等。

3．主板做工

（1）PCB 板体　主要指 PCB 的质量、光泽和厚度等，6 层 PCB 板厚度一般为 3~4mm，还要观察四周是否光滑，有无毛边，摸上去是否有很粘手的感觉等。

（2）布局　首先要注意 CPU 插座的位置，如果过于靠近主板的边缘，则在一些空间比较狭小或者电源位置不合理的机箱里会出现安装 CPU 散热片比较困难的情况。同理 CPU 插座周围的电解电容也不应该靠得太近，否则安装散热片会不方便甚至有些大型散热片根本就无法安装。

其次还要注意 ATX 电源接口，比较合理的位置应该是在上边缘靠右的一侧或者在 CPU 插座与内存插槽之间。这样可以避免电源接线过短的情况发生，更重要的是方便 CPU 散热器的安装及有利于周围空气流通。

（3）布线　布线的好坏主要从走线的转弯角度和分布密度来判断，好的主板布线应该比较均匀整齐，从设备到控制的芯片之间的连线应该尽量短。走线转弯角度不应小于 135°，而且过孔应尽量减少，因为每一个过孔相当于两个 90° 的直角，转弯角度过小的走线和过孔在高频电路中相当于电感元件。CPU 到北桥附近的步线应该尽量平滑均匀，排列整齐，过孔少。

（4）电容　主板上常用的有钽电容和电解电容，前者比后者要好，成本高。好的主板电容采用的钽电容比电解电容数量多，而且容量较大，在杂牌主板上你可以看到较多的容量为 100 微法以下的电解电容。如果采用金属铝壳帖片电容和黄色四方形的钽电容比较多，一般这块主板应该比较好。其次我们还可以从颜色上判断电容的好坏，一般黑色的电容最差，绿色的电容要好一些，蓝色的电容最强。另外，电容标称容量与耐温指标越大越好。

9.2.3 内存的选购

内存对整机的性能影响很大，与主板、CPU 的兼容性是第一要素。在考虑内存容量时，对于文字处理及学习来说，建议配置 256MB；对于图形图像处理来讲，一般不得低于 512MB；对于 3D 与视频而言，最好为 1GB。

传统的 SDRAM 内存分为 PC-66、PC-100 与 PC-133 等不同的规格。目前所说的 DDR266 内存其工作频率为 133MHz，要是依旧按传统说法来划分的话，DDR 内存的规格名称就应该是 PC-200、PC-266 等了。由于 DDR266 的工作频率为 266MHz，根据内存带宽的算法：带宽＝总线位宽/8×一个时钟周期内交换的数据包个数×总线频率，因而 DDR266 的带宽＝64/8×2×133=2128，即它的传输带宽为 2.1GB/s，因此 DDR266 又俗称为 PC2100，这里的 2100 就是指其内存带宽约为 2100MB。再如 DDR333 的工作频率为 333MHz，传输带宽为 2.7GB/s，俗称 PC2700；DDR400 的工作频率为 400MHz，传输带宽为 3.2GB/s，俗称 PC3200。从此我们可以看到，传统的内存规格命名是基于内存的时钟频率，而现行的 DDR 内存是基于传输速率命名的。

1．选购要点

（1）内存颗粒与 SPD 芯片　内存颗粒也就是内存芯片，通常生产厂商会在芯片上用激光等方式标上品牌、型号等参数。内存上还有一块 SPD 芯片，它是一块 EPROM 芯片，保存了该内存条的容量、厂商、工作速度等性能参数。当系统启动后，主板会根据 SPD 提供的信息调整主板 BIOS 中相应的信息以确保内存条正确使用。

尽管如今的内存市场已经较以前规范了许多，但是仍然有 Remark 产品。所谓 Remark 就是先把原来的标记打磨掉，再印上新的标记。所以仔细察看内存芯片的表面是否有打磨过的痕迹，用眼看看、用手摸摸芯片上的字迹是否在芯片的表面之上（就是凸出的），而不应该在表面之下（凹陷的）。

（2）整体设计与制作工艺　根据 JEDEC 规范，从 DDR400 内存开始，PCB 应采用 6 层，其中第 2 层为接地层，第 5 层为电源层，其余 4 层均为信号层。采用 6 层 PCB 板，有 4 层可以走信号线，不过为了控制成本，很多产品通常采用折衷的办法（大品牌也有这样的做法），采用四层板。

对于制作工艺来说，做工好、用料好的内存，其颗粒、电阻、电容等焊接点圆滑饱满、富有光泽，说明在生产中对选料、流程把控很严。

2．内存品牌推荐

（1）金士顿（Kingston）　作为最大的独立内存模组厂商，金士顿的产品已经具有极高的知名度。尤其在兼容性方面，金士顿 Value RAM 系列无疑是最好的产品之一，并且经受住了时间和环境的考验。

（2）威刚（ADATA）　威刚科技设立于 2001 年 5 月，属于近年来成长较快的国产品牌之一。威刚在内存市场中一直采取高低搭配的双品牌策略，高端的 A-DATA 红色威龙系列

内存为追求速度的消费者而设计；低端的 V-DATA 万紫千红系列内存则是为普通应用设计，保证了产品的稳定性和兼容性。

（3）胜创（Kingmax）　胜创具有先进的封装和测试设备，特别是通过筛选出品质较好的 DDR2-667 颗粒，可以稳定运行在 DDR2-800 的频率下。以相同的价格购买到容量更大的内存，这比高频率来得更为实际，同时，胜创独特的芯片防伪技术也对消费者具有实用价值。

（4）金邦（Geil）　金邦科技是专业的内存模块制造商之一。以中文命名的产品“金邦金条”、“千禧条 GL2000”迅速进入国内市场。

（5）三星（Samsung）　作为全球最大的内存颗粒生产经销厂商之一，三星在数年的研发生产中，成为众多个人电脑、服务器等厂商的首选。

（6）海力士（Hynix）　2005 年，现代（HYUNDA）内存改名为 Hynix，其高性价比的特点也已经深入人心。

9.2.4　显卡的选购

1．显卡品牌

目前市场上常见的显卡品牌有讯景、华硕、映泰、技嘉、丽台、微星、七彩虹、蓝宝石、双敏、艾尔莎、小影霸等。按芯片生产厂商分为 NVIDIA 与 ATI 两种；按芯片的发展过程，NVIDIA 系列显卡包括 GF MX440/GF 5200/GF 6600/GF 7200/GF 8600 等，ATI 系列显卡包括 ATI X650/ATI X850/ATI X1600/ATI X1950/ATI HD2600 等。

2．选购要点

显卡一般根据自己的需求来进行选择，然后多比较几款不同品牌同类型的显卡，通过观察显卡的做工来选择显卡，还有重要的一点是显存的容量一定要看清楚。

（1）显卡档次的定位　不同的用户对显卡的需求不一样，需要根据自己的经济实力和使用情况来选择合适的显卡。对于普通家用与办公来讲，对显卡的性能要求不高，目前的显卡都能满足需求。如果单方面追求低价实用方案，则选择集成显卡的主板会节省好多的投入。对于平面设计用户来讲，应该注重显卡的 2D 加速性能和画质，ATI“镭”系列显卡的 32 位真彩色值得称赞。对于从事 3D 制作的用户来说，应该注重显卡的 3D 加速性能。最难选择的是视频编辑用途的显卡，一般情况下，普通人员用高性能显卡即可，但专业人员则需要根据软件要求细心测试才行。

（2）显卡的做工　市面上各种品牌的显卡多如牛毛，质量也良莠不齐。名牌显卡做工精良、用料扎实、看上去大气；而劣质显卡做工粗糙、用料伪劣，在实际使用中也容易出现各种各样的问题。因此在选购显卡时需要看清显卡所使用的 PCB 板层数（最好在 4 层以上）以及显卡所采用的元件等。

（3）显存的选择　显存是最容易被忽视的地方，很多用户购买显卡时只注意显卡的价格和使用的显卡芯片，却没有注意对显卡性能起决定影响的显存。有的厂家使用 256MB 的显存来吸引顾客，但是显存的位宽只有 64 位，这样的显卡性能非常低，性能只有 128 位/128MB 显存的 60%左右，购买这种显存的显卡是非常不划算的。

9.2.5 电源的选购

1．选择知名品牌

知名厂商所生产的电源大多采用高品质的元器件，工艺先进，并且在生产前都使用精密仪器进行测试，出厂前经过严格的环境做烧机测试。常见的知名电源品牌有航嘉、长城、金河田等。

2．选择份量足的产品

每种品牌或型号的电源都有自己的份量，电源内部的构造包括散热片、电源外壳、变压器、被动 PFC 电路等元器件，如果用料讲究的话，拿在手里的份量不可能太轻。而且瓦数越大的电源，其重量应该越重，尤其是一些通过安全规定的电源。因为这些电源会外加一些电路板、零部件等，以增加其安全性、稳定度，份量就肯定会有所增加。

3．看清产品采用何种认证

电源的认证代表着电源通过了何种质量标准，3C 认证（中国国家强制性产品认证）是电源产品最起码的底线，它包括原来的 CCEE（电工）认证、CEMC（电磁兼容）认证和新增加的 CCIB（进出口检疫）认证。在选购电源时，应尽量选择认证多的电源。

4．外观检查

由于散热片在机箱电源中所起的作用巨大，影响到整个机箱电源的功效和寿命，所以要仔细检查一下电源的散热片是否够大。此外，还需要观察电源的电缆线是否够粗，因为电源的输出电流较大，很小的一点电阻值就会产生很大的压降损耗，质量好的电源电缆线都比较粗。

5．透过散热孔观察内部元件

选购电源时商家一般不会让用户拆开外壳来鉴别质量的好坏，因此只能透过散热孔观察电源内部元件的质量与做工。透过电源的散热孔可以看到内部的一些元器件，包括变压器、电容器、散热片、PFC 电路以及其他元器件，通过观察元器件的大小、做工来判断这款电源的用料，从而来判断这款电源的质量。

9.3 项目 组件与整机性能测试

【项目任务】购置计算机组件或整机后，通过软件的方法测试单个硬件或整机性能。

【项目分析】计算机各个硬件质量的判断包括三个步骤，首先是观察产品包装及硬件外观；其次是注意在硬件及软件安装过程中出现的问题；最后，也就是本项目中介绍的软件测试法。

对于兼容机特别是品牌机，在经销商将计算机的硬件及软件安装好的基础上，可以通过本节介绍的测试软件对主要的组件，如主板、CPU、内存条、显卡、硬盘等进行测试。

同样，也可以应用综合测试软件对整机性能作出评价，通常这些软件容量不大，可以保存在软盘、U 盘上，或者刻录在光盘上，只要花几分钟时间，即可得到这些组件的测试

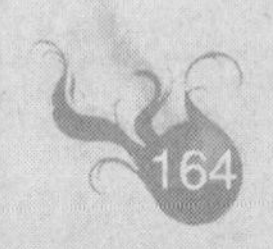

结果。

9.3.1 常用组件测试软件

1. CPU信息检测软件CPU-Z

CPU-Z是一款家喻户晓的CPU检测软件，除了使用Intel或AMD自己的检测软件之外，我们平时使用最多的此类软件就是它了。它支持的CPU种类相当全面，软件的启动速度及检测速度都很快。另外，它还能检测主板和内存的相关信息，其中就有我们常用的内存双通道检测功能。

2. 内存检测软件DocMemory

“内存神医”是一种先进的电脑内存检测软件。它友善的用户界面使用方便，操作灵活。它可以检测出所有电脑内存故障。“内存神医”使用严谨的测试算法和程序检测电脑基本内存和扩展内存。用户无需拆除内存条即可进行检测。从网上下载的初装软件可以生成一个自行启动的“内存神医”测试软盘。只要将这个软盘插入欲测电脑的软驱内并起动电脑即可开始内存检测。

3. 硬盘测试软件HD Tach

这是一款硬盘物理性能测试软件，利用VXD特定模式来获得测试最大精确度的硬盘性能测试工具。这是目前硬盘测试必备的一款专门针对磁盘底层性能的测试工具软件，主要通过分段复制不同容量的数据到硬盘进行测试，它可以测试平均寻道时间、最大缓存读取时间和读写时间（最大、最小和平均）、硬盘的连续数据传输率、随机存取时间及突发数据传输率。

4. 显卡测试软件3DMark

3DMark系列可以说是显卡测试软件中的王者，3DMark2001更是被誉为显卡测试软件中的经典，版本越新其对机器配置的要求越高，大家可以根据自己电脑的情况选择相应的版本。对于目前主流配置来说，运行3DMark05是没有问题的。

9.3.2 CPU-Z测试软件应用

1. 准备工作

（1）准备好CPU-Z软件　通过从网络上下载或者购置测试软件光盘等准备好该文件。

（2）安装并运行CPU-Z。

2. 测试过程

测试方法很简单，只要选择上面的测试项目就会显示相应的测试结果数据。测试项目包括CPU、缓存、主板、内存及SPD等。

（1）CPU　CPU测试结果如图9-2所示，相关的名称、代号、工艺、电压、规格等参数一目了然。

名称：Intel Pentium 4 630；

工作电压：1.328V；

核心速度：3000.2MHz；

前端总线频率：800.0MHz。

（2）缓存　相关的一级（L1）缓存大小、二级（L2）缓存大小数据如图 9-3 所示。

一级缓存大小：16KBytes；

二级缓存大小：2048KBytes。

（3）主板　主板测试结果如图 9-4 所示，其中包括了主板型号、芯片组以及 BIOS 参数。

厂商：ASUSTeK　　　　　型号：P5GD1-TM/S；

芯片组：i915P/i915G；

BIOS 品牌：Phoenix。

图 9-2　CPU 信息

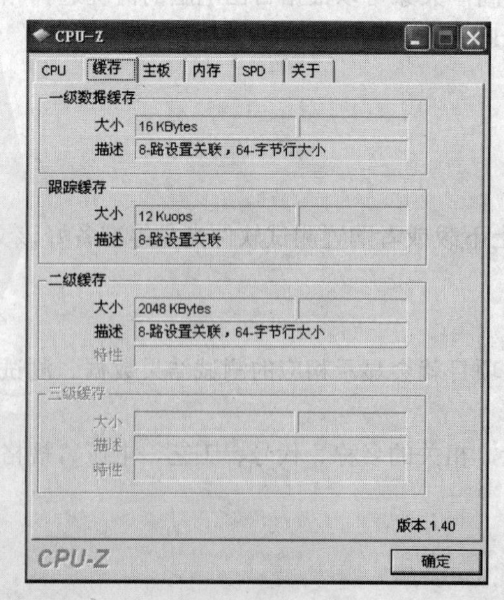

图 9-3　缓存信息

图 9-4　主板信息

（4）内存　有关内存类型、容量及时序等测试数据如图 9-5 所示。

类型：DDR；

大小：512Mbytes；

频率：200.0 MHz 等。

（5）SPD　SPD 是一组关于内存模组的配置信息。经过测试，相关 SPD 信息如图 9-6 所示。

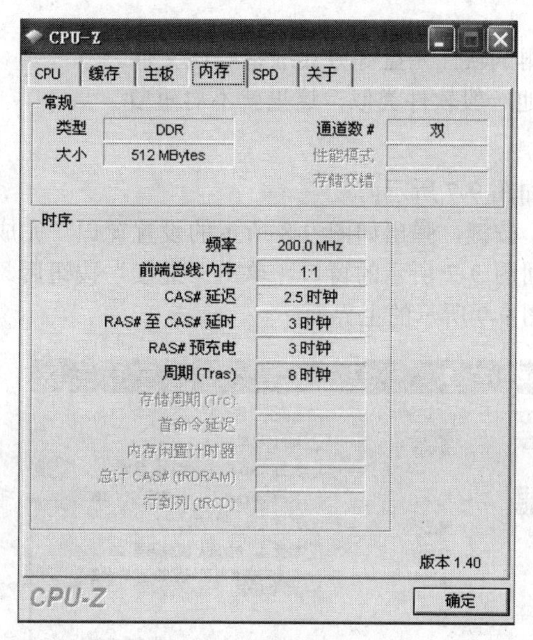

图 9-5　内存信息

图 9-6　SPD 信息

内存插槽选择：插槽#1；

模块大小：256Mbytes　　　　最大带宽：PC3200（200MHz）。

通过上述数据，有关 CPU、一二级缓存、主板、内存信息就可以清楚地分辨了。

9.3.3　常用综合测试软件

1. AIDA32

这是一个综合性的系统检测分析工具，功能强大，可以详细地显示出计算机中每一个方面的信息。支持上千种主板，支持上百种显卡，支持对并口/串口/USB 这些 PNP 设备的检测，支持对各式各样的处理器的侦测。测试项目主要包括 CPU、主板、内存、传感器、GPU、显示器、多媒体、逻辑驱动器、光驱、ASPI、SMART、网络、DirectX、基准测试等，支持的平台包括了 Intel、AMD、VIA、nVIDIA、SIS 等。

2. HWiNFO32

HWiNFO32 是一款专业的系统检测工具，支持最新的技术与标准，主要可以显示出处理器、主板及芯片组、PCMCIA 接口、BIOS 版本、内存等信息，另外 HWiNFO 还提供了对处理器、内存、硬盘以及 CD-ROM 的性能测试功能。它可以全面检测计算机的硬件配置。

具体包括：分层显示所有硬件、显示来自硬件监控器的状态、执行基准测试、创建多种日志类型。

9.3.4 HWiNFO32 应用

下面，我们以 HWiNFO32（汉化版）为例，介绍测试方法。

1．准备工作

（1）软件准备　通过网络下载或者购置测试软件光盘等方式准备好该文件。

（2）安装软件　HWiNFO32 的安装和其他一般软件类似，这里就不再重复。

2．运行与测试

完成安装后运行 HWiNFO32，欢迎界面如图 9-7 所示。

在图 9-7 所示的欢迎窗口中单击“设置”按键，弹出如图 9-8 所示的设置窗口。完成必要的测试模式设置后单击“确定”按钮返回图 9-7 所示的窗口。单击“继续”按钮后，程序开始检查系统配置，完成后自动进入如图 9-9 所示的主界面。

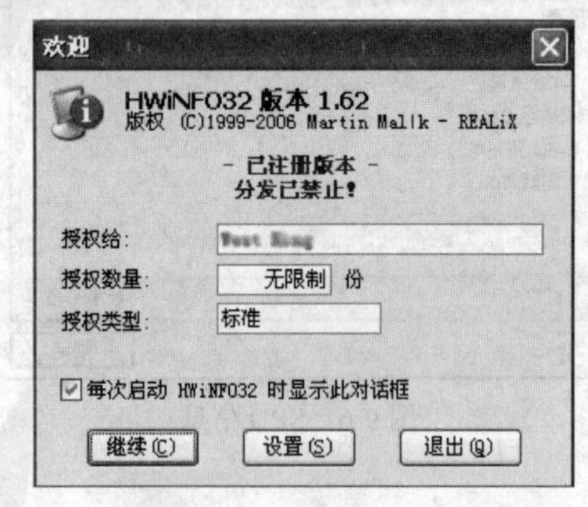

图 9-7　欢迎界面

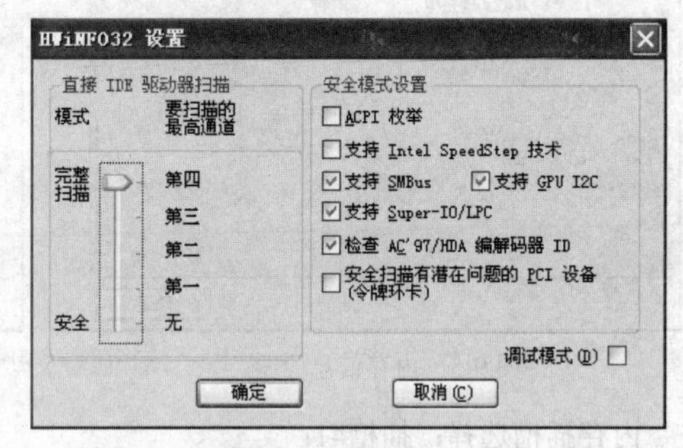

图 9-8　设置窗口

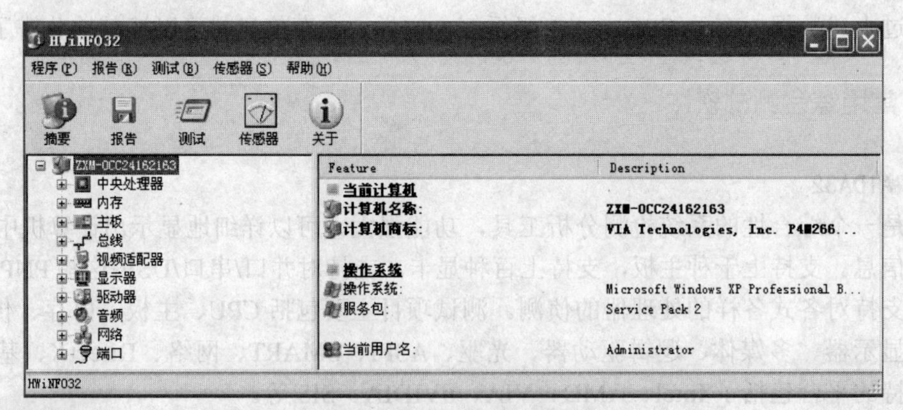

图 9-9　HWiNFO32 主界面

HWiNFO32 的主界面非常简洁，与 Windows“系统工具”中的“系统信息”界面差不多。在程序主界面左侧的树状列表中，列出程序检测到的该计算机的硬件信息。其中包括中央处理器、主板、内存、总线、视频适配器、显示器、驱动器、音频、网络、端口等。

右侧显示当前计算机的基本信息，如计算机名、用户名、操作系统信息等。

（1）查看硬件参数　查看硬件信息时，点选“硬件”设备前面的“+”，在该项下面列出本计算机当前的硬件名称。如：单击“中央处理器”前面的“+”号我们可以看到该计算机上的 CPU 的型号。要想了解该 CPU 的详细信息，在该列表中单击该 CPU 名称，如图 9-10 所示。

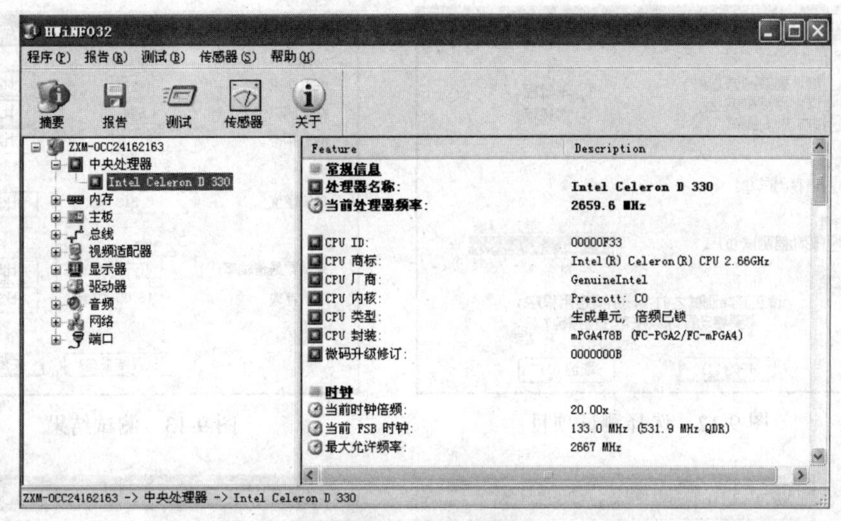

图 9-10　硬件参数

在主菜单中单击“摘要”，可以了解处理器、主板、驱动器以及视频芯片组等的基本参数。如图 9-11 所示，对于处理器，显示处理器名称、核心、封装形式、倍频、时钟频率、L1 缓存及 L2 缓存等设置参数值。

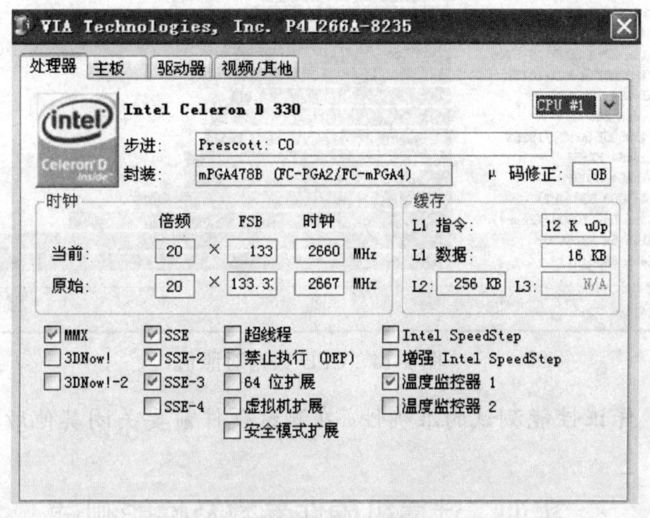

图 9-11　处理器摘要

单击“报告”，可以对报告中的组件进行选择，并设置好报告导出类型及文件名。

（2）硬件测试　在熟悉了操作界面及掌握了组件参数后，下面将对计算机进行测试。选择“测试”菜单或者单击“测试”命令后，弹出如图 9-12 所示的窗口，在该窗口中选择好要测试的内容后，单击“开始”按钮，程序开始进行测试，选择的项目越多测试的时间越长。

完成测试后，自动弹出如图 9-13 所示的测试结果窗口。当根据测试得到的数据不能确定质量情况时，可以单击“比较”按钮，通过比较窗口中同类产品测试参数，从而对计算机进行综合评价。为了比较确认本机中 CPU 的情况，单击 CPU 测试数据后面的“比较”按钮，弹出如图 9-14 所示的对照值。

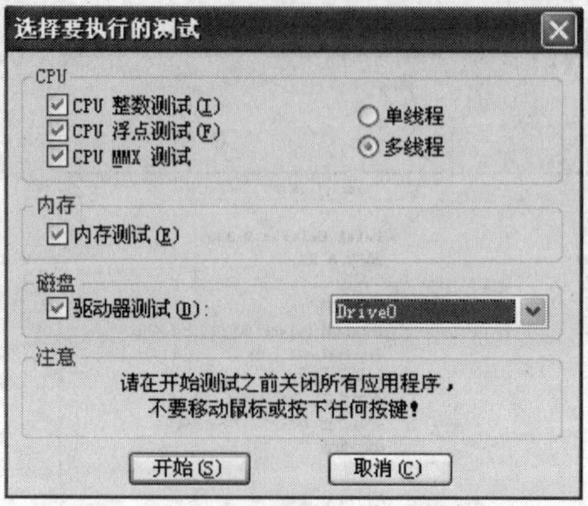

图 9-12　选择测试项目

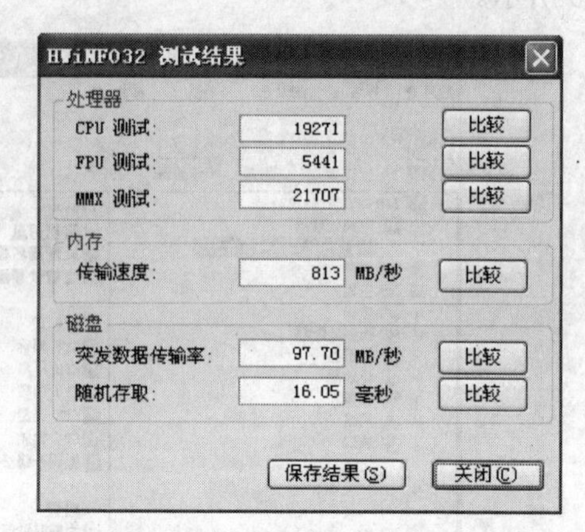

图 9-13　测试结果

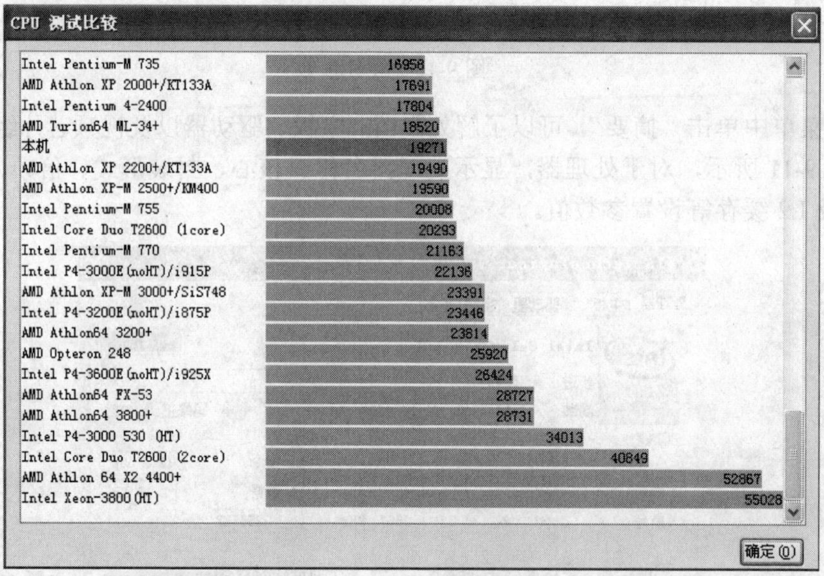

图 9-14　CPU 数据对照值

【提示】为了保证性能测试的准确性，在测试硬件前要关闭其他所有正在运行的程序。

实训　计算机硬件参数及性能测试

1．实训目的

进一步理解 CPU、主板、内存、硬盘等组件的性能指标，掌握通过软件对这些硬件及

整机综合性能进行测试的方法。

2．实训内容

（1）计算机主要组件参数测试。

（2）计算机整机综合测试。

3．实训设备及工具

完成硬件与软件安装的计算机，测试软件。

4．实训步骤

（1）下载或者购置测试软件。

（2）安装测试软件（部分软件可以直接运行）。

（3）运行测试软件，记录相应信息。

（4）分析（对比）测试结果，对计算机作一简单的评价。

5．实训记录

根据测试软件所对应的项目及测试所用计算机的情况填写。

（1）主要组件性能参数

计算机硬件参数见表 9-1。

表 9-1　计算机硬件参数

测试软件名称：			版本号：	
CPU	名　称		代　号	
	规　格		指令集	
	封　装			
	当前时钟频率			
	当前 FSB 时钟			
缓存	一级缓存大小			
	二级缓存大小			
主板	厂　商		型　号	
	北桥芯片		南桥芯片	
	BIOS 类型		BIOS 版本	
内存	类　型		容　量	
	频　率			
驱动器	驱动器通道			
	驱动器型号			

（2）整机性能评价

计算机性能评价见表 9-2。

表 9-2　计算机性能评价表

测试软件名称		版本号	
测试结果及评价			

市场调查：选购计算机硬件

1．实践目的

了解选购计算机的基本过程及操作环节。

2．实践组织

（1）准备工作：联系 2～3 家计算机销售部门（商店）

（2）调查内容

1）先大致规划一下金额，合理配置计算机各硬件。

- 根据用户用途，先定位计算机档次。
- 选择 CPU、主板、内存三大件。
- 再选择显卡及显示器。
- 选择其他计算机设备。

2）根据以上配置情况，最终确定计算机总金额。

3．实践报告

思考与习题九

1．简答题

（1）什么是摩尔定律？

（2）计算机用户分为哪几个群体？其特点是什么？

（3）结合目前市场情况，优秀内存条有哪些品牌？

2．判断题：（对打 √；错打 ×）

（1）选购计算机时，应该选择市场上价格最贵的电脑。 （ ）

（2）选购计算机时，应先选择主板，再选择 CPU 等组件。 （ ）

（3）所谓三合一主板指的是主板上集成了显卡、声卡与网卡。 （ ）

（4）个人计算机的三大要素指微处理器芯片、半导体存储器和系统软件。 （ ）

第10章

批量安装与系统复原

1）掌握利用 Ghost 硬盘对拷功能实现批量计算机软件快速安装。

2）掌握利用 Ghost 分区恢复功能快速复原计算机软件或数据。

10.1 Ghost 简介

10.1.1 Ghost 功能

Ghost 软件是美国赛门铁克公司（Symantec）推出的硬盘复制工具，因为它可以将一个硬盘中的数据完全相同地复制到另一个硬盘中，因此大家就将这个 Ghost 软件称为硬盘“克隆”工具。实际上，Ghost 不但有硬盘到硬盘的克隆功能，还附带有硬盘分区、硬盘备份、系统安装、网络安装、升级系统等功能。除了用于硬盘或分区的“克隆”外，Ghost 能够很好地实现操作系统和数据文件的备份，因此，在新装机、更换硬盘及日常维修时特别有用。主要功能如下：

（1）硬盘直接对拷。

（2）创建硬盘镜像备份文件。

（3）将镜像备份恢复到原硬盘。

（4）网络克隆。

10.1.2 Ghost 特点

与一般的备份和恢复工具不同的是：Ghost 软件备份和恢复是按照硬盘上的簇进行的，这意味恢复时原来分区会完全被覆盖，已恢复的文件与原硬盘上的文件地址不变。系统受到破坏时，由此恢复能达到系统原有的状况。在这方面，Ghost 有着绝对的优势，能使受到破坏的系统完璧归赵，并能一步到位。其特点如下：

（1）Ghost 采用图形用户界面使得软件的使用简单明了，而且对于硬件的要求很低。

（2）Ghost 支持 FAT12、FAT16、FAT32、NTFS、HPFS、UNIX、NOVELL 等多种文

件系统。

（3）备份文件时，有两种方式：即不压缩方式和压缩方式。

10.1.3 运行与退出 Ghost

Ghost 软件的版本较多，可以方便地从网上下载，下面以 Ghost 8.0 为例，讲解其运行与退出过程。Ghost 8.0 的运行必须在 DOS 状态下进行，运行 Ghost 后，可以看到一个仿 Windows 的界面，软件的操作支持鼠标和键盘（较低的版本不支持鼠标）。Ghost 程序容量较小，通常我们可以把 Ghost 文件复制到启动软盘（U 盘）里，也可将其刻录进启动光盘或者直接保存于硬盘上。

1. 启动 Ghost 程序

如果 Ghost 可执行文件存放于 E 盘根目录下的 Ghost 文件夹中，用启动盘进入 DOS 环境后，将当前盘符更改为 E 盘后，执行如下操作：

E:\>cd ghost↙（回车）

E:\GHOST>ghost↙（回车）

启动 Ghost 后，首先显示程序信息，如图 10-1 所示。

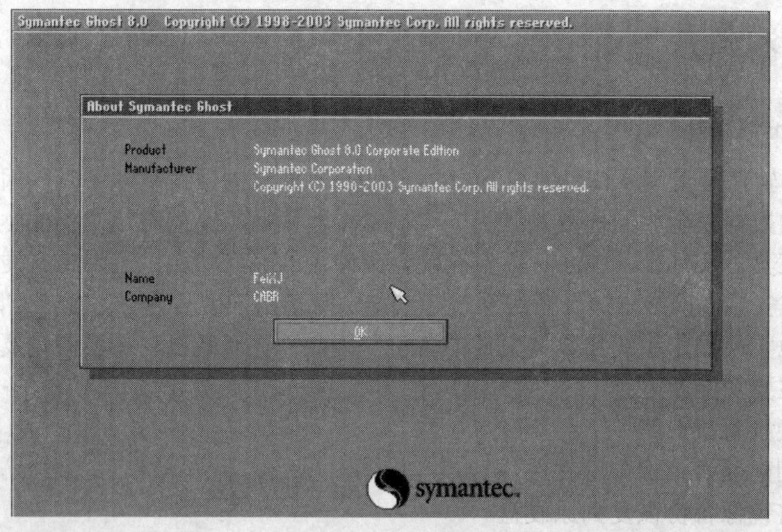

图 10-1 程序信息

单击 OK 按钮或者直接按回车键后进入主菜单，如图 10-2 所示。

2. 主菜单

在如图 10-2 所示的主程序界面中，有四个可用操作选项：Local（本地）、Options（选项）、Help（帮助）和 Quit（退出）。

Local：本地操作，对本地计算机上的硬盘进行操作。

Options：使用 Ghost 时的一些选项，一般使用默认设置即可。

Help：一个简洁的帮助。

Quit：退出 Ghost。

对应如图 10-2 所示主菜单项，同时有 2 个未可用选项：

Peer to peer：通过点对点模式对网络计算机上的硬盘进行操作。

GhostCast：通过单播/多播或者广播方式对网络计算机上的硬盘进行操作。

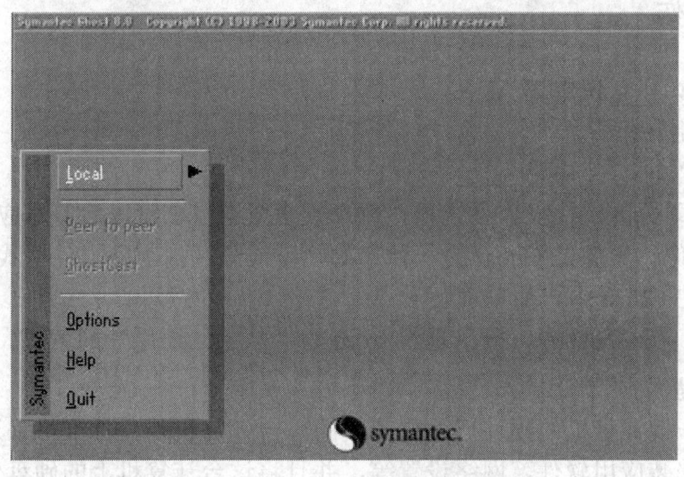

图 10-2　主菜单

3．退出

要退出 Ghost 程序可单击 Quit 选项，或者通过方向键使 Quit 选项高亮度显示后按回车键（有关键盘与鼠标的两种操作，其方法类似，以后只叙述鼠标部分），如图 10-3 所示。

单击 Quit 选项后，弹出如图 10-4 所示的确认窗口。确实要退出程序，在此窗口中单击 Yes 按钮，结束 Ghost 程序的运行回到 DOS 状态；否则，单击 No 按钮回到主菜单。

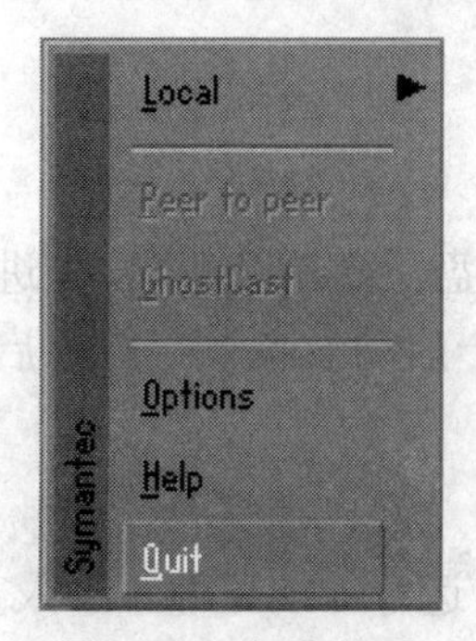

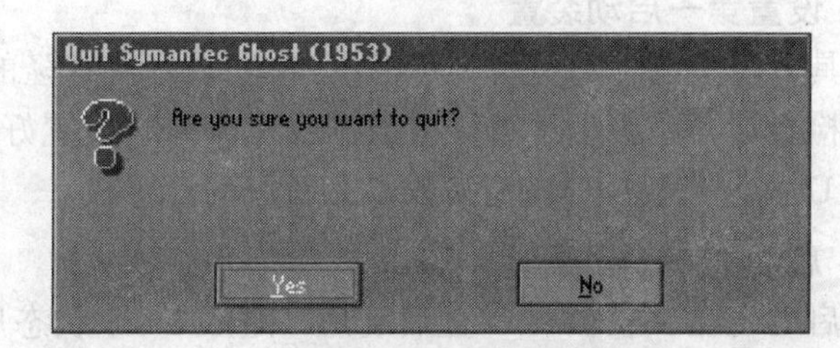

图 10-3　主菜单项　　　　图 10-4　确认退出

10.2　项目一　批量计算机软件安装

【项目任务】有一批计算机（例如：同一机房或者企事业单位、网吧等添置的相同计算机）已经完成硬件安装，要求在最短的时间内完成操作系统、应用软件等的安装。

【项目分析】按照到目前为止我们所学的知识，对于一个几十台的机房，当安装好硬件后，只能一台一台地进行磁盘分区、安装操作系统、安装应用软件等。如果安装一台计

算机软件的时间为 3h，大家可以计算出一个配置了 40 台计算机的机房所需的总时间。但是，应用 Ghost 软件的硬盘对拷功能，我们仅需几分钟就可以克隆好一个硬盘。

10.2.1 准备工作

1. 预备知识：认识单词

Local：本地。

Disk：磁盘。

Partition：即分区，在操作系统里，每个硬盘盘符（C 盘以后）对应着一个分区。

Image：镜像，镜像是 Ghost 的一种存放硬盘或分区内容的文件格式，扩展名为.gho。

To：到，在 Ghost 中，简单理解 to 为“备份到”的意思。

From：从，在 Ghost 中，简单理解 from 为“从……还原”的意思。

2. 制作母盘

当安装好一批计算机的硬件后，将其中的一台计算机作为标准机来进行磁盘分区、安装操作系统、安装应用软件、网络设置等，并且将这台计算机上的硬盘作为母盘用于克隆其他计算机的硬盘。为了更好地缩短工程时间，通常先制作标准机及母盘，将从标准机母盘克隆而得的硬盘直接安装到其他计算机上。

【经验点滴】安装有母盘的计算机在克隆前必须进行一段时间的“烤”机。

3. 连接硬盘

将准备克隆的硬盘接入安装了母盘的计算机，并且作为第二硬盘。通常情况下，采用两根数据线的方式连接硬盘。

10.2.2 项目实施操作过程

1. 设置第一启动装置

将具有母盘的计算机作为标准机，在安装好待克隆的硬盘后启动计算机，先进入 CMOS 设置，检查母盘是否位于第一根数据线上，同时设置好第一启动设备（一般为启动光盘、软盘或 U 盘）。保存 CMOS 参数，重新启动计算机。

2. 启动 Ghost 程序

从启动光盘、软盘或 U 盘启动后，进入 DOS 状态后，运行 Ghost 程序进入主菜单。

3. 硬盘直接对拷

（1）主菜单选择　进入主菜单后，在 Local 菜单中选择 Disk 项。“Disk”菜单有三个选项，其作用分别是：

- To Disk：硬盘直接对拷。
- To Image：将整个硬盘生成一个映像压缩文件。
- From Image：将映像压缩文件还原到硬盘中。

如图 10-5 所示，在“Disk”菜单选项中单击“To Disk”项，进入硬盘直接对拷选择。

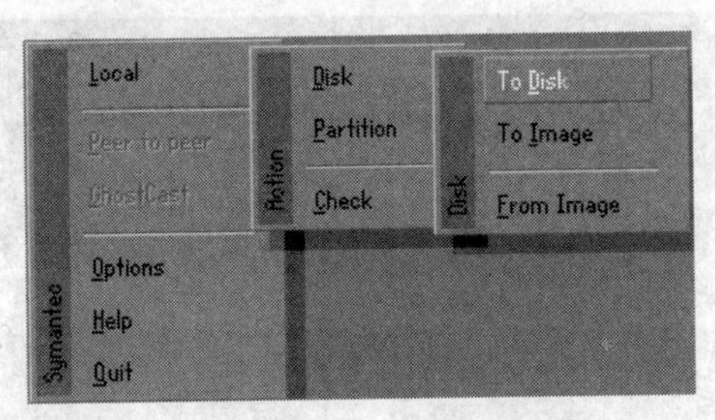

图 10-5 从磁盘到磁盘

（2）选择源物理硬盘 要进行硬盘对拷，首先要选择源盘，在图 10-6 中有两个硬盘，我们选择第一个硬盘作为源盘（即：制作好的母盘），单击 OK 按钮。

Select local source drive by clicking on the drive number

Drive	Size(MB)	Type	Cylinders	Heads	Sectors
1	38166	Basic	4865	255	64
2	38166	Basic	4865	255	64

OK　Cancel

图 10-6 选择源盘（母盘）

【警告】源盘（Source）的选择是很关键的一步，为了保证母盘作为源盘，首先在连接硬盘时要求将母盘接在第一根硬盘线上，待克隆盘（子盘）接在第二根硬盘线上后，在 CMOS 中检测连接情况。如果源盘与目标盘正好选择相反，将带来不可挽回的损失。

（3）选择目标硬盘 在选择好源盘后，接下来是选择目标盘，如图 10-7 所示。前面已经正确选择第一个硬盘（母盘）作为源盘，这里肯定是选择第二个硬盘作为目标盘。用方向键选择第二个硬盘作为目标盘（即：准备克隆的硬盘），单击 OK 按钮。

Select local destination drive by clicking on the drive number

Drive	Size(MB)	Type	Cylinders	Heads	Sectors
1	38166	Basic	4865	255	64
2	38166	Basic	4865	255	64

OK　Cancel

图 10-7 选择目标盘

在完成目标硬盘选择后，显示目标盘详细情况，如图 10-8 所示。

如果两个硬盘大小一致，直接按回车键或者单击 OK 按钮即可；如果不一致或想调整分区大小，可在“New Size”中输入新的数值，再单击 OK 按钮。

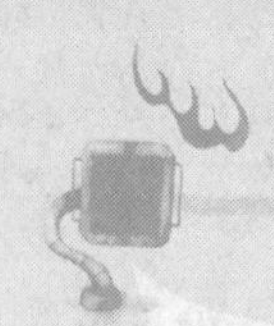

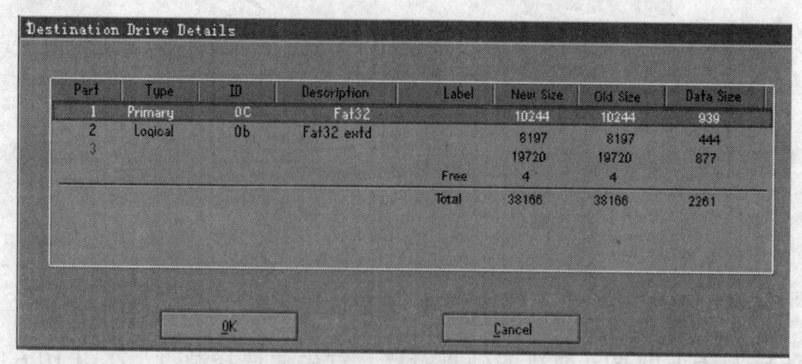

图 10-8　目标盘分区信息

（4）执行克隆操作　由于硬盘克隆会破坏目标盘上所有的数据，因此在真正执行前，Ghost 程序出现如图 10-9 所示的确认界面。

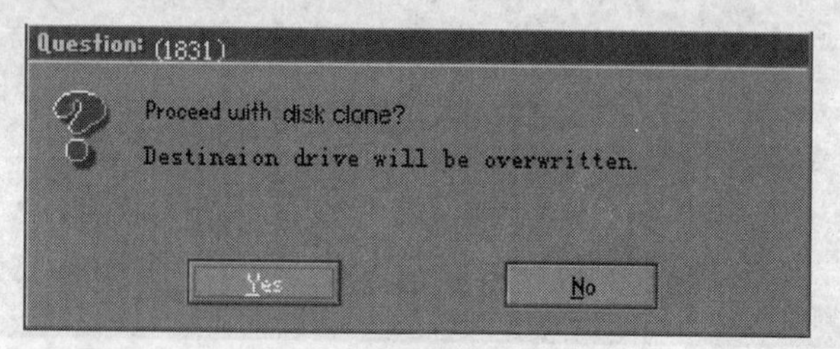

图 10-9　确认硬盘克隆

单击 Yes 按钮后，进入克隆过程，如图 10-10 所示。这个过程大约需要 10 分钟左右，主要取决于 CPU 频率、内存大小及硬盘容量等。

图 10-10　硬盘对拷进程

【特别提示】在克隆期间，千万不要随意关闭电源，以免硬盘受到损坏。

（5）完成克隆　硬盘复制完成后，屏幕弹出如图 10-11 所示的提示窗口，单击 Reset Computer 按钮将立刻重新启动计算机；单击 Continue 按钮则返回主菜单。在此，单击 Continue 按钮，返回主菜单后再退出 Ghost 程序，最后关闭计算机。

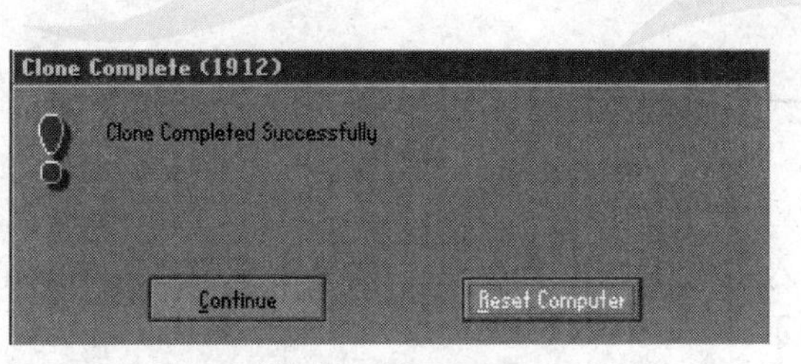

图 10-11　完成硬盘对拷

至此，一个与源盘（母盘）一模一样的目标盘（子盘）已经克隆成功。你可以在关机后将克隆好的硬盘安装到其他电脑上，启动该计算机，会发现它已经拥有了与标准机一样的操作系统、应用软件及网络设置等。

接下来，再安装一个新硬盘到标准机上，重复上述操作即可。

4．注意事项

（1）计算机硬件配置完全相同时，正确克隆后的子盘肯定能正常工作。

（2）如果硬盘容量有差别，只要硬盘剩余容量足够，Ghost 程序就会自动调整目标盘的分区大小。只要克隆过程能顺利完成，如果其他配置相同，目标盘肯定也能正常工作。

（3）如果主板或者 CPU 型号不同，尽管克隆过程能正常完成，但是目标盘无法在不同配置的计算机上正常工作（出现无法启动操作系统、死机等现象）。

【项目小结】对于配置相同的批量计算机，安装硬件时先在其中的一台上安装硬盘，完成标准机的软件安装并且通过各项测试后，利用 Ghost 程序中的硬盘对拷功能克隆其他所有硬盘，再将克隆好的硬盘安装至其他电脑上，在完成硬盘安装的同时，操作系统、应用软件及资料等安装任务也同时完成了。利用此方法，不仅缩短了工程时间、提高了工作效率，而且可以使同批计算机具有统一的硬盘分区、操作系统、应用软件及相关数据，在安装新机房、安装单位及网吧新置电脑等具有批量特点的工程中表现了较高的实用工效。

10.3　项目二　快速还原软件系统

【项目任务】在最短的时间内恢复计算机的软件系统或数据。

【项目分析】由于操作失误或者病毒等原因，导致操作系统崩溃、应用软件无法正常运行及硬盘上的数据丢失等，而且当出现问题时，用户往往要求计算机维护者以最快的速度恢复到原来的状态。对此，人们自然想到是否可以像软盘复制或者文件复制一样将硬盘上的某个分区事先进行备份，当出现问题时，用备份的分区进行恢复，答案是肯定的。

【项目实施】利用 Ghost 程序事先将重要的分区生成一个镜像文件，即做好分区的备份工作；当发生软件故障或数据丢失时，再应用 Ghost 程序将备份好的镜像文件还原到指定的分区。

例如：某用户的计算机在使用半年后操作系统崩溃，无法正常使用。由于在装机时已经将 C 盘以镜像文件的方式备份于该计算机的 F 盘上，通过 Ghost 程序将 F 盘上的镜像文件还原到 C 盘后，不用几分钟时间，计算机立刻恢复正常运行。

10.3.1 将分区生成一个镜像文件

（1）程序运行及主菜单选择　先检查保存镜像文件的磁盘空间，然后进入 DOS 状态。运行 Ghost 程序，进入主菜单，在“Local”菜单中选择“Partition”项，再单击“To Image”子项，如图 10-12 所示。

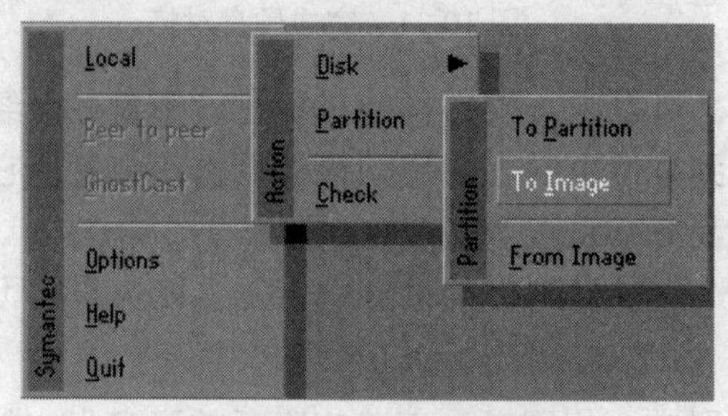

图 10-12　分区到镜像菜单

（2）选择源硬盘　在完成了“Partition”→“To Images”选择后，出现了如图 10-13 所示的界面。要求对源物理硬盘进行选择，在只有一个硬盘的一般情况下，单击 OK 按钮即可。

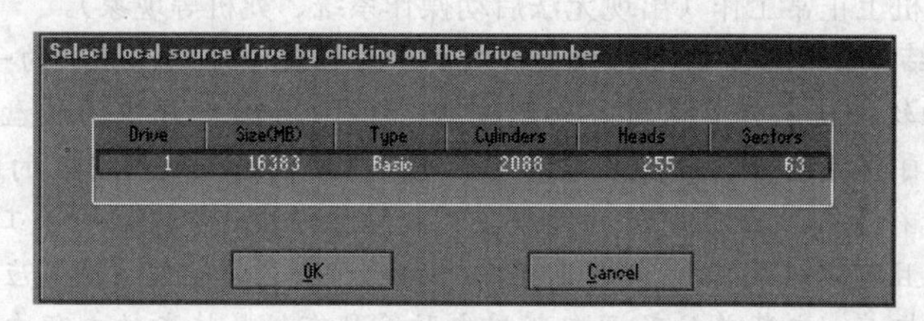

图 10-13　选择源硬盘

（3）选择源分区　在完成了源硬盘的选择后，还要对分区进行选择，如图 10-14 所示。

Select source partition(s) from Basic drive: 1

Part	Type	ID	Description	Volume Label	Size in MB	Data Size in MB
1	Primary	0b	Fat32		5004	884
2	Logical	0b	Fat32 extd		4000	4000
3	Logical	0b	Fat32 extd		7373	19
				Free	5	
				Total	16383	4904

OK　　Cancel

图 10-14　选择分区

从图中，可以看到硬盘上有三个分区，数字 1、2、3 分别对应盘符 C、D、E。由于我们想备份操作系统及应用软件所在的 C 盘，因此选择分区 1（如果属于备份数据区 D，则选择分区 2）。选择 C 盘（高亮度显示）后，单击 OK 按钮。

（4）镜像文件路径及文件名　接下来要选择生成的镜像文件储存的路径并输入该文件名称，如图 10-15 所示。

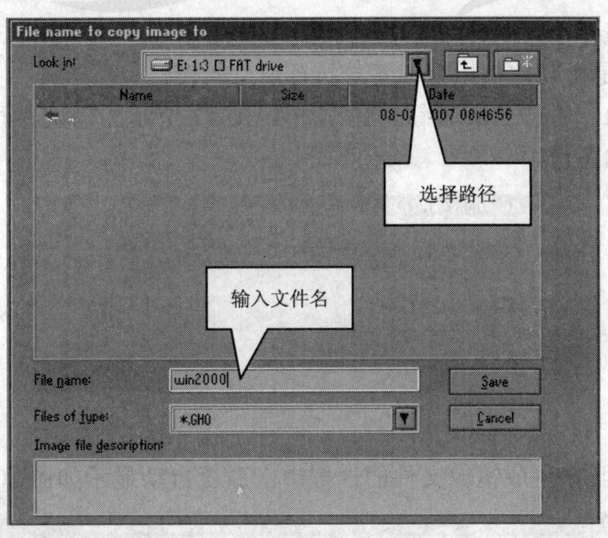

图 10-15　路径与文件名

此窗口类似于 Windows 中的保存对话框，只是略有不同，具体操作如下：

- 文件路径：（这里假设 Ghost 程序位于硬盘 E 根目录的 ghost 文件夹中）

默认路径为 Ghost 程序所在盘符及目录，即：E:\ghost。如果想更改路径，可单击下拉箭头进行选择，操作方法与 Windows 保存对话框一样。这里，我们选择默认路径（E:\ghost）。

- 输入文件名称：

镜像文件的扩展名是.GHO，用户可以任意设置文件名称，但须符合文件命名规则，取名最好有一定意义，以便将来识别。

在“File name”栏中输入即将生成的镜像文件的名称，例如：win2000。

文件类型栏使用默认值（.GHO），这样，镜像文件的文件全名是 win2000.GHO，保存的路径是 E 盘 ghost 文件夹，完成后单击 Save 按钮。

这里，也可以选择磁盘上已有的镜像文件，新的文件将覆盖原来的文件。

如果磁盘空间不够，程序将提示是否将镜像文件存储在多个分区上。遇到此类情况，建议先退出程序，移动该盘上有用的文件、删除不必要的文件，然后再重新运行程序。

（5）选择压缩方式　接下来，程序会询问是否压缩备份数据，并给出 3 个选择，如图 10-16 所示。

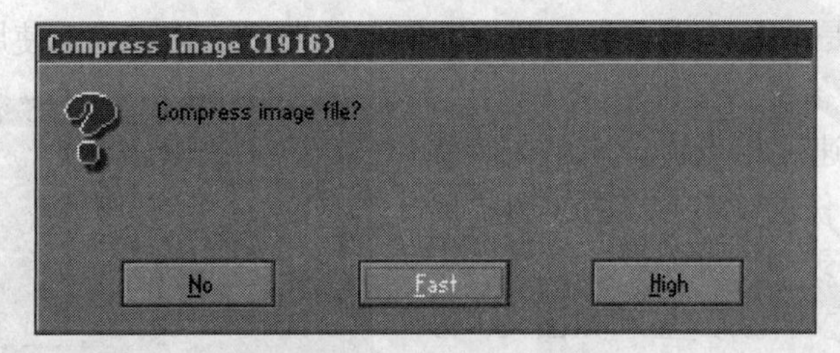

图 10-16　选择压缩方式

- [No]：表示不压缩。

● [Fast]：表示小比例压缩而备份执行速度较快。

● [High]：是指高比例压缩但备份执行速度较慢。

一般选择 Fast，单击 Fast 按钮，弹出如图 10-17 所示的确认界面。单击 Yes 按钮即开始进行硬盘分区的备份。

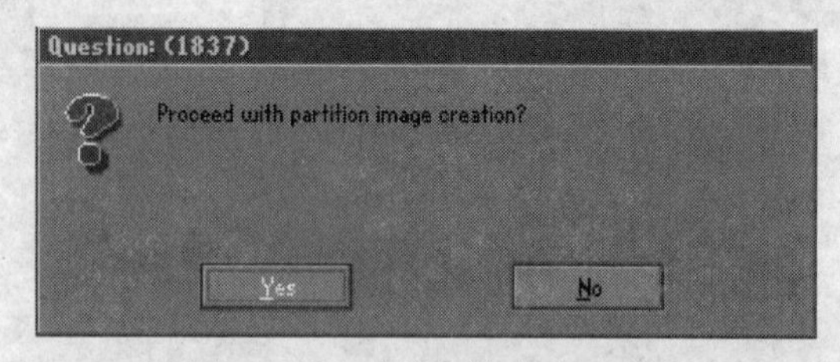

图 10-17　确认制作镜像文件

（6）制作进程　在生成镜像文件的过程中，系统自动显示如图 10-18 所示的信息窗口。

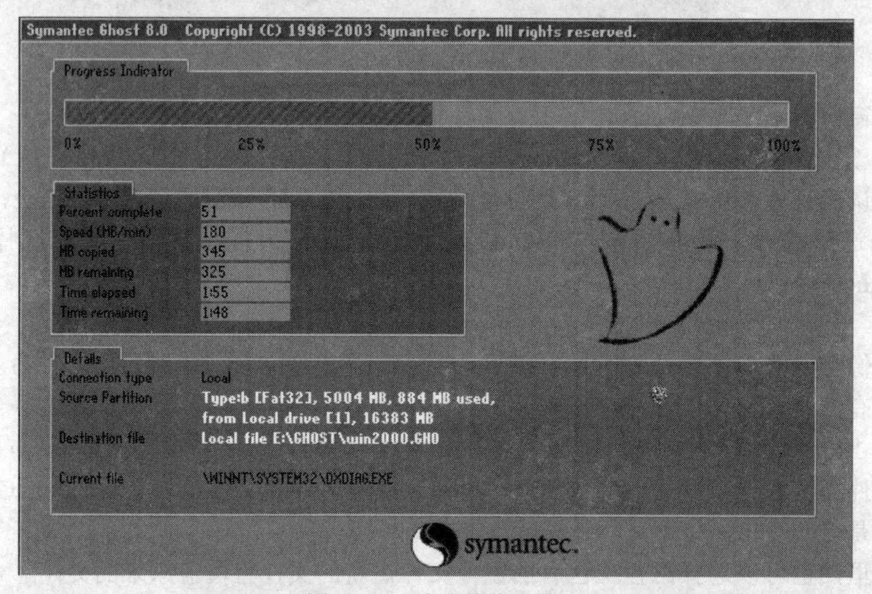

图 10-18　生成镜像文件

该窗口主要由以下几个部分组成：

● 进度指示区：指示备份分区操作的进度。

● 统计区：显示复制速度、文件容量和时间（已用时间、剩余时间）等。

● 说明区：是否是本地磁盘、源分区信息（类型、总容量、使用容量）、目标文件路径及文件名、正在备份的文件信息等。

Ghost 备份的速度相当快，不用久等就可以完成备份。备份的文件以 GHO 为扩展名储存在设定的目录中。

系统生成镜像文件后，显示如图 10-19 所示的确认窗口，单击 Continue 按钮返回主菜单。至此，整个 C 盘已经以镜像文件的方

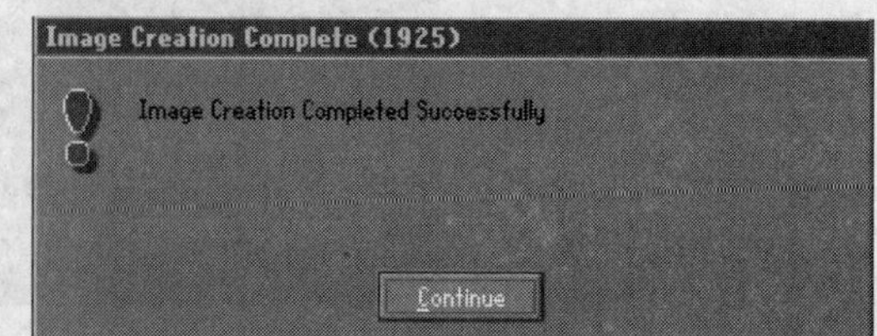

图 10-19　完成制作镜像

式备份于 E:\ghost\win2000.GHO 中，退出 Ghost 程序，取出启动软盘或启动光盘，重新启动计算机，交付用户使用。

10.3.2 用镜像文件还原分区

通过前面的操作，我们已经将安装了操作系统及应用软件的整个 C 盘以镜像文件的方式备份好了，当计算机在使用的过程中出现操作系统崩溃、应用软件无法正常运行、中毒等不正常现象时，就可以通过下述操作在几分钟的时间内快速还原整个 C 盘。

（1）运行 Ghost 程序　从启动光盘、软盘或 U 盘启动后，进入 DOS 状态后，运行 Ghost 程序并进入主菜单（本例中 Ghost 程序位于 E:\ghost 文件夹）。

（2）主菜单选择　出现 Ghost 主菜单后，在“Local”菜单中选择“Partition”项，再选择“From Image”子项，如图 10-20 所示，单击“From Image”项后进入下一步。

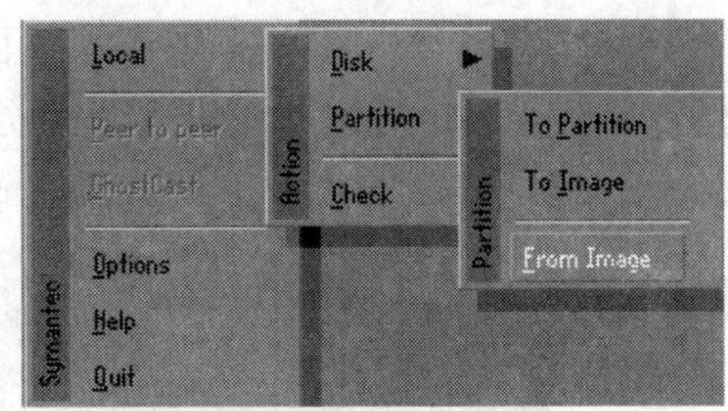

图 10-20　从镜像文件还原分区

（3）选择镜像文件　在如图 10-21 所示的窗口中选择前面已经制作好的镜像文件，需要指出的是路径及镜像文件名必须正确。此窗口类似于 Windows 中的打开对话框，具体操作如下：

- 选择路径：（提示：本例镜像文件是 E:\ghost\win2000.GHO）

默认路径为 Ghost 程序所在的盘符及目录，即：E:\ghost。由于本例中镜像文件与 Ghost 程序在同一文件夹中，因此不必更改路径。

如果想更改路径，可单击下拉箭头进行选择，操作方法与 Windows 打开对话框一样。

- 选择文件：正确选择路径后，可以看到该文件夹中的内容，本例中为 win 2000.GHO，选择它即可。

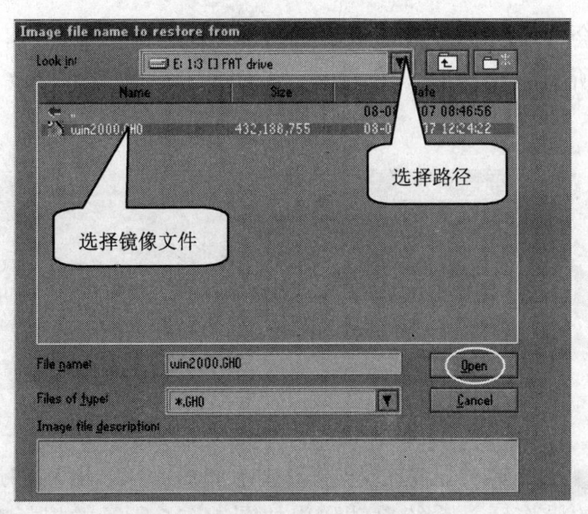

图 10-21　选择路径与文件

选择好镜像文件后，该文件名自动出现在“File name”栏中，此时路径与文件的选择已经完成，单击 Open 按钮进入下一步。

（4）选择目标硬盘　在完成了备份文件的选择后，出现了如图 10-22 所示的界面，要求对目标硬盘进行选择，在只有一个硬盘的情况下，单击 OK 按钮即可。

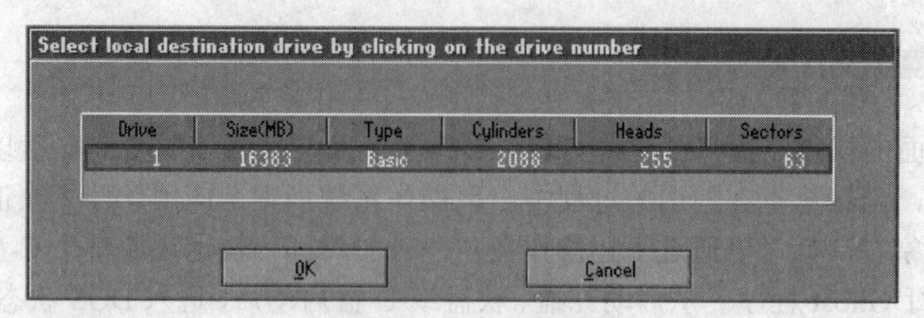

图 10-22　选择目标硬盘

（5）选择目标分区　在完成了目标硬盘的选择后，需要对具体还原到哪个分区作出选择，如图 10-23 所示。这里有 3 个分区，我们要将操作系统及应用软件还原到 C 盘，所以选择 C 盘所对应的第 1 分区，使之高亮度显示，再单击 OK 按钮。

Select destination partition from Basic drive: 1

Part	Type	ID	Description	Label	Size	Data Size
1	Primary	0b	Fat32	NO NAME	5004	874
2	Logical	0b	Fat32 extd		4000	4000
3	Logical	0b	Fat32 extd	NO NAME	7373	416
				Free	5	
				Total	16383	5292

OK　Cancel

图 10-23　选择目标分区

由于恢复操作会覆盖所选分区，也就是破坏 C 盘上的现有数据。因此在执行还原操作前弹出如图 10-24 所示的对话框，单击 Yes 按钮后开始恢复分区（如果单击 No 按钮则放弃该操作）。

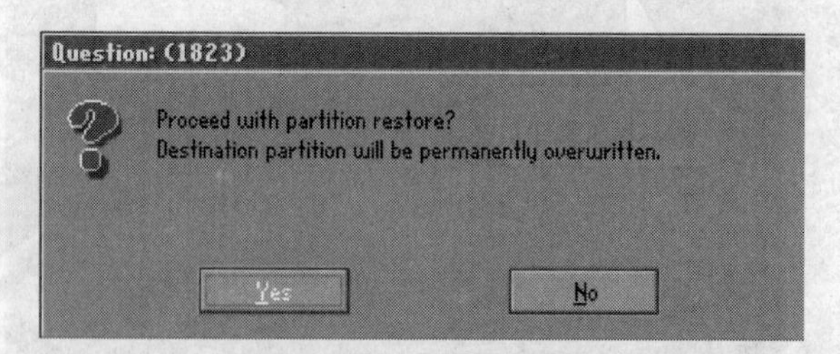

图 10-24　确认恢复

（6）恢复分区　在还原分区的过程中，显示如图 10-25 所示的进度及信息窗口。

完成分区还原的操作后，系统自动弹出如图 10-26 所示的提示窗口，按 Continue 按钮返回主菜单；或单击 Reset Computer 重新启动计算机。

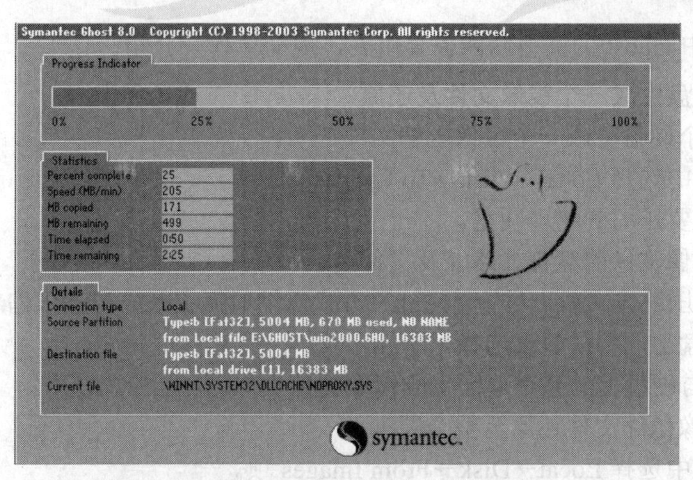

图 10-25　还原分区过程

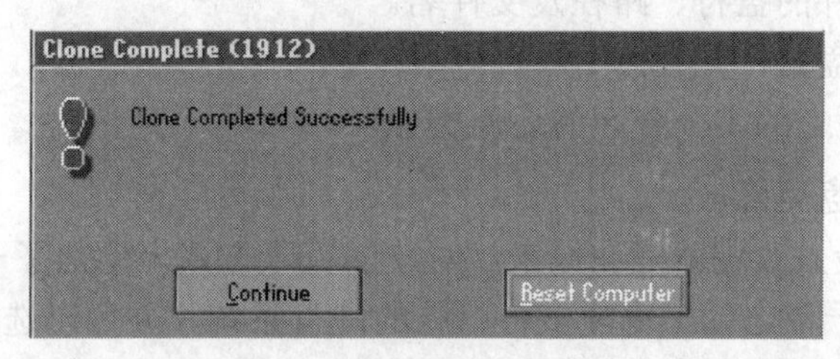

图 10-26　完成分区还原

（7）重新启动　在重新启动计算机前，取出软驱、光驱中的磁盘，重启后，即可以正常方式启动该计算机。至此，我们已经用以前所做的备份文件完全恢复了 C 盘，总计时间不会超过十分钟。

注意：

1）按照用户要求完成所有软件安装并通过用户认可后，及时将 C 盘备份。

2）如果因疏忽，在装好系统一段时间后才想起要制作备份，那也没关系。备份前必须先将 C 盘里的垃圾文件、注册表里的垃圾信息清除，升级杀毒软件并清除病毒，最好再进行整理磁盘碎片等，然后再生成备份。

3）备份盘的可用容量必须大于 C 盘已用空间，具体视压缩方式而定，最好是备份盘的可用容量大于 C 盘总容量。

4）在还原备份时一定要注意选对目标硬盘与分区。

当感觉系统运行缓慢、系统崩溃、中了比较难于清除的病毒时，建议进行分区还原。如果长时间没整理磁盘碎片，而又不想花上半个小时甚至更长时间整理时，也可以直接恢复分区备份，这样比单纯整理磁盘碎片效果要好得多。

10.4　Ghost 其他功能简介

上述介绍的两个 Ghost 常用功能经常在计算机安装工程及维修工作中发挥作用，当然在实际的工作中 Ghost 的其他功能也会用到，现简单作一介绍。

1．整个硬盘生成一个镜像文件及还原

（1）将整个硬盘生成一个镜像压缩文件

1）主菜单中选择 Local→Disk→To Images 项。

2）选择需要压缩的物理硬盘。

3）设置镜像文件的盘符、路径及文件名。

4）在选择压缩方式时，尽管“High”方式压缩时间最长，但是压缩率最高，由于镜像文件保存在硬盘上，所以建议选择“High”。

操作过程与硬盘上的某个分区生成镜像文件类似。

（2）将镜像压缩文件还原至整个硬盘

1）主菜单中选择 Local→Disk→From Images 项。

2）选择镜像文件的盘符、路径及文件名。

3）选择目标硬盘。

操作过程与硬盘上的某个分区的还原类似。

2．网络多机硬盘克隆

新版 Ghost 的最大改进就是在原来一对一的克隆方式上增加了一对多的方式，即通过 TCP/IP 网络同时从一台电脑上克隆多台电脑的硬盘系统，并可以选择交互或批处理方式，这就可以为企业大批量安装新电脑的操作系统，或对众多电脑进行系统升级。对个人用户而言，可以将两台计算机通过 LPT 或网卡连接后进行备份，而不用开机箱及来回拆卸硬盘。

3．检查用 Ghost 复制的分区

为了确保硬盘复制的正确性，在 Ghost 中可以检查镜像文件及硬盘是否存在错误，以避免在硬盘复制过程中发生错误而造成数据的丢失。

在主菜单中选择“Local”→“Check”项，其两个选项作用如下：

- Images File：可以从文件列表中选择要检查的镜像文件，打开后就开始对镜像文件进行逻辑检查。
- Disk：选择该项后，要求选择要检查的物理硬盘，确认后开始进行检查。

实训一　硬盘对拷

1．实训目的

模拟批量计算机安装工程，熟悉并掌握硬盘对拷技能。

2．实训内容

（1）掌握 Ghost 的启动与退出。

（2）熟悉 Ghost 主菜单。

（3）正确掌握硬盘克隆技能。

3．实训设备及准备工作

至少 2 台相同配置的计算机，其中 1 台须配光驱或软驱，将其安装好全部软件后作为

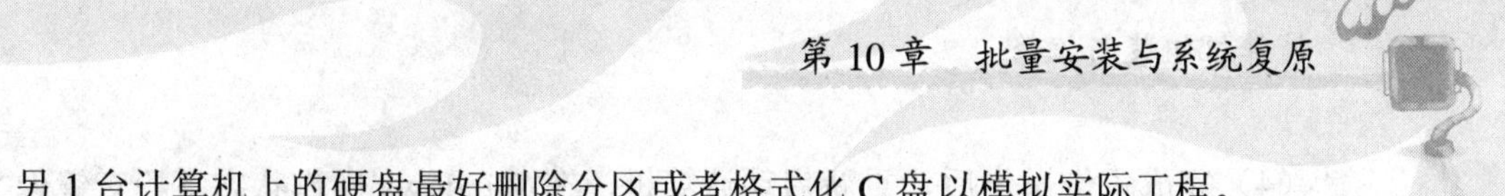

标准机；另 1 台计算机上的硬盘最好删除分区或者格式化 C 盘以模拟实际工程。

4．实训工具

启动软盘一张或启动光盘一个；Ghost 程序。

5．实训步骤

（1）安装标准机：硬盘分区、操作系统、应用软件、网络设置等，并记录数据。

（2）正常关闭标准机，将待克隆的硬盘（目标硬盘）安装到标准机上。

（3）设置第一启动装置，利用启动盘从软盘或光盘启动计算机。

（4）运行 Ghost 程序，在熟悉 Ghost 主菜单后退出程序。

（5）实施硬盘对拷操作，并按要求记录相应数据。

（6）完成克隆后正常关闭标准机，将已经克隆好的硬盘安装到另一台计算机上，同时启动两台计算机，在进行对比的同时记录实训数据。

6．实训记录见表 10-1

表 10-1　硬盘对拷记录表

标准机数据	操作系统	应用软件	硬盘总容量	C 盘容量	D 盘容量
克隆后克隆机数据	操作系统	应用软件	硬盘总容量	C 盘容量	D 盘容量

Ghost 版本号：＿＿＿＿＿；执行 Ghost 操作的时间：＿＿＿＿＿分钟。

实训二　备份与还原分区

1．实训目的

模拟计算机维修任务，熟悉并掌握分区备份及还原技能。

2．实训内容

（1）将 C 盘整个分区生成一个镜像文件，作为系统的备份。

（2）模拟维修情景，格式化 C 盘，使电脑无法正常运行。

（3）利用作为备份的镜像文件，快速修复电脑，使之复原。

3．实训设备及准备工作

1 台正常运行的计算机，须配光驱或软驱，硬盘至少有 2 个分区。

4．实训工具

启动软盘一张或启动光盘一个；Ghost 程序。

5．实训步骤

（1）正常启动并运行电脑，检查并记录 C 盘容量，检查 D 盘（或 E 盘）剩余空间，保证有足够的空间来存放镜像文件。

（2）关闭计算机，从软盘或光盘启动计算机，进入 DOS 后启动 Ghost 程序。

（3）将 C 盘整个分区生成镜像文件，保存至 D 盘（或 E 盘）上，并按要求记录相应的数据。

（4）完成备份操作后，重新启动计算机，在 Windows 操作状态下检查镜像文件情况。

（5）用启动盘重新启动计算机，模拟维修实务，格式化 C 盘。

（6）取出启动盘，重新启动计算机，观察并记录计算机的运行情况。

（7）关闭计算机，从软盘或光盘启动计算机，进入 DOS 后启动 Ghost 程序。将已经备份好的镜像文件还原到 C 盘，完成操作后取出启动盘。

（8）启动计算机，观察电脑能否正常运行；将原来的记录数据与还原后的情况逐一进行对比，检查是否真正达到还原的效果。

6．实训记录见表 10-2

表 10-2　C 盘参数记录表

操作系统		应用软件		
C 盘属性	文件系统	总容量（MB）	已用空间（MB）	可用空间（MB）

Ghost 版本号：________，Ghost 程序大小：__________ kB；

Ghost 程序路径：____________________________；

镜像文件保存路径：__________________________；

镜像文件名称：________________（全名）；

分区备份至镜像文件所需时间：________分钟；

镜像文件容量：______________MB；

镜像文件还原至分区所需时间：________分钟。

思考与习题十

1．简答题

（1）Ghost 具有哪些功能？

（2）Ghost 在实际的安装工程与维护工作中起什么作用？

2．单项选择题

（1）Ghost 主菜单中，将整个分区备份保存于硬盘上，正确的选择是（　　）。

A．Local→Disk→To Images　　B．Local→Disk→From Images

C．Local→Partition→To Images　　D．Local→Partition→From Images

（2）Ghost 在压缩备份数据时，执行速度最快的方式是（　　）。

A．No　　B．Fast　　C．High

3．是非判断题（对打√；错打×）

（1）如果没有鼠标，将无法进行 Ghost 8.0 的操作。（　　）

（2）在进行硬盘对拷时，不必正确选择源盘与目标盘，系统会自动进行判断。（　　）

（3）在进行硬盘对拷时，如果目标盘还未分区，克隆操作将无法进行。（　　）

（4）Ghost 程序在进行硬盘对拷期间，会自动修复目标盘的物理性损伤。（　　）

（5）在制作 C 盘镜像文件前必须对 C 盘进行大扫除，清理所有临时与不必要的文件。（　　）

（6）在用镜像文件恢复某分区前，必须先格式化该分区。（　　）

4．案例分析

（1）某单位购置了多台相同配置的计算机，在安装软件时，应用硬盘对拷的方法顺利完成了任务。过了一段时间，计算机A正常运行，而计算机B出现系统崩溃故障。技术员小王检查该批计算机后发现没有C盘分区备份，因此，将计算机B的硬盘安装到计算机A上，以计算机A的硬盘为源盘，对计算机B的硬盘进行硬盘直接对拷。结果计算机B很快恢复了正常工作，但是客户非常不满意。这是为什么？正确的维修方法是什么？

（2）某计算机公司技术员小李工作非常认真，在给客户安装好新配的计算机后，及时将C盘用Ghost软件备份到了硬盘F上。该计算机在使用半年后出现运行速度慢、经常死机等现象，小李在处理时确定是操作系统的原因（事实也是如此），并且很快用Ghost软件将F盘上的镜像文件还原到C盘。计算机也立刻恢复了正常运行，但是客户发现“我的文档”及“桌面”上建立的所有文件没有了，为此显得很生气。试问：

1）小李的维修过程是否正确？如果存在错误，请指出。

2）该用户保存文件的方法是否妥当？如有不妥，请指出。

第11章 维护与维修基本方法

学习目标

1）了解计算机硬件日常保养方面的知识，掌握主要板件的保养要点。

2）了解计算机软件日常维护的工作要点。

3）掌握计算机维修的基本思路、主要规则，掌握计算机故障分类。

4）初步掌握判断计算机故障的方法。

11.1 计算机的日常维护与保养

通常，我们将计算机的日常维护分为硬件维护和软件维护两个方面。

11.1.1 计算机硬件日常维护

所谓硬件维护是指在硬件方面对计算机进行的维护，它包括计算机使用环境、各种组件及外部设备的日常维护及工作中的注意事项等。

1．计算机的工作环境

要使一台计算机工作在正常状态并延长使用寿命，必须使它处于一个合适的工作环境，主要应该考虑以下几个要点：

（1）温度条件　一般计算机应工作在20～25℃环境下，现在的计算机虽然本身散热性能很好，但过高的温度仍然会使计算机工作时产生的热量散不出去，轻则缩短机器的使用寿命，重则烧毁计算机的芯片或其他配件。温度过低则会使计算机的各配件之间产生接触不良的毛病，从而导致计算机不能正常工作。条件允许的话，最好在安放计算机的房间里面安装空调。

（2）湿度条件　计算机在工作状态下应保持通风良好，湿度不能过高，否则计算机内的线路板很容易腐蚀，使板卡过早老化。

（3）电源要求　电压不稳容易对计算机电路和器件造成损害，由于市电供应存在高峰期和低谷期，如果电压经常波动范围大，那么要考虑配备一个稳压器，以保证计算机正常工作所需的稳定的电源。对于重要岗位使用的计算机，如果突然停电，则有可能会造成计算机内部数据的丢失，严重时还会造成计算机系统不能启动等各种故障，应该考虑配备一个合适的 UPS。

（4）防尘与防静电　由于计算机各组成部件非常精密，如果计算机工作在较多灰尘的环境下，就有可能堵塞计算机的各种接口。因此最好能定期清理一下计算机机箱内部的灰尘，做好机器的清洁卫生工作。

放置计算机时应该将机壳用导线接地，可以起到很好的防静电效果。静电有可能造成计算机芯片的损坏，为防止静电对计算机造成损害，在打开计算机机箱前应当将手上的静电放掉后再接触计算机的配件。

（5）防震与防磁　震动和磁场会造成计算机中部件的损坏（如硬盘的损坏或数据的丢失等），因此计算机不能工作在震动环境中，同时要远离磁场源。

2．计算机主要组件的日常维护

（1）计算机主板的日常维护　很多的计算机硬件故障都是因为计算机的主板与其他部件接触不良或主板损坏所产生的，做好主板的日常维护，一方面可以延长计算机的使用寿命，更主要的是可以保证计算机的正常运行，完成日常的工作。计算机主板的日常维护主要应该做到的是防尘和防潮，CPU、内存条、显卡等重要部件都是插在主机板上，如果灰尘过多的话，就有可能使主板与各部件之间接触不良，产生这样那样的未知故障，给你的工作和娱乐带来很大麻烦。另外，在组装计算机时，固定主板的螺钉不要拧得太紧，各个螺钉都应该用同样的力度，如果拧得太紧则容易使主板产生形变。

（2）CPU 的日常维护　首先，要保证 CPU 工作在正常的频率下。通过超频来提高计算机的性能是不可取的，尽量让 CPU 工作在额定频率下。

其次，作为计算机的一个发热比较大的部件，CPU 的散热问题也是不容忽视的，如果 CPU 不能很好地散热，就有可能引起系统运行不正常、机器无缘无故重新启动、死机等故障，定期检查 CPU 风扇运转情况是日常维护的一个重点。

最后，应该说是最重要的一点，就是一定要保证主板上 CMOS 设置中对 CPU 报警温度及关机温度选项的设置正确。

（3）内存条的日常维护　对于使用了半年以上的计算机来说，当检查内存条时，会发现上面有好多灰尘，所以定期做好清洁工作是内存条日常维护的一项重要工作。

另外，需要注意的是在新增内存条时，尽量在品牌、型号上选择与原有内存条一样的，这样可以避免系统运行不正常等故障。

（4）硬盘的日常维护和使用时的注意事项　首先，要做好硬盘的防震措施，硬盘是一种精密设备，工作时磁头在盘片的表面浮动高度只有几微米，当硬盘处于读、写状态时，一旦发生较大的震动，就可能造成磁头与盘片的撞击，导致硬盘的损坏。由此可见，当微机正在运行时最好不要搬动它。

其次，硬盘正在进行读、写操作时不可突然断电。现在的硬盘转速很高，通常为 5400 转/分或 7200 转/分甚至更高，在硬盘进行读、写操作时，硬盘处于高速旋转状态，若突然断电，则会造成磁头与盘片之间的猛烈磨擦而损坏硬盘。在关机的时候一定要注意机箱面板上的硬盘指示灯是否还在闪烁，如果硬盘指示灯闪烁不止，说明硬盘的读、写操作还没有完成，此时不宜马上关闭电源，只有当硬盘指示灯停止闪烁，硬盘完成读、写操作后才可关机。

（5）光驱的日常维护　光驱易出毛病，其故障率仅次于鼠标，光驱在日常使用与维护中要注意以下几点：

首先，要保持光驱的清洁，每次使用光驱时，光盘都不可避免地带入一些灰尘，灰尘如果落到激光发射头上，会造成光驱读取数据困难，影响激光头的读盘质量和寿命，还会影响光驱内部各机械部件的精密，所以室内必须保持清洁、减少灰尘。清洁光驱内部的机械部件一般可用棉签擦拭，激光头不能用酒精或其他清洁剂来擦拭，如果必须清洁，则可以使用气囊对准激光头吹掉灰尘。操作时一定要小心，稍不注意就有可能对激光头造成损坏。

其次，尽量使用正版光盘，尽管有些盗版光盘（尤其是VCD盘）也能正常播放，但由于质量低劣，盘上光道有偏差，光驱读盘时频繁纠错，这样激光头控制元件容易老化，同时会加速光驱内部的机械磨损，如果长时间地使用盗版光盘，肯定会降低光驱的使用寿命。

再者，养成正确使用光驱的习惯，避免出现不良操作现象，例如：用手直接关闭仓门、在光盘高速旋转时强行让光盘弹出仓门、关闭或重启计算机时不取出光盘等。这些不好的习惯会直接影响光驱的使用寿命。光盘在不用的时候要拿出来，因为只要计算机开着，即使不用光盘，光驱也在工作着。

（6）显示器的日常维护　首先仍然是做好防尘工作，显示器内部的高压高达10kV～30kV，这么高的电压极易吸附空气中的灰尘。如果控制电路板灰尘太多，则会影响电子元器件的热量散发，使元器件温度上升而烧坏元件。同时，灰尘也有可能吸收空气中的水分，腐蚀显示器内部的线路，造成一些莫名其妙的故障。长期使用的显示器机壳内肯定积攒了大量灰尘，定期清除时可用毛刷或者电吹风。清除显示器内外的灰尘时，切记将显示器的电源关掉，还应拔下显示器的电源线和信号电缆线。

其次是防潮与防磁，长时间不用的显示器要定期通电工作一段时间，让显示器工作时产生的热量将机内的潮气驱逐出去。电磁场的干扰会使显示器内部电路出现不该有的电压电流，要将强磁场性物质（如收音机、手机、多媒体音箱等）远离显示器。

显像管是一个大热源，应该给显示器一个良好的通风环境，保证有足够的空间散热。如果有一两个小时都不用显示器的话，最好把显示器关掉。

不要太频繁地开关显示器，开和关之间最好间隔一两分钟，开、关太快，容易使显示器内部瞬间产生高电压，导致电流过大而将显像管烧毁。

（7）键盘的日常维护　保持清洁依然是日常维护的关键，过多的灰尘会给电路正常工作带来困难，有时造成误操作，杂质落入键位的缝隙中会卡住按键，甚至造成短路。

在清洁键盘时，我们可用柔软干净的湿布来擦拭，按键缝隙间的污渍可用棉签清洁，不要用医用酒精，以免对塑料部件产生不良影响。清洁键盘时一定要在关机状态下进行，湿布不宜过湿，以免键盘内部进水产生短路。

在更换键盘时不要带电插拔，带电插拔的危害是很大的，轻则损坏键盘，重则有可能会损坏计算机的其他部件，造成不应有的损失。

（8）鼠标的日常维护　在所有的计算机配件中，鼠标最容易出现故障。

首先，最好配一个专用的鼠标垫。对于机械式鼠标，既可以大大减少污垢通过橡皮球

进入鼠标中的机会，又增加了机械式鼠标橡皮球与鼠标垫之间的磨擦力。如果是光电式鼠标，则还可起到减振作用，保护光电检测元件。

对于机械式鼠标，一定要定期清除橡皮球及滚动杆上的污垢。使用光电鼠标时，要注意保持感光板的清洁使其处于更好的感光状态，避免污垢附着在发光二极管和光敏三极管上，遮挡光线接收。

11.1.2　计算机软件日常维护

1．操作系统的日常维护

在操作系统的日常维护方面，主要做好以下的几项工作：

● 定期扫描磁盘文件及进行碎片整理　应用 Windows 系统自身提供的“磁盘清理”和“磁盘碎片整理程序”等功能来对磁盘文件进行整理及优化，以释放出更多的磁盘空间。

● 定期维护系统注册表（具体操作见第 8 章第 2 节）。

● 及时升级杀毒软件，防止病毒入侵。

2．应用软件的日常维护

应用软件种类繁多，这里只介绍日常维护工作中的几个要领：

● 禁止自动运行　有些程序在安装时设置成了开机自动运行，对系统的运行速度产生了很大影响。除了杀毒软件外，应该禁止其他软件的自动装载，以节约系统的开销。

● 删除不再使用的应用程序　当系统中安装了过多的应用程序时，对系统的运行速度同样也是有影响的。所以如果一个应用程序不再被使用了，就应该及时将其删除。

● 恢复默认设置　通常一台电脑有好多人在使用，各人有不同的操作习惯。操作界面的更改会给别人带来不适，可能会感觉到应用软件出了大问题，其实只是隐藏了一个工具栏。对于此类情况，恢复默认设置后，再让用户自行设置是最快、最省事的方法。

11.2　计算机故障维修概述

11.2.1　维修的基本思路

计算机故障维修的基本思路是：首先根据故障现象分析产生故障的可能因素，然后确定发生故障的部件或位置，并将其排除。

我们将查找故障的过程称为计算机故障的定位，俗称“诊断”。

诊断是计算机维修的关键，诊断的基本思路是根据故障现象采用相应的检查手段，逐步缩小故障范围，直到最终确定故障发生的组件或位置。具体地讲，先要根据故障的表面现象，将故障可能发生的组件及位置圈定在一个尽可能小的范围内，然后分析是硬件方面还是软件方面。如果是硬件方面，则再通过一定的检查及判别，将无故障的组件或者有故障的组件分离出来，最终确定故障组件。如果是软件方面，则要分析操作系统是否存在问题；如有问题，则分析其原因及性质，再进一步分析发生问题的具体部位，达到软件故障定位、定性的目的。总之，就是先粗后细，由表及里地找到故障所在的组

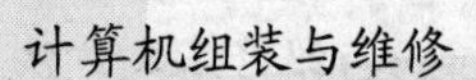

件或位置。

硬件故障排除的基本思路是将有问题的部件用好的部件替换，对于有问题的部件能否作进一步修理，要看测试设备、能力水平及经济价值了。软件故障排除的基本思路是将有问题的操作系统、应用软件进行更新或者全部重装，或者干脆用 Ghost 程序将整个系统还原。

11.2.2 计算机故障的分类

计算机故障是指造成计算机系统正常工作能力失常的硬件物理损坏、设置不当和软件系统的错误，总的可以分为硬件故障与软件故障两大类。

1. 硬件故障

根据故障实质，硬件故障又可以分为硬件真故障和硬件假故障两种类型。

（1）硬件真故障　硬件真故障是指计算机硬件系统发生硬件物理损坏所造成的故障。换句话说，硬件真故障是指各种板卡、外部设备等出现电气故障或者机械故障等物理故障，这些故障可能导致所在板卡或外设的功能丧失，甚至出现计算机系统无法启动。例如，计算机开机无法启动、无屏幕输出、声卡无法出声等。

（2）硬件假故障　硬件假故障是指计算机系统中的各部件和外设完好，但由于硬件在安装、设置、外界因素影响（如电压不稳，超频处理等）下，造成计算机系统不能正常工作。

譬如，一台正常使用的电脑，在搬动一个地方后无法正常启动而且发出一长一短的报警声音，真正的原因不是内存损坏而是在搬运的过程中内存条松动了；再如：一台正常的电脑在新安装了一个硬盘后无法进入操作系统，通常的原因是两个硬盘的设置有冲突而产生的。

2. 软件故障

软件故障指由于软件原因而造成的故障，可以说除了硬件故障外都是软件故障。软件故障的诊断与处理可能是计算机维修人员日常工作的重点。按照软件分类的概念来划分，软件故障又可以分为操作系统故障和应用软件故障。

（1）操作系统故障　操作系统故障是指由于操作系统的损坏而引发整个计算机系统不能使用，或者部分不能使用的软件故障。它的表现形式有计算机无法启动，启动后不能正常工作，某些硬件功能失效，某些软件无法运行等。由于操作系统是所有软件运行的环境和平台，因此操作系统故障绝大部分是属于全局性的。

（2）应用软件故障　应用软件故障是指特定的应用软件，因安装、设置、使用的错误而导致该软件不能正常使用，或者某些功能失效、发生错误的软件故障。它的特征是故障只限于该应用软件所涵盖的范围内，不影响其他软件的使用。

11.2.3 故障维修的规则

尽管计算机故障五花八门、千奇百怪，但由于计算机是由一种逻辑部件构成的电子装置，因此，识别故障也是有章可循的，常用规则如下：

1. 弄清情况

医生看病通常采用一问二看的方法，计算机故障维修也一样，首先要与用户交流，问清故障产生的前后过程，具体包括了解机器的工作环境和条件；系统近期发生的变化，如移动、装卸软件等。同时也要弄清机器的配置情况，安装了何种操作系统和应用软件，了解诱发故障的直接或间接原因与死机时的现象。

2. 故障复现

对于计算机故障，用户的描述有时可能无法正确表达故障现象或者忽视了关键特征，此时，作为维修者，要通过自己的眼睛及耳朵来观察及聆听故障现象，这个过程称为故障复现。

3. 先假后真

确定系统是否真有故障，操作过程是否正确，连线是否可靠，排除假故障的可能后才去考虑真故障。

4. 先软件后硬件

如果分不清楚是软件故障还是硬件故障，则先分析是否存在软件故障，再去考虑硬件故障方面的原因。

5. 先外后内

先检查外部设备，再检查主机。在检查了主机外部设备后，才考虑打开机箱。如果能不打开机箱，则尽可能不要盲目拆卸部件。

6. 严禁带电拔插

在硬件诊断中，通常要对一些组件进行拔插，在整个维修过程中严禁带电拔插。在拆机检修的时候千万要记得检查电源是否切断。

11.2.4　维修准备工作及注意事项

计算机故障的诊断与排除需要准备好常用工具、物品及软件。

1. 常用维修工具

大、小磁性十字螺钉旋具各一把；大、小磁性一字螺钉旋具各一把；尖头镊子、尖嘴钳、小刷子各一把；洗耳球、电吹风各一个；一台万用表、一支 25W 电烙铁及焊丝；一瓶酒精及若干棉签。

2. 计算机零部件

附带驱动程序的显卡、声卡、网卡各一块，总线是 PIC 或 PCI-E、显卡至少是 AGP 的。软驱、光驱、硬盘各一个，带数据线；SDRAM、DDR 内存条各两个；ATX 电源一个。

3. 常用装机软件

一张启动软盘及一张空白软盘；Windows 2000、Windows XP 安装光盘；系统补丁程序、Ghost 等装机工具软件；Office 2000、2003 等常用应用软件；杀毒软件等。

条件允许时，最好有一台能正常使用的电脑用于测试或者从网上下载驱动程序。

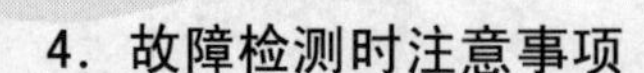

4. 故障检测时注意事项

（1）注意安全　这里指的是自身安全及计算机部件安全两个方面：为了保护计算机部件的安全，在任何拆装零部件的过程中，请切记一定要将电源拔去，不要进行热插拔；此外，要重视计算机的绝缘问题，做好自身安全防范措施。

（2）办妥替换部件　找到了故障部件，并不代表马上能将电脑修好，如果没有替换该设备的组件或零部件，那也是一场空。特别要提醒的是，在没有完全相同的零部件替换的情况下，不要立刻选用高档的来替代，要注意是否匹配。

（3）收集好材料，准备好驱动程序　根据已经明确的问题，应该收集好相应的资料，例如：主板的型号、BIOS 的版本、显卡的型号、安装的软件等。

许多用户往往将设备的驱动程序丢失了，此时，还要从网上或者其他同行中获得。

（4）保管好物件　维修计算机难免要拆计算机，就需要拆下一些小螺钉，请将这些螺钉放到一个小空盒中，维修完毕再将螺钉拧回原位。对于拆下的组件，特别是 CPU、内存条等，要放于安全的位置。

11.3　常见计算机故障的判断方法

检测及判断计算机故障的方法很多，常用的方法如下：

1. 观察法

观察法利用人的感觉器官，诸如眼看、手摸、耳听等，了解故障设备有无异常痕迹。观察法是故障判断过程中的第一要法，它贯穿于整个维修过程中。观察不仅要认真，而且要全面。要观察的内容主要包括：周围的环境；硬件环境，包括接插头、座和槽等；软件环境；用户操作电脑的习惯、过程等。

譬如：在不开机的情况下，观察板卡是否有烧毁的痕迹，接插部位是否有松动脱落的情况。开机时，听到何种类型的报警声音，各种风扇是否在运转等，从中发现损坏的部件及故障现象。

2. 清洁法

清洁法是对怀疑存在故障的部件或连接部位进行卫生清理。使用小刷子、洗耳球、电吹风等将部件表面清理干净。如果要进一步清理，就要用棉签与酒精了。尽管这种方法相对简单，但是却非常奏效。因为计算机不可能在无尘的环境下工作，由于灰尘积累而造成的故障不在少数。在实际维修中，通过给计算机部件搞一次卫生而使其恢复正常工作的情况不占少数。

3. 最小系统法

对于最小系统，我们并不陌生，这里的最小系统法是指将计算机以最小系统开启，对计算机进行一次粗略的判断，从而为进一步的检测指明方向。

最小系统是指从维修判断的角度能使计算机开机或运行的最基本的硬件和软件环境。最小系统有两种形式，硬件最小系统法和软件最小系统法。

（1）硬件最小系统法　硬件最小系统由电源、主板、CPU、内存及显卡组成。在这个系统中，只连接电源到主板的直流电源线及小喇叭线，这时，小喇叭的作用发挥了。启动

计算机后通过声音来判断这些核心组成部分是否可以正常工作。如果听到了“嘟”的一声，说明上述各个元件没有问题；如果没有“嘟”的开机声，问题肯定出在这几个组件中了。

（2）软件最小系统法 软件最小系统由电源、主板、CPU、内存、显卡、显示器、键盘和硬盘组成。在通过了硬件最小系统的测试后，接下来采用上述软件最小系统来判断系统能否完成正常启动与运行。如果能正常启动电脑并且进入操作系统，说明上述部件基本没有问题。在软件最小系统下，可根据需要添加或更改适当的硬件。如：在判断启动故障时，由于硬盘不能启动，想检查一下能否从其他驱动器启动。这时，可在软件最小系统下加入一个软驱或干脆用软驱替换硬盘，来检查。又如：在判断音视频方面的故障时，应需要在软件最小系统中加入声卡；在判断网络问题时，就应在软件最小系统中加入网卡等。

最小系统法，主要是要先判断在最基本的软、硬件环境中，系统是否可以正常工作。如果不能正常工作，即可判定最基本的软、硬件部件有故障，从而起到故障隔离的作用。

最小系统法与逐步添加法结合，能快速地定位发生在板件上的故障，提高维修效率。

4. 逐步添加/移除法

逐步添加法，以最小系统为基础，每次只向系统添加一个组件或软件，来检查故障现象是否消失或发生变化，以此来判断并定位故障部位。

逐步移除法，正好与逐步添加法相反，在计算机所有硬件及软件到位的情况下，逐步移除一个组件或软件。如果故障现象消失或发生变化，可以判定故障就是该组件或软件。

逐步添加/移除法也称拔插法，一般要与替换法配合，才能较为准确地定位故障部位。

5. 替换法

替换法是用好的部件去代替可能有故障的部件，以判断故障现象是否消失的一种维修方法。好的部件可以是同型号的，也可能是不同型号的。替换时要遵循以下几点：

（1）根据故障的现象或故障维修规则，考虑需要进行替换的部件或设备。

（2）按先简单后复杂的顺序进行替换。如：先内存、CPU，后主板，又如要判断打印故障时，可先考虑打印驱动是否有问题，再考虑打印电缆是否有故障，最后考虑打印机或接口是否有故障等。

（3）先检查与怀疑有故障的部件相连接的连接线、信号线等；其次是替换怀疑有故障的部件；然后是替换供电部件；最后是与之相关的其他部件。

（4）从部件的故障率高低来考虑最先替换的部件，故障率高的部件先进行替换。

6. 升/降温法

人为升高计算机运行环境的温度，可以检验微机各部件（尤其是 CPU）的耐高温情况，因而及早发现事故隐患。事实上，升温法采用的是故障促发原理，制造故障出现的条件来促使故障频繁出现以观察和判断故障所在的位置。

人为降低计算机运行环境的温度，如果故障现象消失或者发生频度减少，说明故障出在高温或不能耐高温的部件中，此举可以帮助缩小故障诊断范围。

要实施升温法降温法，最方便的手段是使用电风扇：热风档可加热；冷风档可降温。

总之，计算机故障千变万化，检测与判断的方法也不止上述几种，及时交流与总结是提高维修技能的唯一捷径。通过总结，可以摸索出规律；加强交流，可以快速紧跟时代步伐。

在此，需要指出的是在计算机维修过程特别是硬件故障判断中要充分利用 BIOS 自检信息。计算机在启动过程中要进行自检，如果自检正常，计算机的小喇叭或蜂鸣器会发生“嘟”的一声。如果自检中发现问题，会发出不同的报警声，这是主板 BIOS 的一个基本功能。根据 BIOS 报警声音从而快速地判断故障源是维修工作者必备的技能。

实训　计算机故障检测

1. 实训目的

观察计算机故障现象，了解常用计算机故障检测方法，学会一种基本检测技能。

2. 实训设备及工具

已安装好硬件及软件并能够正常工作的计算机；启动软盘或光盘；十字开刀等。

3. 实训组织

（1）拆除内存条或者内存条安装不到位模拟内存故障，启动电脑，观察及记录故障现象。

（2）分析故障原因，以硬件最小系统法或者观察法找出故障，并加以修复。

（3）计算机正常运行后，关机；松动（或者拆除）硬盘电源接线（或数据线）。

（4）启动电脑，观察及记录故障现象。

（5）分析故障原因，利用 BIOS 信息初步判断故障位置。

（6）进入 CMOS 设置，利用硬盘自动检测功能检测硬盘信息。

（7）打开机箱，修复故障，重新启动计算机。

（8）有条件的学校可以用真正的故障源作示范教学。

4. 实训记录见表 11-1

表 11-1　故障维修记录表

1	故障一现象		
	可能原因		
	故障检测	检测方法	判断依据
2	故障二现象		
	可能原因		
	故障检测	检测方法	判断依据

思考与习题十一

1. 简答题

（1）计算机日常维护包括哪两个方面？这两个方面分别包括哪些具体内容？

（2）计算机维修的基本思路是什么？计算机故障维修的规则有哪些？

（3）判断计算机故障的常用方法有哪些？

2．判断题（对打 √；错打×）

（1）计算机维修应遵循先硬件后软件的原则。　（　　）

（2）在接到故障机后，第一步工作是打开计算机机箱进行检查。　（　　）

（3）计算机故障的产生与计算机工作环境及用户操作习惯无关。　（　　）

第12章 主要设备常见故障及处理

1）了解黑屏故障的诊断与排除方法。
2）掌握利用开机自检信息诊断常见故障。
3）了解CPU、主板、内存及硬盘故障现象及原因。
4）通过维修案例，提高故障诊断及处理能力。

12.1 项目一 黑屏故障的诊断与排除

【项目任务】处理装机及维修中经常遇到的黑屏故障，初步学习观察法、清洁法与替换法。

【项目分析】在装机过程中，大家肯定遇到过黑屏现象，换句话说，也就是我们平时所讲的点不亮。在装机学习过程中，一台正常工作的计算机，经过一次拆装练习，怎么会黑屏了？面对此类故障现象，你肯定担心在安装过程中损坏了某个组件。其实不然。除去真正意义上的硬件物理性损坏外，还包括因为安装的设置错误、硬件的接线错误、接插件接触不良、设备驱动程序损坏等多方面的原因。通常，因灰尘过多、接插件松动、电源插头没有插实之类的小问题而引起的所谓故障占了很大的比例。

【项目实施】所谓黑屏，通常是指显示器接收不到显卡送来的显示信息而没有反应，处于原始的黑色状态。相反，不管是CRT还是LCD，只要接收到了显卡送来的显示信号，则肯定会产生亮度，也就是我们通常所说的“点亮”。对于黑屏现象，可能是插头松了的小问题，也可能是主板或者CPU坏了的大问题，其检修流程大致如下：

步骤一 检查外部接线

如果电源线没有插实及显示器操作不当，肯定会产生黑屏现象。先检查主机电源、电源连接线，以及显示器的电源连接线，再检查显卡与显示器之间信号线的连接情况。还要注意查看显示器的电源开关是否打开，显示器的亮度旋钮是否调到最暗。如果属于上述问题，纠正错误，即可点亮计算机。

开机测试，如故障仍然没有排除则转入下一步。

步骤二　应用观察法

显示器仍然黑屏，但是我们可以应用观察法中的“耳听”，根据有无声音，作出一个大概的判断。

（1）有声　包括只有“嘟”一声的开机声音，或者有长有短的报警声两种。

1）开机声。正常开机的“嘟”声，此时你可以放心了，主机部分肯定没有大问题了，问题出在显示器那里了。可以使用替换法，换一台显示器验证显示器是否有问题。

2）报警声。主机电源、主板及 CPU 无大问题。打开机箱，检查内存及显卡连接情况。拆下内存及显卡，再重新安装。重启后，如果问题解决，说明是接触不良；如果仍有报警声，进入步骤三。

（2）无声　尽管听不到声音，但是还不能确定主机内部有无大问题，接着测试。

只要是“黑屏”，不管是听到报警声或者听不到声音，此时只能打开机箱了。打开机箱后，首先仍然是应用观察法查找机箱内部的异常情况。若有异常，估计问题就是在这里了；若无异常，只好应用下一步的最小系统法了。

如果在上述检修过程中出现了“点亮”，则可以利用 BIOS 屏幕提示信息作进一步的处理，具体可参阅下一节的内容。

步骤三　应用最小系统法

采用最小系统法主要是对主机部分的重要组件及显示器进行一次粗略的判断。只保留电源、主板、CPU（含风扇）、内存条、显卡，并连接好显示器。开机后会产生以下两种情况：

（1）屏幕点亮　可以断定最小系统中的组件正常，应用下一节的方法作进一步判断。

（2）仍然黑屏　说明最小系统中的组件或者显示器有问题，可按下面的方法处理：

1）测试显示器。使用替换法，换一台显示器验证显示器是否有问题。

2）测试主机电源。使用替换法，换一个主机电源验证主机电源是否有问题。

如果显示器或主机电源有问题，更换后再次开机测试。

如果显示器与主机电源均没有问题，则故障缩小到了主板、CPU、内存及显卡这四种主要组件上。此时可以应用替换法分别进行测试，但是，我们还可以利用 BIOS 自检的报警声音再次作一个粗略的判断，具体如下：

（3）有报警声　说明主板及 CPU 基本正常，同时，还可以根据声音作一个大致判断：

1）不断的“嘟”声。基本上是内存有问题，首先应用替换法对内存进行验证。

2）其他声音。应用替换法对内存及显卡分别进行测试；根据测试的情况，更换相应的硬件，重新开机，回到步骤三再次作进一步的检查。

（4）无报警声　可以将问题集中在主板、CPU、内存及显卡上，进入步骤四。

步骤四　应用替换法

先使用清洁法除去上述四大组件上的灰尘及污垢，若故障依旧，则按下述方法操作：

（1）替换法测试内存　将内存插入其他计算机进行验证。

（2）替换法测试显卡　将显卡插入其他计算机进行验证。

如果在内存及显卡的测试中发现了问题，更换后重新回到步骤三作进一步的检查。

如果确认内存及显卡正常，则故障源可以集中在主板与 CPU 上，并继续下面的操作。

（3）替换法测试 CPU　一般情况下，为了安全起见，我们将 CPU 移至其他主板上进行测试，但是一定要注意该主板与此 CPU 相匹配，否则对 CPU 的判断将存在较大误差。如果 CPU 有问题，更换后回到步骤三还要作进一步的测试。如果 CPU 没有问题，则对主板进行测试，并进入步骤五。

步骤五　诊断主板

尽管故障确诊在主板上，但是不急于更换，因为还可以通过下面的操作来挽救：

（1）观察法　取下主板，仔细查看主板上的电子元件及线路板。

（2）清洁法　用酒精再次仔细清除主板上的污垢。

（3）替换法　用替换法诊断主板上的 BIOS 芯片。

尽管上述方法初看作用不大，可是在实际的维修中，仍使一定比率的主板恢复了正常工作。通过以上办法如果仍然不能挽救主板，在更换主板前先送特约维修店或者请专业维修人员作进一步检查。

12.2　项目二　开机自检信息诊断硬件故障

【项目任务】利用计算机启动过程中发出的报警声及屏幕显示信息确定计算机故障的原因。

【项目分析】当按下面板上的开机按钮时，计算机在主板 BIOS 的控制下将进行自检和初始化。如果工作正常，则可以听到电源风扇转动的声音，机箱上的电源指示灯长亮；硬盘和键盘上的“Num Lock”等三个指示灯则是亮一下（然后再熄灭）；机箱内部的扬声器发出“嘟”的一声；在显示器接收到显卡信号的同时，也发出轻微的“唰”声。

可是情况往往不如人意：正常开机的一声“嘟”声换成了连续不断的报警声；应该出现的操作系统启动画面变成了黑底白字的提示信息。

其实，有总比没有好，如何认识及辨别这些声音与提示信息，正是本项目中要完成的。

12.2.1　计算机的启动过程

理解计算机的启动过程对分析及判断硬件故障具有非常重要的意义，特别是从提示信息中快速定位故障源。计算机的启动过程可以分为以下十个步骤：

第 1 步：当按下电源按钮时，电源就开始向主板和其他设备供电，主板上的控制芯片组在电压稳定后，让 CPU 开始执行指令，无论是 Award BIOS 还是 AMI BIOS，都会自动跳转到系统 BIOS 中真正启动代码的位置。

第 2 步：系统 BIOS 的启动代码首先要做的事情就是进行 POST（加电自检），POST 的主要任务是检测系统中一些关键设备是否存在和能否正常工作，例如内存和显卡等设备。由于 POST 是最早进行的检测过程，此时显卡还没有初始化，如果系统 BIOS 在进行 POST 的过程中发现了一些致命错误，例如没有找到内存或者内存有问题（此时只会检查 640KB 常规内存），那么系统 BIOS 就会直接控制扬声器发声来报告错误，声音的长短和次数代表

了错误的类型。在正常情况下，POST 过程进行得非常快，我们几乎无法感觉到它的存在，POST 结束之后就会调用其他代码来进行更完整的硬件检测。

第 3 步：系统 BIOS 将查找显卡的 BIOS，找到显卡 BIOS 之后就调用它的初始化代码，由显卡 BIOS 来初始化显卡，此时多数显卡都会在屏幕上显示出一些初始化信息，介绍生产厂商、图形芯片类型等内容，不过这个画面几乎是一闪而过。系统 BIOS 接着会查找其他设备的 BIOS 程序，找到之后同样要调用这些 BIOS 内部的初始化代码来初始化相关的设备。

第 4 步：查找好所有其他设备的 BIOS 后，系统 BIOS 将显示出它自己的启动画面，其中包括系统 BIOS 的类型、序列号和版本号等内容。（参阅第 3 章图 3-14）

第 5 步：系统 BIOS 将检测和显示 CPU 的类型和工作频率，然后开始测试所有的 RAM，并同时在屏幕上显示内存测试的进度。

第 6 步：内存测试通过后，系统 BIOS 将开始检测系统中安装的一些标准硬件设备，包括：硬盘、CD-ROM、串口、并口、软驱等设备，另外绝大多数较新版本的系统 BIOS 在这一过程中还要自动检测和设置内存的定时参数、硬盘参数和访问模式等。

第 7 步：标准设备检测完毕后，系统 BIOS 内部的支持即插即用的代码将开始检测和配置系统中安装的即插即用设备，每找到一个设备后，系统 BIOS 都会为该设备分配中断、DMA 通道和 I/O 端口等资源，大多数 BIOS 同时在屏幕上显示出设备的名称和型号等信息。

第 8 步：到这一步为止，所有硬件都已经检测配置完毕了，大多数系统 BIOS 会重新清屏并在屏幕上方显示出一个表格，其中概略地列出了系统中安装的各种标准硬件设备，以及它们使用的资源和一些相关的工作参数。

第 9 步：接下来系统 BIOS 将更新 ESCD（扩展系统配置数据），通常 ESCD 数据只在系统硬件配置发生改变后才会更新，所以不是每次启动机器时我们都能够看到“Update ESCD…Success”这样的信息。

第 10 步：ESCD 更新完毕后，系统 BIOS 的启动代码将进行它的最后一项工作，即根据用户指定的启动顺序引导计算机从软驱、硬盘或光驱启动。以从 C 盘启动为例，系统 BIOS 将读取并执行硬盘上的主引导记录，主引导记录接着从分区表中找到第一个活动分区，然后读取并执行这个活动分区的分区引导记录，接下来就显示出我们熟悉的操作系统启动界面。

12.2.2　报警声音诊断

在检测 CPU、内部总线、基本内存、中断、显示存储器和 ROM 等核心部件过程中如果发现致命性的硬件故障，此时可通过扬声器发出的“嘟”声次数来确定故障部位。常见的有：

（1）计算机发出 1 长 1 短报警声　说明内存或主板出错，换一内存条试试。

（2）计算机发出 1 长 2 短报警声　说明键盘控制器错误，应检查主板。

（3）计算机发出 1 长 3 短的警报声　说明显示卡或显示器存在错误。关闭电源，检查显卡和显示器插头等部位是否接触良好或用替换法确定显卡和显示器是否损坏。

（4）计算机发出 1 长 9 短报警声　说明主板 Flash ROM、EPROM 错误或 BIOS 损坏，用替换法进一步确定故障根源，要注意的是必须是同型号主板。

（5）计算机发出重复短响　说明主板电源有问题。

（6）计算机发出不间断的长“嘟”声　说明系统检测到内存条有问题，应关闭电源重新安装内存条或更换新内存条重试。

12.2.3　开机错误提示信息诊断

在开机过程中，如果听到系统发出“嘟”的一声说明开机阶段正常且无致命性硬件故障，转入非致命性的硬件故障测试阶段。这时，屏幕显示显卡型号、主板 BIOS 信息、内存检测信息等。如果这时自检中断，可根据屏幕提示确定故障部位，举例如下：

1. 从 IDE 接口设备检测信息判断硬盘与光驱情况

计算机已经安装了硬盘及光驱，而 IDE 接口检测信息如下所示：

Primary Master… None
Primary Slave… None
Secondary Master… None
Secondary Slave… HL-DT-ST CD-ROM CR-

从上述提示信息可以看到：光驱作为从设备安装于第二个 IDE 接口上，而两个 IDE 接口都没有找到硬盘，说明硬盘没接上或硬盘有故障，可以从以下几个方面检查：

- 硬盘电源是否有电或接触不良。
- 硬盘接口线有没有接反、松动。
- CMOS 设置是否正确。

进入 CMOS 检查“Primary Master”、“Primary Slave”、“Secondary Master”三项的参数有无与所接硬盘不符的情况，最可靠的办法是将这三项的类型选项都设置成“Auto”，通常还可以利用硬盘自动检测功能完成对硬盘的检测。

- 硬盘本身的物理故障。如果硬盘电源、数据线连接没有问题，特别是在 CMOS 中无法自动检测到硬盘，此时才可以判断硬盘存在物理故障。

2. 从 FDD 接口设备检测信息判断软驱情况

Floppy disk（s）fail（40）

在 FDD 接口设备检测过程中出现上述出错提示信息，表示 CMOS 所指定的软盘驱动器有问题。可能的问题有：

- 软驱电源有问题，电源线无电或主板与软驱数据线接触不良。
- 软驱数据线接反、松动。
- CMOS 设置不正确，例如：目前软驱的类型一般都是“1.44MB/3.5in”，如果机箱中实际安装的 1.44MB 软驱设置成了 2.88MB 了，就会产生上述错误。进入 CMOS 检查“Drive A”的类型，如与所接软驱的类型不符应重新设置。
- 软驱本身物理故障：如果电源、数据接口及 CMOS 设置没有问题，则要考虑软驱本身。

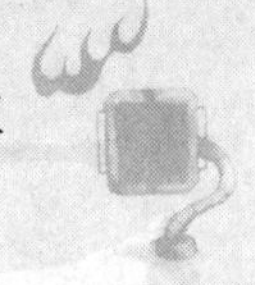

3. 操作系统引导出错提示

BIOS 引导并将控制权交给操作系统时，常见的错误提示如下：

- Error load operation　　装载操作系统错误
- Missing operation system　　缺少操作系统
- Non-system disk or disk error　　非系统盘或者磁盘错误
- Diskette boot failure　　磁盘引导失败
- Invalid Boot Diskette　　非启动磁盘

这些故障提示信息一般都表示磁盘上的操作系统或者操作系统的引导扇区出现错误。

4. 其他错误提示信息

错误提示形式众多，下面挑选几个经常出现的信息供大家学习：

CMOS Battery state low：CMOS 电池电压过低，应更换。

CMOS Checksum Failure：CMOS 中的 BIOS 检验和读出错，应重新运行 CMOS SETUP 程序。

Keyboard is Locked…Unlock it：键盘被锁住，打开锁后重新引导系统。

KeyBoard Error：键盘时序错。

KB Interface Error：键盘接口错。

FDD Controller Failure：不能与软盘驱动器交换信息，应检查 FDD 控制器及数据线。

HDD Controller Failure：不能与硬盘驱动器交换信息，应检查 HDD 控制器及数据线。

C Drive Failure：硬盘 C 对主机信息无反应，检查或更换硬盘驱动器 C。

Cache Memory Bad Dot Enable Cache：主板上的高速缓存 Cache 坏，应更换。

DMA Error：DMA 控制器坏，应更换。

Keyboard error or no Keyboard present：键盘有问题，一般是键盘线与主板接口连接有问题，关机后把键盘线拔下重新插紧即可；若重新开机后仍然出现此信息，则说明键盘本身有故障。

12.3 常见硬件故障的诊断与处理

12.3.1 CPU 故障

正常使用计算机过程中遇到 CPU 处理器出现故障的情况并不多见，概率多的是用户对 CPU 进行超频造成的烧毁，所以目前许多主板多采用锁频技术，禁止 CPU 超频工作。一般情况下，如果电脑无法启动或是极不稳定，我们会从主板、内存等易出现故障的组件入手进行排查，如果主板、内存、显卡、电源、硬盘等其他组件没有问题，那么肯定是 CPU 出现了问题。

1. CPU 故障表现形式

一般情况下，CPU 出现故障后极容易判断，往往有以下表现。

- 加电后系统没有任何反映，也就是我们经常所说的系统点不亮。
- 计算机频繁死机，即使在 CMOS 或 DOS 下也会出现死机的情况。（这种情况在其他配件出现问题，如内存等故障时也会出现，可以利用排除法查找故障出处）。

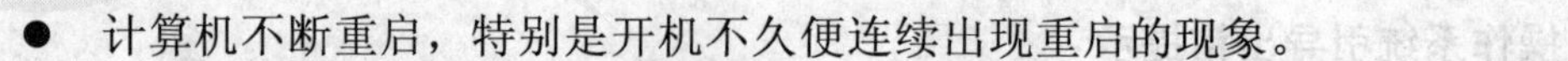

- 计算机不断重启，特别是开机不久便连续出现重启的现象。
- 计算机性能下降，下降的程度相当大。

2．CPU 故障维修实例

（1）实例一　计算机频繁死机故障的分析与解决

【故障现象】一台英特尔赛扬 1GHz 的计算机，最近在使用过程中出现了频繁死机的情况。具体表现为：开机后能够顺利地进入 Win98 系统，但使用 15min 左右，系统便死机。

【故障分析】内存、显卡或是主板等组件任何一个出现问题均可以造成死机，于是采用替换法，对主机内的各种组件进行了一一替换后焦点落在 CPU 身上。通过检测，发现 CPU 的核心工作电压为 1.2V，而赛扬 1GHz 的默认工作电压为 1.5V，问题肯定出在处理器上。

【故障排除】由于 CPU 的默认工作电压为 1.475V，如今只有 1.2V 的工作电压，因此造成计算机经常死机的原因肯定是 CPU 的供电不足引起的，这种情况下很可能因为主板的元件老化，造成了供电部分的电压偏低，CPU 自然就不能正常工作，死机也就在所难免了。

通过仔细检查，发现主板上 CPU 供电电路上的一颗贴片电容有点泛黄的迹象，于是用万用表对它进行测试后发现已经损坏，更换后故障排除。

【经验总结】当我们通过排除法查找到 CPU 故障后，不知道如何去排除，一般认为 CPU 出现故障后，就得更换新的产品。其实不然，在很多情况下，只要 CPU 处理器没有烧毁，还是可以解决各类问题的，其实相当一部分的计算机故障都和供电有关。

（2）实例二　CPU 频率自动下降故障的分析与排除

【故障现象】一台正常使用中的计算机，开机后本来 1.6GHz 的 CPU 变成 1GHz，并显示有“Defaults CMOS Setup Loaded”的提示信息，进入 CMOS Setup 并设置 CPU 参数后，系统正常工作，主频也正常，但过了一段时间后又出现了以上的故障。

【故障分析】这种故障常见于可以软设置 CPU 参数的主板上，这是由于主板上的电池电量供应不足，使得 CMOS 的设置参数不能长久有效地保存所致。

【故障排除】更换主板上的电池，故障排除。

【经验总结】一般情况下，计算机使用两年后，CMOS 电池电量会有所下降，特别是不经常使用的计算机，电池更换时间更短。配备了热感式监控系统的处理器，它会持续检测 CPU 温度，只要核心温度到达设定值，该系统就会降低处理器的工作频率，直到核心温度恢复到安全界限以下。由于 CMOS 电池失效，以默认值作为设定温度，从而导致频率下降。

（3）实例三　计算机无法启动故障的分析与解决方案一

【故障现象】一台 Intel 1.8GHz 的计算机，突然出现死机，再也无法开启，黑屏，无报警声。

【故障检测】通过与用户的交流，了解到近期在硬件与软件上没有什么更改。通电测验，没有任何反应，估计是主板或者 CPU 方面的故障，打开机箱，应用观察法发现 CPU 风扇的底座坏了。

【故障分析与排除】由于 CPU 频率非常高，如果没有 CPU 风扇为它降温，则 CPU 会自动停止运行。风扇底座损坏，造成风扇上的散热器与 CPU 没有直接接触，温度直线上升，

自动保护而停止工作。

更换风扇底座，故障排除，计算机恢复正常运行。

（4）实例四 计算机无法启动故障的分析与解决方案二

【故障现象】一台 Intel1.8GHz 的计算机，无法启动，黑屏，无报警声。

【故障分析与检测】此现象与实例三类似，发现 CPU 风扇的底座坏了后，及时更换了。原以为可以排除故障，不料仍然是黑屏及无报警声现象。

再次从用户处了解情况，反映死机当天计算机曾经搬动了一个地方，并且搬动前也一直在用，搬动后开机用了几小时，忘记关机了。由于当时是夏天，下班后又忘记关机，结合 CPU 风扇底座损坏，CPU 温度肯定过高，怀疑 CPU 可能烧毁，拆开 CPU 检查，情况确实如此，CPU 中央出现了较多小黑点。

【故障排除】更换 CPU，故障排除。

【经验交流】在实例三与实例四中，引发故障的原因其实完全相同，但是产生的后果却截然不同，在实例三中，由于 CMOS 设置了关机温度为 70℃，因此当 CPU 因为无法散热而超过此温度时，CPU 自动停止工作，用户发现问题后也及时地关闭了计算机电源。然而，在实例四中，关机温度没有设置，同时，出现问题后也没有及时关机，最终导致烧毁了 CPU。

12.3.2　主板故障

主板是负责连接电脑配件的桥梁，其工作的稳定性直接影响着电脑能否正常运行。由于它所集成的组件和电路多而复杂，因此产生故障的原因也相对较多。

1．主板故障现象

主板故障通常表现为系统启动失败、屏幕无显示及系统不稳定等难以直观判断的现象。主板故障的确定，一般通过最小系统法、逐步移除法在排除其他组件可能出现故障后才将目标最终锁定在主板上。

2．主板故障的分类

根据对计算机系统的影响可分为非致命性故障和致命性故障。非致命性故障在系统上电自检期间，一般给出错误信息；致命性故障在系统上电自检期间，一般导致系统死机。

根据影响范围不同可分为局部性故障和全局性故障。局部性故障指系统某个或几个功能运行不正常，如主板上打印控制芯片损坏，仅造成打印不正常，并不影响其他功能；全局性故障往往影响整个系统的正常运行，使其丧失全部功能，例如时钟发生器损坏将使整个系统瘫痪。

根据故障现象是否固定可分为稳定性故障和不稳定性故障。稳定性故障是由于元器件功能失效、电路断路、短路引起，其故障现象稳定且重复出现；而不稳定性故障往往是由于接触不良、元器件性能变差，使芯片逻辑功能处于时而正常、时而不正常的临界状态而引起的。如由于 I/O 插槽变形，造成显示卡与该插槽接触不良，使显示呈变化不定的错误状态。

3. 主板故障产生的原因

（1）CMOS 跳线及主板电池　当遇到电脑开机时不能正确找到硬盘、开机后系统时间不正确、CMOS 设置不能保存等现象时，可先检查主板 CMOS 跳线是否设为清除“CLEAR”选项（一般是 2-3），如果是，则将跳线改为“NORMAL”选项（一般是 1-2），然后重新设置。如果不是 CMOS 跳线错误，就很可能是因为主板电池损坏或电池电压不足造成的，则应换个主板电池试试。

【友情提示】将 CMOS 参数恢复为默认值，是解决 CMOS 设置问题的捷径。

（2）与主板驱动有关　主板驱动丢失、破损、重复安装会引起操作系统引导失败或造成操作系统工作不稳定的故障，在 Windows XP 操作系统下，可依次打开“控制面板→系统→硬件→设备管理器”，检查系统设备中的项目前面是否有黄色惊叹号或问号。可在安全模式下将打黄色惊叹号或问号的项目全部删除，重新安装主板自带的驱动（找不到驱动时，可从网上下载），重启即可。

（3）接触不良、短路等　主板的面积较大，容易聚集灰尘，过多的灰尘很可能会引发插槽与板卡接触不良的现象。这时可以用小刷子、洗耳球或电吹风去除主板上的灰尘，有时还要用酒精认真清理主板上的污垢。如果是由于插槽引脚氧化而引起接触不良的，则可以用细砂纸或者有硬度的白纸插入槽内来回擦拭，擦拭结束后注意将粉尘清理干净。另外，如果 CPU 插槽内用于检测 CPU 温度或主板上用于监控机箱内温度的热敏电阻上附上了灰尘，则很可能会造成主板对温度的识别错误，从而引发主板保护性故障的问题，在清洁时也需要注意。

拆装时的粗心大意同样是造成主板故障的一大原因，例如：不小心掉入机箱的小螺钉之类的导电物可能会卡在主板的元器件或板卡之间从而引发短路现象，会引发“保护性故障”甚至烧毁主板；再如，安装主板时，少装了用于支撑主板的小铜柱而造成主板与机箱底板短路等。

（4）主板散热效果不佳　一般情况下，计算机电源、CPU 散热风扇、显卡风扇或散热片、主板北桥芯片散热片，机箱风扇都为各自部件及整机提供了不错的散热作用。但是随着时间的推移及灰尘的积累，风扇速度变慢、散热片接触面积减小、机箱内气流变化可能会造成主板温度上升，从而导致系统运行一段时间后死机。

（5）兼容性问题　主板承载了好多组件，而人们通常采取更换 CPU、添加内存条的方式来升级自己的计算机，往往对于相互之间的兼容性问题考虑得过于简单，最终导致系统不能稳定工作。

（6）BIOS 损伤　由于 BIOS 刷新失败或 CIH 等病毒造成主板 BIOS 受损，如果引导块未被破坏，可用自制的启动盘进行重新刷新 BIOS；假如引导块也损坏，可用热插拔法或利用编程器进行修复（不管是刷新还是修复，一定要记得先访问生产厂商的官方网站）。

12.3.3　内存故障

内存故障通常分为两大类：“黑屏”类故障和“死机”类故障。

“黑屏”类故障指的是，因为内存故障而使计算机启动时屏幕无任何显示或者启动时

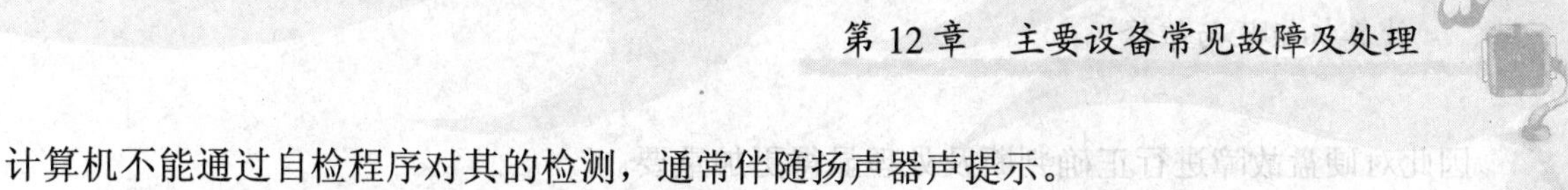

计算机不能通过自检程序对其的检测，通常伴随扬声器声提示。

“死机”类故障指的是计算机可以启动，但启动后立即“死机”，或启动后在安装软件或执行软件时“死机”。

内存故障表现的现象不一，同时引起的原因也很多，现将二者结合在一起介绍如下：

1. 开机无显示

由于内存条原因造成开机无显示故障，主机扬声器一般都会长时间蜂鸣，此类故障是比较普遍的现象，一般是因为：

（1）内存损坏　可以用替换法测试，确诊后再更换。

（2）主板内存插槽有问题　用观察法找到内存插槽问题的根源，并进行处理。

（3）内存条与主板内存插槽接触不良　用橡皮擦来回擦试其金手指部位即可解决问题，千万不可用酒精等清洗。

2. 容量不能正确识别

内存插槽上同时插入两条不同品牌及参数的内存时，时常会产生不能正确识别的现象。究其原因是由于电气性能的差别，内存条之间有可能会有兼容性问题，该问题在不同品牌的内存混插的环境下出现的概率较大。因此，使用两条或两条以上内存条时应该尽量选择相同品牌和型号的产品，这样可以最大程度避免内存的不兼容。这里需说明一下，并不是所有的品牌内存都具有良好的兼容性。

3. 内存容量不足

运行某些软件时经常出现内存不足的提示，主要原因如下：

- 由于系统盘剩余空间不足造成，可以删除一些无用文件，多留一些空间即可，一般保持在500MB以上。
- 由于病毒感染造成，有些病毒在内存中会自我繁殖，最终病毒程序占据了大部分内存空间，造成内存空间不够而致，严重时会产生“死机”。
- 本身质量没有问题，确实是目前内存容量无法满足大型程序的运行。
- 质量欠佳，内存作为系统数据存储区和数据交换中转站，如果稳定性不佳，经常会导致一些莫名其妙的内存不足的系统提示信息。

4. 内存与主板兼容性不好

这种问题较难处理，也较难确定，故障出现的周期比较频繁，但是分别测试内存条和主板时往往又发现不了问题，处理起来非常麻烦。

5. 内存质量不佳的其他表现形式

如果内存条质量欠佳，还可能表现为：Windows系统运行不稳定，经常产生非法错误；安装Windows时产生一个非法错误；Windows注册表经常无故损坏，提示要求用户恢复；启动Windows时系统多次自动重新启动等。

12.3.4 硬盘故障

虽然硬盘的容量越来越大，传输速率越来越高，但硬盘的体积却越来越小，转速也越来越快，当然硬盘发生故障的概率也就高了。由于硬盘上一般都存储着用户的重要资料，

因此对硬盘故障进行正确判断及处理显得更加重要。

1. BIOS 检测不到硬盘

当检测不到硬盘时，通常有下面四种原因：

（1）安装不到位　当 BIOS 检测不到硬盘时，我们首先要做的是去检查硬盘的数据线及电源线是否正确安装？从表面上看，虽然已插入相应位置，但却未正确到位，这种现象时常发生。

（2）Jumper（跳线）设置错误　硬盘与 CD-ROM 使用同一根 IDE 数据线时，通常情况下，是将硬盘设置为主设备，光驱设置为从设备。如果两个同时为 Master 或者同时为 Slave，肯定会产生问题。

同理，如果电脑安装了双硬盘，而且接在同一根数据 IDE 接口上，那么需要将其中的一个设置为主硬盘（Master），另一个设置为从硬盘（Slave），如果两个都设置为主硬盘或两个都设置为从硬盘，则 BIOS 无法正确检测到硬盘信息。最好是分别用两根数据线连接到主板的两个 IDE 插槽中，这样还可以保证即使你的硬盘接口速率不一，也可以稳定地工作。

（3）硬盘或 IDE 接口发生物理损坏　在排除了硬盘安装问题与跳线设置问题后，如果 BIOS 仍然检测不到硬盘，那么最大的可能就是 IDE 接口发生故障，可以换一个 IDE 接口试试，假如仍不行，通常的方法是应用替换法将此硬盘接到另一台计算机上进行测试，如果能正确识别，那么说明 IDE 接口存在故障；假如仍然识别不出，表示硬盘有问题。当然，也可以用另外一个新硬盘或能正常工作的硬盘安装到有故障的计算机上，如果 BIOS 也检测不到，表示计算机的 IDE 接口有故障；如果可以识别，说明原来的硬盘确实有故障。

2. 检测到硬盘但出现错误提示

BIOS 程序能够检测到硬盘，但在启动过程中屏幕出现错误提示信息。启动过程中常见的有关硬盘故障提示信息如下：

- No partition bootable：没有分区表。

原因是硬盘未分区或者分区表信息丢失，对于新硬盘，可直接进行分区操作；对于已用硬盘，进行杀毒及恢复分区表操作，若仍然无法挽救，只好重新分区。

- No Rom Basic，System Halted：找不到 Rom Basic，系统暂停。

这是因为系统启动时 BIOS 没能在硬盘或软盘上找到引导扇区，只好企图运行 Rom Basic，而现在的兼容机基本上都没有安装 Rom Basic 程序。出现这种情况可能是因为不慎改动了硬盘的分区表或者分区表被病毒破坏。从软盘或光盘启动计算机，进入 DOS 后，执行“fdisk/mbr”命令即可。如果此方法也不行，只好重新分区。

- Missing operation system：找不到引导系统。

硬盘未格式化或丢失系统文件，在格式化的同时传递引导文件或者单独传递引导文件。

- Non-system disk or disk error：非系统盘或者磁盘错误。

作为引导盘的磁盘不是系统盘，不含有系统引导和核心文件，或者磁盘片本身故障。先检查软驱中是否存在软盘，若存在则取出。从硬盘启动，如果提示信息不变，说明是

硬盘的问题。对于未安装操作系统的新硬盘，安装好操作系统后，不会再产生如此信息。对于配置了多个硬盘的计算机，最大可能是没有正确设置好启动硬盘。对于已安装了操作系统的单个硬盘来讲，应先杀毒并传递系统文件。经上述操作仍无效，说明磁盘确实存在错误。

- Disk Boot Failure：硬盘引导失败。

对于此类现象，应该综合考虑：在安装操作系统初始阶段，取出安装光盘并重启后可能会出现这个现象；BIOS 设置错误，一般恢复为出厂默认设置即可解决；硬盘的数据线或电源接口接触不良使得无法从硬盘引导；硬盘引导区存在坏道等。

3. 硬盘既无法启动，又没有任何错误信息

遇到这种情况最难判断故障原因。一般先从软盘或光盘启动计算机并进入 DOS 状态。然后切换到硬盘 C，假如出现“Invalid drive specification”错误信息，说明是硬盘的 MBR（主引导记录）故障；执行 DIR 命令后出现“Invalid media type reading drive C：”错误信息则说明是硬盘的 DBR（DOS 引导记录）故障；如果使用 DIR 命令后可以正确显示文件名称及大小等信息，表示文件正常，在转移了硬盘中的文件后重新分区、格式化。

实训　维修市场调查

1. 实训目的

了解维修市场的工作流程、市场需求、常用维修方法。

2. 实训组织

（1）准备工作：联系 2～3 家计算机维修门市部或者特约维修中心。

（2）调查内容：

1）故障现象及处理方法，并就下列问题之一开展调查：

- 主板、内存故障现象及检测方法。
- 软驱、硬盘故障现象及检测方法。
- 显卡及显示器常见故障的分析与处理。
- 常用外设故障的分析与处理。

2）计算机各部件故障比率调查、统计及分析。

3. 实训报告

思考与习题十二

1. 判断题（对打 √；错打×）

（1）当计算机存在致命性故障时，开机后肯定产生黑屏现象。（　　）

（2）出现黑屏现象并伴随报警声音，肯定是内存故障。（　　）

（3）BIOS 中检测不到硬盘时，可以断定硬盘存在物理性损坏。（　　）

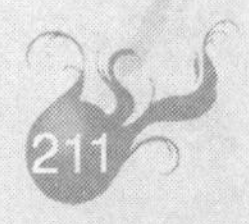

2．故障分析

（1）计算机开机后无法进入 Windows，屏幕提示“Disk I/O error，replace the disk and then press any key”，按任意键后还是出现此提示信息，请分析是什么原因？

（2）开机后，显示器无图像，但计算机有读硬盘声。

（3）按下电源开关，硬盘灯闪烁一下即熄灭，而显示器为黑屏（显示器以及连接线正常）、风扇运行正常。

附　录

计算机（微机）维修工国家职业标准

1．职业概况

1.1　职业名称：计算机（微机）维修工

1.2　职业定义：对计算机（微机）及外部设备进行检测、调试和维护修理的人员。

1.3　职业等级：本职业共设三个等级，分别为初级（国家职业资格五级）、中级（国家职业资格四级）、高级（国家职业资格三级）。

1.4　职业环境：室内，常温。

1.5　职业能力特征：具有一定分析、判断和推理能力，手指、手臂灵活，动作协调。

1.6　鉴定要求：

1.6.1　适用对象：从事或准备从事计算机维修工作的人员。

1.6.2　申报条件：

——**初级**（具备以下条件之一者）

（1）经本职业初级正规培训达到规定标准学时数，并取得毕（结）业证书。

（2）在本职业连续见习工作 2 年以上。

——**中级**（具备以下条件之一者）

（1）取得本职业初级职业资格证书后，连续从事本职业工作 3 年以上，经本职业中级正规培训达到规定标准学时数，并取得毕（结）业证书。

（2）取得本职业初级职业资格证书后，连续从事本职业工作 5 年以上。

（3）取得经劳动保障行政部门审核认定，以中级技能为培训目标的中等以上职业学校本职业毕业证书。

——**高级**（具备以下条件之一者）

（1）取得本职业中级职业资格证书后，连续从事本职业工作 3 年以上，经本职业高级正规培训达到规定标准学时数，并取得毕（结）业证书。

（2）取得本职业中级职业资格证书后，连续从事本职业工作 7 年以上。

（3）取得高级技工学校或经劳动保障行政部门审核认定的以高级技能为培训目标的高等职业学校本职业毕业证书。

（4）取得本职业中级职业资格证书的电子计算机专业大专及以上毕业生，且连续从事电子计算机维修工作 2 年以上。

1.6.3　鉴定方式：鉴定方式分为理论知识考试和技能操作考核两门，理论知识考试采用闭卷笔试，技能操作考核采用现场实际操作方式进行。两门考试（核）

均采用百分制，皆达 60 分以上者为合格。

1.6.4　鉴定时间：各等级的理论知识考试为 60 分钟，各等级技能操作考核为 90 分钟。

2. 基本要求

2.1　职业道德

2.1.1　职业道德基本知识

2.1.2　职业守则

（1）遵守国家法律法规和有关规章制度。

（2）爱岗敬业、平等待人、耐心周到。

（3）努力钻研业务，学习新知识，有开拓精神。

（4）工作认真负责，吃苦耐劳，严于律已。

（5）举止大方得体，态度诚恳。

2.2　基础知识

2.2.1　基本理论知识

（一）微型计算机基本工作原理

（1）电子计算机发展概况。

（2）数制与编码基础知识。

（3）计算机基本结构与原理。

（4）DOS、Windows 基本知识。

（5）计算机病毒基本知识。

（二）微型计算机主要部件知识

（1）机箱与电源。

（2）主板。

（3）CPU。

（4）内存。

（5）硬盘、软盘、光盘驱动器。

（6）键盘和鼠标。

（7）显示适配器与显示器。

（三）微型计算机扩充部件知识

（1）打印机。

（2）声音适配器和音箱。

（3）调制解调器。

（四）微型计算机组装知识

（1）CPU 安装。

（2）内存安装。

（3）主板安装。

（4）卡板安装。

（5）驱动器安装。

（6）外部设备安装。

（7）整机调试。

（五）微型计算机检测知识

（1）微机常用维护测试软件。

（2）微机加电自检程序。

（3）硬件代换法。

（4）常用仪器仪表功能和使用知识。

（六）微型计算机维护维修知识

（1）硬件替换法。

（2）功能替代法。

（3）微型计算机维护常识。

（七）计算机常用专业词汇

2.2.2　法律知识

《价格法》、《消费者权益保护法》和《知识产权法》中有关法律法规条款。

2.2.3　安全知识

电工电子安全知识。

参考文献

[1] 程时兴．电脑组装与维护[M]．西安：西安电子科技大学出版社，2001．

[2] 施卫强，等．计算机组装与维护技术[M]．2版．北京：中国民航出版社，2000．

[3] 甘登岱．电脑组装与维护技术快乐驿站[M]．北京：北京艺术与科学电子出版社，2006．

[4] 武马群．计算机组装与维护[M]．北京：北京工业大学出版社，2004．

[5] 赵俊卿．计算机组装与维修[M]．上海：华东师范大学出版社，2006．